本书感谢中央引导地方科技发展专项(桂科 ZY20198003)、广西科技基地和人才专项(桂科 AD22080047)、广西大学专项经费(T3110098245)、中国高校产学研创新基金(编号:2021BCF03001)和广西高校卓越学者人才项目(桂教师范〔2019〕52 号)等项目的资助。

工程数学及应用

袁功林 / 著

·成都·

图书在版编目(CIP)数据

工程数学及应用 / 袁功林著. --成都：电子科技大学出版社，2022.12

ISBN 978-7-5647-9995-3

Ⅰ.①工…　Ⅱ.①袁…　Ⅲ.①工程数学—高等学校—教材　Ⅳ.①TB11

中国版本图书馆 CIP 数据核字(2022)第 236168 号

内容简介

工程数学是好几门数学专业课的总称，有助于培养学生具备数学理论基础和利用数学思想和方法解决土木工程实际问题的能力。本专著从工程类专业教学对数学知识的实际需求出发，以实用性为原则，在不破坏数学学科自身逻辑性的基础上，将高等数学知识与工程专业问题进行了深度融合。全书主要内容有函数、极限与连续、微分学、积分学、微分方程、线性代数、概率论与数理统计初步等。本书着重基础知识、基本思想，注重与实际应用联系，不追求过分复杂的计算和变换。本书既可供工科类数学专业的师生学习，也可作为工程技术人员的参考用书。

工程数学及应用

GONGCHENG SHUXUE JI YINGYONG

袁功林　著

策划编辑　杜　倩　刘　愚
责任编辑　刘　愚

出版发行　电子科技大学出版社
　　　　　成都市一环路东一段 159 号电子信息产业大厦九楼　邮编　610051
主　　页　www.uestcp.com.cn
服务电话　028—83203399
邮购电话　028—83201495

印　　刷　北京亚吉飞数码科技有限公司
成品尺寸　170 mm×240 mm
印　　张　14.75
字　　数　234 千字
版　　次　2023 年 4 月第 1 版
印　　次　2023 年 4 月第 1 次印刷
书　　号　ISBN 978-7-5647-9995-3
定　　价　90.00 元

前　言

数学是研究数量、结构、变化、空间及信息等概念的科学，简单来讲，就是研究数和形的科学.数学不仅是人类文化的重要组成部分，更是推动社会进步发展的动力.宇宙之大，粒子之微，火箭之速，化工之巧，地球之变，生物之谜，日用之繁等各个方面，无处不有数学的重要贡献.可以说，高科技的基础就是数学技术.工程数学作为高等院校一门重要的应用性基础课程，对于提高学生的素质，优化知识结构，培养科学思维能力、分析问题和解决工程问题能力，提高创新意识，以及为后续专业课程的学习打下坚实的数学理论基础等方面具有重要的作用.现在数学已被公认为是工科各专业所必需的基础素质课，而且涉及的领域之广泛是其他学科所不能比拟的.学好数学不仅可以提高学生严密的逻辑思维能力，同时对学习其他课程及实际应用都有着极大的帮助.

要充分发挥科学技术第一生产力的作用，一个非常重要的工作是大力普及现代工程数学，把最新发展的数学方法、计算机技术与工程实际结合起来.在我国，当前急需在现代工程实践中有重要应用价值的相关著作，供广大工程师及其他科技人员学习.目的是通过这些数学知识扩大眼界和思路，使能在相应的生产和研究工作中应用这些数学方法，促进生产，产生实际的生产效益，加速我国社会主义经济的发展和提高全民族的文化科学素质.为此，作者写作了本书.

本书着眼于对工程实践及经济问题的实际需要，注重阐明工程数学的基本知识和基本方法.主要内容包括函数与极限的相关理论知识、微分学、积分学、微分方程、线性代数、概率论与数理统计初步等.各部分内容写得简洁明了，深入浅出，既讲解理论，又介绍实际应用；既保持严密性、系统性，又注意通俗性、可用性.各篇自成体系，自为独立，便于理解和掌握；各篇所用的符号也各自独立.书末附有参考文献，供读者进一步学习时参考.

本书是作者在多年教学工作及科研工作的基础上综合自己在该领域中的重要成果写作而成的.为了使理论和方法写得通俗易懂,使本书具有明显的理论结合实际应用的工程特色,便于程技术人员阅读,在写作的过程中,作者付出了辛勤的劳动.在组织出版的过程中,作者得到学校领导、同事以及出版社编辑的支持与帮助,在此表示衷心的感谢.在写作过程中,作者参考了大量的国内外资料及相关,在此向其作者表示衷心的感谢.

由于作者水平有限,加之时间仓促,不论在内容取材或叙述方面,难免有不当之处,敬请广大读者批评指正.

袁功林

2022 年 6 月

目　　录

1　基础理论知识

函数是高等数学的主要研究对象，可以说，高等数学的理论就是针对函数展开的.而极限理论和方法是高等数学理论的基础和基本工具.本章将就函数的一些基本概念和极限的基础理论及方法展开研究讨论，并深入探讨一些典型例题的解题方法.

1.1　函数与初等函数

1.1.1　函数的概念

在集合与映射的基础上，函数的准确定义即可给出.

定义 1.1.1　设数集 D 是实数集 $\mathbf{R}$ 的子集，即 $D\subset\mathbf{R}$，则称映射

$$f:D\to\mathbf{R}$$

为定义在数域 D 上的函数，记作 $y=f(x)(x\in D)$.其中，x 称为自变量，y 称为因变量，D 称为定义域（与映射的定义相呼应，定义域 D 有时也用 D_f 来表示）.对于定义域 D 内的每一个元素 x，在 $\mathbf{R}$ 上均有唯一确定的值与之对应，该值称为函数在 x 处的函数值，一般用 $f(x)$ 表示.全体函数值 $f(x)$ 构成的数集称为函数的值域，记作 $f(D)$ 或 R_f.

研究函数的目的就是为了探索它的性质，进而掌握它的变化规律.

1.1.2　函数的性质

1.1.2.1　单调性

定义 1.1.2　设函数 $f(x)$ 的定义域为 D，区间 $I\subset D$，如果对于区间 I 内任意两点 x_1,x_2，当 $x_1<x_2$ 时，恒有

$$f(x_1)<f(x_2)(\text{或 } f(x_1)>f(x_2)),$$

则称函数 $f(x)$在区间 I 上是单调增加的(或单调减少的);如果对于区间 I 内任意两点 x_1, x_2,当 $x_1<x_2$ 时,恒有

$$f(x_1)\leqslant f(x_2)(\text{或 } f(x_1)\geqslant f(x_2)),$$

则称函数 $f(x)$在区间 I 上是单调不减的(或单调不增的).函数的以上性质统称为单调性.如果函数 $f(x)$在区间 I 上是单调增加或单调减少函数,则称区间 I 为函数 $f(x)$的单调增加(或减少)区间.

从几何直观上看,单调增加函数的图形是随着变量 x 增加而上升的曲线,如图 1-1-1 所示;单调减少函数的图形是随着变量 x 增加而下降的曲线,如图 1-1-2 所示.例如,$y=x^2$ 是$(-\infty,0)$上的单调减少函数,也是$(0,+\infty)$上的单调减少函数,但是我们不能说 $y=x^2$ 是$(-\infty,+\infty)$上的单调减少函数,如图 1-1-3 所示.

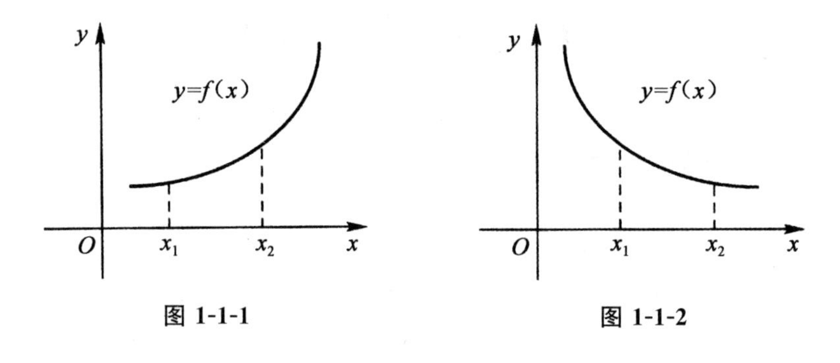

图 1-1-1　　　　图 1-1-2

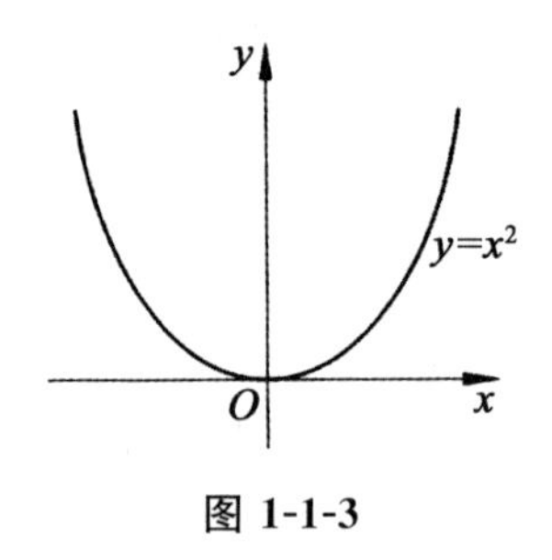

图 1-1-3

1.1.2.2　有界性

定义 1.1.3　设函数 $f(x)$的定义域为 D,区间 $I\subset D$,如果存在一个正数 M,使得对任意 $x\in I$,都有

$$|f(x)|\leqslant M, \tag{1-1-1}$$

则称函数 $f(x)$在区间 I 上有界,也称 $f(x)$是区间 I 上的有界函数,否则,称函数 $f(x)$在区间 I 上无界,也称 $f(x)$是区间 I 上的无界函数.

例如,$y=\sin x$ 在其定义域内是有界函数.事实上,对任意的 x,恒有 $|\sin x|\leqslant 1$ 成立,所以 $y=\sin x$ 是$(-\infty,+\infty)$上的有界函数.

从几何直观上看,如果函数有界,即 $-M\leqslant f(x)\leqslant M$,则其图形位于两条直线 $y=-M$ 和 $y=M$ 之间,如图 1-1-4 所示.

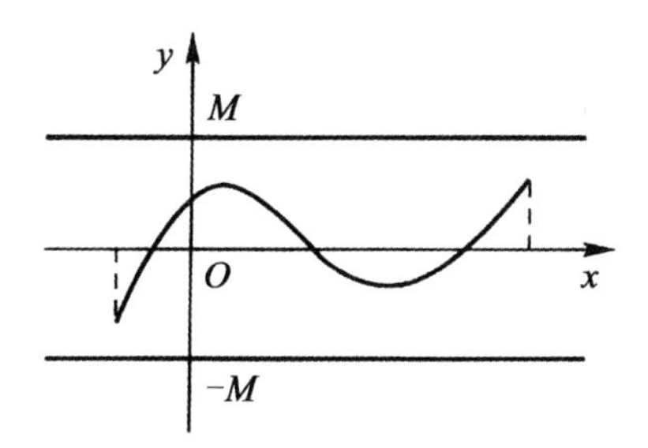

图 1-1-4

1.1.2.3 周期性

定义 1.1.4 设函数 $f(x)$的定义域为 D,如果存在一个正数 T,使得对于任意的 $x\in D$,必有 $x\pm T\in D$,且

$$f(x\pm T)=f(x),$$

则称 $f(x)$为周期函数,称 T 为 $f(x)$的一个周期.

如果 T 为 $f(x)$的一个周期,则对任意的 $n\in\mathbf{N}_+$,nT 也是 $f(x)$的周期.通常我们所说的周期函数的周期往往是指最小周期.

例如,函数 $y=\sin x$ 是以 2π 为周期的周期函数,$y=\tan x$ 是以 π 为周期的周期函数,$y=\cos(\omega x+\varphi)$是以$\dfrac{2\pi}{|\omega|}$为周期的周期函数.

从几何直观上看,周期函数的图形可以由它在某一个周期的区间 $[a,a+T]$内的图形沿 x 轴向左、右两个方向平移后得到,如图 1-1-5 所示.因此,周期函数的性态,只须在长度为周期 T 的任一区间上考虑即可.

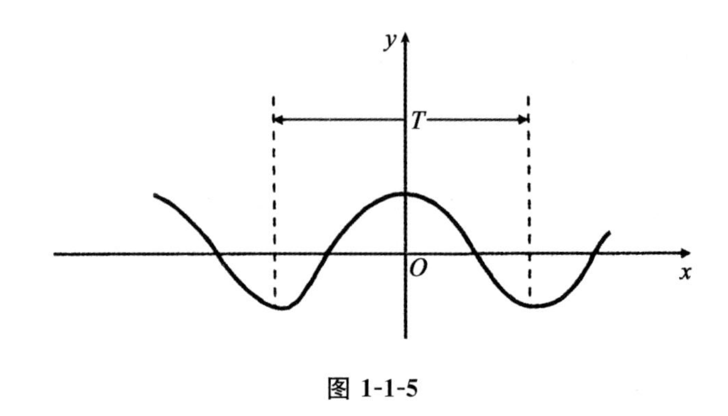

图 1-1-5

1.1.2.4 奇偶性

定义 1.1.5 设函数 $f(x)$的定义域 D 关于原点对称,如果对任意的 $x\in D$,恒有

$$f(-x)=-f(x),$$

则称 $f(x)$为奇函数;如果对任意的 $x\in D$,恒有

$$f(-x)=f(x),$$

则称 $f(x)$为偶函数;如果 $f(x)$既不是奇函数,又不是偶函数,则称 $f(x)$为非奇非偶函数.

从几何直观上看,奇函数的图形关于坐标原点对称,如图 1-1-6 所示;偶函数的图形关于 y 轴对称,如图 1-1-7 所示.例如,$y=x^3$,$y=\sin x$ 都是奇函数,$y=x^2$,$y=\cos x$ 都是偶函数,而 $y=\sin x+\cos x$ 是非奇非偶函数.

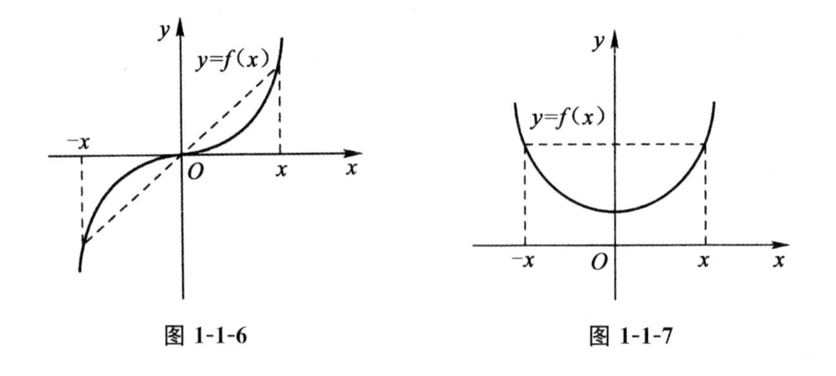

图 1-1-6　　图 1-1-7

1.1.3 初等函数

定义 1.1.6 由基本初等函数经过有限次的四则运算和有限次复合运算而构成,并能用一个解析式表示的函数,称为初等函数.

例如,$y=\sin(\ln(x^2+1))$,$y=\sin^2 x$,$y=\sqrt{1-x^2}$ 等都是初等函数.大多数分段函数不是初等函数.例如,$y=\operatorname{sgn}x$,$y=\begin{cases} e^{2x}, & x\geqslant 0 \\ x+3, & x<0 \end{cases}$ 不是初等函数,它们可以称为分段初等函数,因为这类函数在其定义域内不能用同一个解析式表示.但分段函数 $y=|x|=\begin{cases} x, & x\geqslant 0 \\ -x, & x<0 \end{cases}$ 是初等函数,因为该函数可由复合而构成.

1.2 极限与运算

1.2.1 函数极限的性质

类似于数列极限的性质,函数极限有如下定理(以 $x\to x_0$ 为例).

定理 1.2.1(唯一性) 若 $\lim\limits_{x\to x_0} f(x)=A$,$\lim\limits_{x\to x_0} f(x)=B$,则 $A=B$.

证明:对 $\forall \varepsilon>0$,因为 $\lim\limits_{x\to x_0} f(x)=A$,
由极限定义知,$\exists \delta_1>0$,当 $0<|x-x_0|<\delta_1$ 时,有

$$|f(x)-A|<\frac{\varepsilon}{2}.$$

同理,因为 $\lim\limits_{x\to x_0} f(x)=B$,由极限定义知,$\exists \delta_2>0$,当 $0<|x-x_0|<\delta_2$ 时,有

$$|f(x)-B|<\frac{\varepsilon}{2}.$$

取 $\delta=\min\{\delta_1,\delta_2\}$，则当 $0<|x-x_0|<\delta$ 时，有

$$\begin{aligned}|A-B|&=|(A-f(x))+(f(x)-B)|\\&\leqslant|(f(x)-A)|+|(f(x)-B)|\\&<\frac{\varepsilon}{2}+\frac{\varepsilon}{2}\\&=\varepsilon,\end{aligned}$$

由 ε 的任意性，得 $A=B$.

证毕.

定理 1.2.2(局部有界性) 若 $\lim\limits_{x\to x_0}f(x)=A$，则 $\exists M>0$ 和 $\delta>0$，使得当 $0<|x-x_0|<\delta$ 时，有 $|f(x)|\leqslant M$.

证明: 取 $\varepsilon=1$，因为 $\lim\limits_{x\to x_0}f(x)=A$，所以 $\exists\delta>0$，当 $0<|x-x_0|<\delta$ 时，

$$|f(x)-A|<\varepsilon.$$

从而，当 $0<|x-x_0|<\delta$ 时，有

$$\begin{aligned}|f(x)|&=|f(x)-A+A|\\&\leqslant|f(x)-A|+|A|\\&<1+|A|.\end{aligned}$$

记 $M=1+|A|$，则有

$$|f(x)|\leqslant M.$$

证毕.

定理 1.2.3(局部保号性) 若 $\lim\limits_{x\to x_0}f(x)=A$，且 $A>0$(或 $A<0$)，则 $\exists\delta>0$，使得当 $0<|x-x_0|<\delta$ 时，有 $f(x)>\dfrac{A}{2}>0\left(\text{或 } f(x)<\dfrac{A}{2}<0\right)$.

证明: 下面我们只证明 $A>0$ 的情况.

因为 $\lim\limits_{x\to x_0}f(x)=A>0$，取 $\varepsilon=\dfrac{A}{2}$，则 $\exists\delta>0$，使得当 $0<|x-x_0|<\delta$ 时，有

$$|f(x)-A|<\varepsilon=\frac{A}{2},$$

从而有

$$\begin{aligned}f(x)&>A-\frac{A}{2}\\&=\frac{A}{2}\\&>0.\end{aligned}$$

类似的,我们可以证明 $A<0$ 的情形.

证毕.

定理 1.2.4(局部保序性) 若 $\lim\limits_{x\to x_0}f(x)=A$,$\lim\limits_{x\to x_0}g(x)=B$ 且 $A>B$,则 $\exists\delta>0$,使得当 $0<|x-x_0|<\delta$ 时,有 $f(x)>g(x)$.

证明:取 $\varepsilon=\dfrac{A-B}{2}>0$,因为 $\lim\limits_{x\to x_0}f(x)=A$,$\exists\delta_1>0$,使得当 $0<|x-x_0|<\delta_1$ 时,有

$$|f(x)-A|<\varepsilon.$$

同理,因为 $\lim\limits_{x\to x_0}g(x)=B$,由极限定义知,$\exists\delta_2>0$,当 $0<|x-x_0|<\delta_2$ 时,有

$$|g(x)-B|<\varepsilon.$$

取 $\delta=\min\{\delta_1,\delta_2\}$,则当 $0<|x-x_0|<\delta$ 时,有

$$|f(x)-A|<\varepsilon=\frac{A-B}{2},$$

从而有

$$f(x)>A-\varepsilon=\frac{A+B}{2};$$

同理,有

$$|g(x)-B|<\varepsilon=\frac{A-B}{2},$$

从而有

$$g(x)<B+\varepsilon=\frac{A+B}{2}.$$

所以,当 $0<|x-x_0|<\delta$ 时,$f(x)>g(x)$.

证毕.

推论 1.2.1 若 $\lim\limits_{x\to x_0}f(x)=A$,$\lim\limits_{x\to x_0}g(x)=B$,且 $\exists\delta>0$,使得当 $0<|x-x_0|<\delta$ 时,有 $f(x)\geqslant g(x)$,则 $A>B$.

由局部保序性,利用反证法可证之.

定理 1.2.5(迫敛性) 若 $\lim\limits_{x\to x_0}f(x)=\lim\limits_{x\to x_0}g(x)=A$,且 $\exists\delta>0$,使得当 $0<|x-x_0|<\delta$ 时,$f(x)\leqslant h(x)\leqslant g(x)$,则 $\lim\limits_{x\to x_0}h(x)$存在,且

$$\lim_{x\to x_0}h(x)=\lim_{x\to x_0}f(x)=\lim_{x\to x_0}g(x).$$

证明:因为 $\lim\limits_{x\to x_0}f(x)=\lim\limits_{x\to x_0}g(x)=A$,对 $\forall\varepsilon>0$,$\exists\delta>0$,使得当

$0<|x-x_0|<\delta$ 时，有

$$A-\varepsilon<f(x)<A+\varepsilon \text{ 且 } A-\varepsilon<g(x)<A+\varepsilon.$$

从而，当 $0<|x-x_0|<\delta$ 时，有

$$A-\varepsilon<f(x)\leqslant h(x)\leqslant g(x)<A+\varepsilon,$$

即

$$|h(x)-A|<\varepsilon,$$

所以

$$\lim_{x\to x_0}h(x)=A.$$

证毕.

例 1.2.1 证明$\lim\limits_{x\to 0}\sin\dfrac{1}{x}$不存在.

证明：取$\{x_n\}=\left\{\dfrac{1}{n\pi}\right\}$，则

$$\lim_{n\to\infty}x_n=0,x_n\neq 0;$$

取$\{x_n'\}=\left\{\dfrac{1}{\frac{4n+1}{2}\pi}\right\}$，则

$$\lim_{n\to\infty}x_n'=0,x_n'\neq 0.$$

而

$$\lim_{n\to\infty}\frac{1}{x_n}=\lim_{n\to\infty}\sin n\pi=0,$$

$$\lim_{n\to\infty}\frac{1}{x_n'}=\lim_{n\to\infty}\sin\frac{4n+1}{2}\pi=\lim_{n\to\infty}1=1,$$

二者不相等，故而$\lim\limits_{x\to 0}\sin\dfrac{1}{x}$不存在.

例 1.2.2 证明$\lim\limits_{x\to x_0}a^x=a^{x_0}$，其中 $a>0,x\in\mathbf{R}$.

证明：首先证明$\lim\limits_{x\to 0}a^x=1$.

当 $a>1$ 时，由于 a^x 在$(0,1)$内单调有界，故$\lim\limits_{x\to 0^+}a^x$ 存在，又因为

$$\lim_{n\to\infty}a^{\frac{1}{n}}=1,$$

故而

$$\lim_{x\to 0^+}a^x=1.$$

同理可得

$$\lim_{x\to 0^-} a^x = 1.$$

从而有

$$\lim_{x\to 0} a^x = \lim_{x\to 0^+} a^x = \lim_{x\to 0^-} a^x = 1.$$

当 $0<a<1$ 时，$a^{-1}>1$，故而

$$\lim_{x\to 0} a^x = \lim_{x\to 0}\frac{1}{(a^{-1})^x} = \frac{1}{1} = 1.$$

当 $a=1$ 时，有

$$\lim_{x\to 0} a^x = \lim_{x\to 0} 1 = 1.$$

所以

$$\lim_{x\to 0} a^x = 1,(a>0).$$

再证明 $\lim\limits_{x\to x_0} a^x = a^{x_0}$.对原式变形可得

$$\lim_{x\to x_0} a^x = \lim_{x\to x_0} a^{x_0} a^{x-x_0},$$

令 $t=x-x_0$，则有

$$\lim_{x\to x_0} a^x = a^{x_0}\lim_{t\to 0} a^t = a^{x_0}.$$

1.2.2 极限的运算

1.2.2.1 数列极限的运算

定理 1.2.6 设 $\{a_n\}$，$\{b_n\}$ 均为收敛数列，则 $\{a_n \pm b_n\}$，$\{a_n \cdot b_n\}$ 也收敛，且有

(1) $\lim\limits_{n\to\infty}(a_n \pm b_n) = \lim\limits_{n\to\infty} a_n \pm \lim\limits_{n\to\infty} b_n$；

$\lim\limits_{n\to\infty}(a_n \pm k) = (\lim\limits_{n\to\infty} a_n) + k$.

(2) $\lim\limits_{n\to\infty}(a_n \cdot b_n) = \lim\limits_{n\to\infty} a_n \cdot \lim\limits_{n\to\infty} b_n$；

$\lim\limits_{n\to\infty}(k a_n) = k \cdot (\lim\limits_{n\to\infty} a_n)$，$k$ 为常数.

(3) 若再设 $b_n \neq 0$ 且 $\lim\limits_{n\to\infty} b_n \neq 0$，$\dfrac{\{a_n\}}{\{b_n\}}$ 也收敛，且有

$$\lim_{n\to\infty}\frac{a_n}{b_n} = \frac{\lim\limits_{n\to\infty} a_n}{\lim\limits_{n\to\infty} b_n}.$$

证明: 由于 $a_n-b_n=a_n+(-b_n)$,$\frac{a_n}{b_n}=a_n\cdot\frac{1}{b_n}$,故只需要证明和、积、倒数运算的结论即可.

设 $\lim\limits_{n\to\infty}a_n=a$,$\lim\limits_{n\to\infty}b_n=b$,则对 $\forall\varepsilon>0$,分别 $\exists N_1,N_2\in\mathbf{N}_+$,当 $n>N_1$ 时,有

$$|a_n-a|<\varepsilon,$$

当 $n>N_2$ 时,有

$$|b_n-b|<\varepsilon.$$

取 $N=\max\{N_1,N_2\}$,则当 $n>N$ 时,上述两个不等式同时成立.从而

(1)当 $n>N$ 时,有

$$|(a_n+b_n)-(a+b)|\leqslant|a_n-a|+|b_n-b|<2\varepsilon,$$

所以

$$\lim_{n\to\infty}(a_n\pm b_n)=a+b=\lim_{n\to\infty}a_n\pm\lim_{n\to\infty}b_n.$$

证毕.

(2)有收敛数列的有界性,存在 $M>0$,使得对一切 n,有

$$|b_n|<M,$$

于是,当 $n>N$ 时,有

$$\begin{aligned}&|(a_nb_n)-(ab)|\\ \leqslant&|a_n-a||b_n|+|a||b_n-b|\\ <&(M+|a|)\varepsilon,\end{aligned}$$

所以

$$\lim_{n\to\infty}(a_n\cdot b_n)=ab=\lim_{n\to\infty}a_n\cdot\lim_{n\to\infty}b_n.$$

证毕.

(3)由于 $\lim\limits_{n\to\infty}b_n=b\neq0$,则有收敛数列的保号性,$\exists N_3\in\mathbf{N}_+$,使得当 $n>N_3$ 时,有

$$|b_n|>\frac{|b|}{2},$$

取 $N'=\max\{N_2,N_3\}$,当 $n>N'$ 时,有

$$\begin{aligned}\left|\frac{1}{b_n}-\frac{1}{b}\right|&=\left|\frac{b_n-b}{b_nb}\right|\\ &<\frac{2|b_n-b|}{b^2}\\ &<\frac{2\varepsilon}{b^2},\end{aligned}$$

所以

$$\lim_{n\to\infty}\frac{1}{b_n}=\frac{1}{b}=\frac{1}{\lim\limits_{n\to\infty}b_n}.$$

证毕.

例 1.2.3 求极限$\lim\limits_{n\to\infty}\dfrac{3n^2-n+2}{2n^2+4n-5}$.

解:由于$\lim\limits_{n\to\infty}\dfrac{1}{n}=0$,

从而

$$\begin{aligned}&\lim_{n\to\infty}\frac{3n^2-n+2}{2n^2+4n-5}\\&=\lim_{n\to\infty}\frac{3-\frac{1}{n}+2\cdot\frac{1}{n^2}}{2+4\cdot\frac{1}{n}-5\cdot\frac{1}{n^2}}\\&=\frac{3-0+0}{2+0-0}\\&=\frac{3}{2}.\end{aligned}$$

同样的方法,我们可以证明

$$\lim_{n\to\infty}\frac{a_m\cdot n^m+a_{m-1}\cdot n^{m-1}+\cdots+a_1\cdot n+a_0}{b_k\cdot n^k+b_{k-1}\cdot n^{k-1}+\cdots+b_1\cdot n+b_0}=\begin{cases}\dfrac{a_m}{b_k}, & k=m,\\0, & k>m,\end{cases}$$

其中,$a_m\neq0,b_k\neq0,m\leqslant k$.

例 1.2.4 求极限$\lim\limits_{n\to\infty}\dfrac{5^n-(-4)^n}{5^{n+1}+4^{n+1}}$.

解:

$$\begin{aligned}&\lim_{n\to\infty}\frac{5^n-(-4)^n}{5^{n+1}+4^{n+1}}\\&=\lim_{n\to\infty}\frac{1-\left(-\frac{4}{5}\right)^n}{5+4\left(\frac{4}{5}\right)^n}\\&=\frac{1-0}{5+0}\\&=\frac{1}{5}.\end{aligned}$$

1.2.2.2 函数极限的运算

定理 1.2.7 若$\lim\limits_{x \to x_0} f(x)=A$，$\lim\limits_{x \to x_0} g(x)=B$，则

(1) $\lim\limits_{x \to x_0}[f(x) \pm g(x)]=\lim\limits_{x \to x_0} f(x) \pm \lim\limits_{x \to x_0} g(x)=A \pm B$；

[和(或差)的极限等于极限的和(或差).]

(2) $\lim\limits_{x \to x_0}[f(x) g(x)]=\lim\limits_{x \to x_0} f(x) \cdot \lim\limits_{x \to x_0} g(x)=A \cdot B$；

(乘积的极限等于极限的乘积.)

(3) $\lim\limits_{x \to x_0} \dfrac{f(x)}{g(x)}=\dfrac{\lim\limits_{x \to x_0} f(x)}{\lim\limits_{x \to x_0} g(x)}=\dfrac{A}{B}$.

(当分母极限不为零时，商的极限等于极限之商.)

由上述规则可以推出以下结论(设极限$\lim\limits_{x \to x_0} f(x)$存在)：

(1) $\lim\limits_{x \to x_0} c f(x)=c \lim\limits_{x \to x_0} f(x)$ (c 为常数)；

(2) $\lim\limits_{x \to x_0}[f(x)]^m=[\lim\limits_{x \to x_0} f(x)]^m$ (m 为正整数)；

(3) $\lim\limits_{x \to x_0}[f(x)]^{\frac{1}{m}}=[\lim\limits_{x \to x_0} f(x)]^{\frac{1}{m}}$ (m 为正整数，$\lim\limits_{x \to x_0} f(x)>0$).

定理 1.2.8 若$\lim\limits_{t \to t_0} f(t)=A$，$\lim\limits_{x \to x_0} g(x)=t_0$，且 $g(x)$在 x_0 的附近均有 $g(x) \neq t_0$，则

$$\lim_{x \to x_0} f[g(x)]=A.$$

定理 1.2.9 若 $\lim f(x)=A$，$\lim g(x)=B>0$，则 $\lim g(x)^{f(x)}=B^A$.

例 1.2.5 求下列极限：

(1) $\lim\limits_{x \to 2}(2x^2+x-5)$；

(2) $\lim\limits_{x \to 5} \dfrac{2x^2+x-1}{x^2-5x+3}$.

解：(1) $\lim\limits_{x \to 2}(2x^2+x-5)=\lim\limits_{x \to 2}(2x^2)+\lim\limits_{x \to 2} x-\lim\limits_{x \to 2} 5$

$=2 \times 2^2+2-5$

$=5$.

(2)
$$\lim_{x \to 5} \frac{2x^2+x-1}{x^2-5x+3}=\frac{\lim\limits_{x \to 5} 2x^2+\lim\limits_{x \to 5} x-\lim\limits_{x \to 5} 1}{\lim\limits_{x \to 5} x^2-\lim\limits_{x \to 5} 5x+\lim\limits_{x \to 5} 3}$$

$$=\frac{2 \times 5^2+5-1}{5^2-5 \times 5+3}$$

$$=18.$$

例 1.2.6 求$\lim\limits_{x\to 1}\left(\frac{1}{x-1}-\frac{3}{x^3-1}\right)$.

解:因为 $x\neq 1$,则

$$\begin{aligned}\frac{1}{x-1}-\frac{3}{x^3-1}&=\frac{1}{x-1}-\frac{3}{(x-1)(x^2+x+1)}\\&=\frac{x^2+x-2}{(x-1)(x^2+x+1)}\\&=\frac{(x-1)(x+2)}{(x-1)(x^2+x+1)}\\&=\frac{x+2}{x^2+x+1},\end{aligned}$$

所以

$$\begin{aligned}\lim_{x\to 1}\left(\frac{1}{x-1}-\frac{3}{x^3-1}\right)&=\lim_{x\to 1}\frac{x+2}{x^2+x+1}\\&=\frac{\lim\limits_{x\to 1}x+2}{\lim\limits_{x\to 1}x^2+x+1}\\&=1.\end{aligned}$$

例 1.2.7 求$\lim\limits_{x\to 1}\frac{x^2-1}{2x^2-x-1}$.

解:将 $x=1$ 代入分子、分母,其值均为零,这时称极限是“$\frac{0}{0}$”型.显然不符合商的运算法则的条件,因此首先应对函数作恒等变形.由于分子分母都是多项式,所以可先分解因式,于是

$$\begin{aligned}\lim_{x\to 1}\frac{x^2-1}{2x^2-x-1}&=\lim_{x\to 1}\frac{(x-1)(x+1)}{(x-1)(2x+1)}\\&=\lim_{x\to 1}\frac{x+1}{2x+1}\\&=\frac{2}{3}.\end{aligned}$$

例 1.2.8 求$\lim\limits_{x\to \frac{\pi}{4}}\frac{\sin x-\cos x}{\cos 2x}$.

解:

$$\lim_{x\to \frac{\pi}{4}}\frac{\sin x-\cos x}{\cos 2x}=\lim_{x\to \frac{\pi}{4}}\frac{\sin x-\cos x}{\cos^2 x-\sin^2 x}$$

$$=\lim_{x\to\frac{\pi}{4}}\frac{1}{-(\cos x+\sin x)}$$

$$=-\frac{\sqrt{2}}{2}.$$

1.2.3 极限的求解运算

通过前面的讨论,我们可以将求解极限的方法总结如下.

1.2.3.1 关于极限定义的证明

用极限的定义对函数极限定义的证明与数列极限的证明基本相同.在 $x\to\infty$时,由

$$|f(x)-A|<\varepsilon$$

推出

$$|x|>X(\varepsilon,A),$$

得到 $X>0$.在 $x\to x_0$ 时,由

$$|f(x)-A|<\varepsilon,$$

推出

$$0<|x-x_0|<\delta(\varepsilon,A),$$

得到 $\delta>0$.其他的极限定义证明与此类似.

值得注意的是,极限定义的证明是验证形式.极限定义不是"解不等式",而是分析使

$$|f(x)-A|<\varepsilon$$

成立的充分条件.其逻辑关系不是"因为

$$|f(x)-A|<\varepsilon,$$

所以 x 应满足什么条件",而是"要使

$$|f(x)-A|<\varepsilon,$$

只要 x 满足什么条件".正是由于寻找使

$$|f(x)-A|<\varepsilon$$

成立的充分条件,所以常采用适当放大$|f(x)-A|$的方法(或给出 x 的某些条件限制),使得运算简单.

利用“$\varepsilon-\delta$”(或“$\varepsilon-X$”)证明极限

$$\lim_{x\to x_0} f(x)=A\text{(或}\lim_{x\to\infty} f(x)=A\text{)}$$

的一般步骤为:$\forall\varepsilon>0$,由

$$|f(x)-A|<\varepsilon,$$

经过适当放大

$$|f(x)-A|<\cdots<C|x-x_0|<\varepsilon\text{(}C\text{ 为常数)}$$

或

$$|f(x)-A|<\cdots<C\varphi(|x|)<\varepsilon\text{(}C\text{ 为常数)}.$$

解不等式

$$C|x-x_0|<\varepsilon$$

或

$$C\varphi(|x|)<\varepsilon$$

得

$$0<|x-x_0|<\frac{\varepsilon}{C}$$

或

$$|x|>\psi(\varepsilon).$$

取 $\delta=\frac{\varepsilon}{C}$ 或 $X=\psi(x)$,则当 $0<|x-x_0|<\delta$ 或 $|x|>X$ 时,有

$$|f(x)-A|<\varepsilon,$$

即

$$\lim_{x\to x_0} f(x)=A\text{(或}\lim_{x\to\infty} f(x)=A\text{)}.$$

例 1.2.9 用极限定义证明 $\lim_{x\to\infty}\frac{x^2+1}{2x^2}=\frac{1}{2}$.

证明:$\forall\varepsilon>0$,要使

$$\left|\frac{x^2+1}{2x^2}-\frac{1}{2}\right|=\frac{1}{2|x|^2}<\varepsilon,$$

只要

$$|x|>\frac{1}{\sqrt{2\varepsilon}},$$

于是取 $X=\frac{1}{2\sqrt{\varepsilon}}$,当 $|x|>X$ 时,有

$$\left|\frac{x^2+1}{2x^2}-\frac{1}{2}\right|<\varepsilon,$$

即

$$\lim_{x\to\infty}\frac{x^2+1}{2x^2}=\frac{1}{2}.$$

1.2.3.2 利用因式分解法求极限

例 1.2.10 求极限$\lim\limits_{x\to-1}\left(\frac{1}{x+1}-\frac{3}{x^3+1}\right)$.

解:可以先将式子变形,然后因式分解,约去分子分母的公因式,即

$$\begin{aligned}\lim_{x\to-1}\left(\frac{1}{x+1}-\frac{3}{x^3+1}\right)&=\lim_{x\to-1}\frac{x^2-x+1-3}{x^3+1}=\lim_{x\to-1}\frac{x^2-x-2}{x^3+1}\\&=\lim_{x\to-1}\frac{(x+1)(x-2)}{(x+1)(x^2-x+1)}\\&=\lim_{x\to-1}\frac{x-2}{x^2-x+1}=\frac{-3}{3}=-1.\end{aligned}$$

1.2.3.3 利用有理化法求极限

例 1.2.11 求极限$\lim\limits_{x\to\infty}(\sqrt{x^2+x}-\sqrt{x^2+1})$.

解:可以先将原式有理化为有理式和容易求出极限的无理式的组合,再利用极限的运算法则进行求解,即

$$\begin{aligned}\lim_{x\to\infty}(\sqrt{x^2+x}-\sqrt{x^2+1})&=\lim_{x\to\infty}\frac{x-1}{\sqrt{x^2+x}+\sqrt{x^2+1}}\\&=\lim_{x\to\infty}\frac{1-\frac{1}{x}}{\sqrt{1+\frac{1}{x}}+\sqrt{1+\frac{1}{x^2}}}\\&=\frac{\lim\limits_{x\to\infty}\left(1-\frac{1}{x}\right)}{\lim\limits_{x\to\infty}\sqrt{1+\frac{1}{x}}+\lim\limits_{x\to\infty}\sqrt{1+\frac{1}{x^2}}}\\&=\frac{1}{2}.\end{aligned}$$

1.2.3.4 利用夹挤定理求极限

例 1.2.12 求极限 $\lim\limits_{x\to+\infty} x^{\frac{1}{x}}$.

解:由于对于任意的 $n\geqslant 1$,当 $n<x<n+1$ 时,有

$$n^{\frac{1}{n+1}}=[x]^{\frac{1}{[x]+1}}<x^{\frac{1}{x}}<([x]+1)^{\frac{1}{[x]}}=(n+1)^{\frac{1}{n}},$$

而且

$$\lim_{n\to\infty} n^{\frac{1}{n+1}}=\lim_{n\to\infty}(n+1)^{\frac{1}{n}}=1,$$

所以

$$\lim_{x\to+\infty} x^{\frac{1}{x}}=1.$$

例 1.2.13 求极限 $\lim\limits_{\substack{x\to+\infty\\ y\to+\infty}}\left(\frac{xy}{x^2+y^2}\right)^x$.

解:由于当 $x>0,y>0$ 时,有

$$0\leqslant\left(\frac{xy}{x^2+y^2}\right)^x\leqslant\left(\frac{1}{2}\right)^x,$$

而

$$\lim_{x\to\infty}\left(\frac{1}{2}\right)^x=0,$$

所以

$$\lim_{\substack{x\to+\infty\\ y\to+\infty}}\left(\frac{xy}{x^2+y^2}\right)^x=0.$$

1.2.3.5 利用夹逼准则求极限

这类极限通常是把通项进行放缩,再用夹逼准则,即

$$y_n \xleftarrow{\text{缩小}} x_n \xrightarrow{\text{放大}} z_n,$$

数列 $\{y_n\}$ 及 $\{z_n\}$ 的极限都存在且相等,可求得数列 $\{x_n\}$ 的极限.

例 1.2.14 求 $\lim\limits_{n\to\infty}\left(\frac{1}{n^2+n+1}+\frac{2}{n^2+n+2}+\cdots+\frac{n}{n^2+n+n}\right)$.

解:由夹逼准则可得

$$\frac{i}{n^2+n+n}\leqslant\frac{i}{n^2+n+i}\leqslant\frac{i}{n^2+n+1},(i=1,2,\cdots,n).$$

求和可得

$$\frac{\frac{1}{2}n(n+1)}{n^2+n+n} \leqslant \frac{1}{n^2+n+1}+\frac{2}{n^2+n+2}+\cdots+\frac{n}{n^2+n+n} \leqslant \frac{\frac{1}{2}n(n+1)}{n^2+n+1},$$

因为

$$\lim_{n\to\infty}\frac{\frac{1}{2}n(n+1)}{n^2+n+n}=\lim_{n\to\infty}\frac{\frac{1}{2}n(n+1)}{n^2+n+1}=\frac{1}{2},$$

所以原极限值为$\frac{1}{2}$.

1.2.3.6 利用两个重要极限与复合函数的极限求极限

例 1.2.15 求极限$\lim\limits_{x\to 0}\frac{\ln(1+2x)}{\sin 3x}$.

解:可以先将原式变形,即

$$\lim_{x\to 0}\frac{\ln(1+2x)}{\sin 3x}=\lim_{x\to 0}\frac{2x\cdot\frac{1}{2x}\cdot\ln(1+2x)}{3x\cdot\frac{\sin 3x}{3x}}$$

$$=\frac{2}{3}\frac{\lim\limits_{x\to 0}\frac{1}{2x}\cdot\ln(1+2x)}{\lim\limits_{x\to 0}\frac{\sin 3x}{3x}}$$

$$=\frac{2}{3}\frac{\lim\limits_{x\to 0}\ln(1+2x)^{\frac{1}{2x}}}{\lim\limits_{x\to 0}\frac{\sin 3x}{3x}}.$$

又由于

$$\lim_{x\to 0}\ln(1+2x)^{\frac{1}{2x}}=\mathrm{e},\lim_{x\to 0}\frac{\sin 3x}{3x}=1,$$

所以

$$\lim_{x\to 0}\frac{\ln(1+2x)}{\sin 3x}=\frac{2}{3}\ln\mathrm{e}=\frac{2}{3}.$$

1.2.3.7 利用定理“有界量与无穷小量的乘积也是无穷小量”求极限

例 1.2.16 求极限$\lim\limits_{x\to 0}x^3\sin\dfrac{1}{x}$.

解:由于

$$\lim_{x\to 0}x^3=0,\left|\sin\frac{1}{x}\right|\leqslant 1,$$

故而,函数 $f(x)=x^3\sin\dfrac{1}{x}$当 $x\to 0$ 时是无穷小量.故而

$$\lim_{x\to 0}x^3\sin\frac{1}{x}=0.$$

例 1.2.17 求极限$\lim\limits_{x\to\infty}\ln(1+2^x)\ln\left(1+\dfrac{3}{x}\right)$.

解:由于当 $x\to\infty$时有

$$\ln\left(1+\frac{3}{x}\right)\sim\frac{3}{x},$$

故而

$$\begin{aligned}\lim_{x\to+\infty}\ln(1+2^x)\ln\left(1+\frac{3}{x}\right)&=\lim_{x\to+\infty}\frac{3\ln(1+2^x)}{x}\\&=3\lim_{x\to+\infty}\frac{\ln 2^x(1+2^{-x})}{x}\\&=3\lim_{x\to+\infty}\left[\ln 2+\frac{\ln(1+2^{-x})}{x}\right]=3\ln 2.\end{aligned}$$

1.2.3.8 利用数列的递推通项求数列极限

当数列的递推通项已知时,一般用数列极限的单调有界准则来求该数列的极限,具体的方法为

(1)先判断数列极限的存在性;

(2)利用递推通项求得极限.

例 1.2.18 设已知数列

$$x_1=1,x_2=1+\frac{x_1}{1+x_1},\cdots,x_n=1+\frac{x_{n-1}}{1+x_{n-1}},$$

求$\lim\limits_{n\to\infty}x_n$.

解:易知 $0<x_n$,且

$$x_n=1+\frac{x_{n-1}}{1+x_{n-1}}<2,$$

即

$$0<x_n<2(n=1,2,\cdots),$$

故而,数列有界.

又因为 $x_1=1,x_2=\frac{3}{2}$,所以 $x_1<x_2$,不妨设 $x_{n-1}<x_n$,则

$$x_{n+1}-x_n=\left(1+\frac{x_n}{1+x_n}\right)-\left(1+\frac{x_{n-1}}{1+x_{n-1}}\right)=\frac{x_n-x_{n-1}}{(1+x_n)(1+x_{n-1})}>0,$$

所以数列 $\{x_n\}$ 是单调增加的,设其极限为 a,易得

$$a=\frac{1+\sqrt{5}}{2},a=\frac{1-\sqrt{5}}{2}(舍去),$$

即有

$$\lim_{n\to\infty}x_n=\frac{1+\sqrt{5}}{2}.$$

1.3 函数的连续性

基本初等函数在其定义域内连续;初等函数在其定义区间连续;分段函数在每一段内是初等函数,故在每一段内连续.

1.3.1 函数连续的定义及其运算

函数 f 在点 x_0 的极限与函数在这点的定义无关,但从几何直观上看,我们在初等数学中所接触到的函数 f,当自变量 x 趋向于 x_0 时,函数值 $f(x)$ 似乎总是趋向于 $f(x_0)$,这就是函数在点 x_0 的连续性.函数的连续性概念是与函数极限密切相关的一个重要概念.

定义 1.3.1 如果函数 $f(x)$ 在 x_0 处满足以下三个条件:

(1) $f(x)$ 在 x_0 处有定义(即 $f(x_0)$ 存在);

(2) $f(x)$ 在 x_0 处有极限;

(3) $f(x)$ 在 x_0 处的极限值等于这点的函数值.
则称函数 $f(x)$ 在 x_0 处连续, $x=x_0$ 为 $f(x)$ 的连续点.

定义 1.3.2 设函数 $y=f(x)$ 在点 x_0 及其附近有定义,若自变量 x 的增量 $\Delta x=x-x_0$ 趋于 0 时,对应的函数增量 $\Delta y=f(x_0+\Delta x)-f(x_0)$ 也趋于 0,就称函数 $f(x)$ 在 x_0 连续.

定义 1.3.3 若函数 $f(x)$ 在 x_0 的某右邻域有定义,且

$$\lim_{x\to 0^+} f(x)=f(x_0),$$

则称 $f(x)$ 在 x_0 处右连续;若函数 $f(x)$ 在 x_0 的某左邻域有定义,且

$$\lim_{x\to 0^-} f(x)=f(x_0),$$

则称 $f(x)$ 在 x_0 处左连续.

定理 1.3.1 两个在某点连续的函数的和、差、积、商(分母在该点不为零),是一个在该点连续的函数.

定理 1.3.2 设函数 $u=\varphi(x)$ 在点 $x=x_0$ 处连续,并且 $\varphi(x_0)=u_0$,而函数 $y=f(u)$ 在点 $u=u_0$ 处连续,则复合函数 $y=f[\varphi(x)]$ 在点 $x=x_0$ 也是连续的.

定理 1.3.3 若函数 $y=f(x)$ 在某区间 I_x 上单调增加(或减少)并且连续,则它的反函数 $x=f^{-1}(y)$ 也在对应的区间

$$I_y=\{y \mid y=f(x), x\in I_x\}$$

上增加(或减少)且连续.

1.3.2 利用函数连续性解题

1.3.2.1 分段函数的极限、连续、间断问题解法

(1)分段函数的极限.

①当分段点两侧表达式相同,一般直接计算极限,不分左、右讨论.

②当分段点两侧表达式不同,或相同但含有 $a^{\frac{1}{x}}(x\to 0)$, $\arctan\frac{1}{x}$ $(x\to 0)$,或者含有绝对值情形时,需要讨论左、右极限.仅当函数在分段点处的左、右极限存在且相等时,函数在该点的极限才存在.求函数在一点处的左、右极限的方法与求函数极限的方法相同.

③分段函数的极限主要是研究函数在分段点处的连续性与可导性.

(2)函数连续性讨论.

①基本初等函数在其定义域内连续;初等函数在其定义区间连续;分段函数在每一段内是初等函数,故在每一段内连续.

②分段点的连续性讨论.一般是针对由极限定义的函数、带有绝对值符号的函数、分段函数等.对于分段点 x_0,若函数 $f(x)$ 在点 x_0 两侧的表达式相同,则直接用

$$\lim_{x \to x_0} f(x) = f(x_0)$$

来判定 $f(x)$ 在点 x_0 是否连续;若函数 $f(x)$ 在点 x_0 两侧的表达式不同,或如上边分段函数极限②中所述情形,则先求函数 $f(x)$ 在点 x_0 的左极限、右极限,然后根据函数在点 x_0 连续的充要条件,即

$$\lim_{x \to x_0^-} f(x) = \lim_{x \to x_0^+} f(x) = f(x_0)$$

来判定 $f(x)$ 在点 x_0 是否连续.此处特别注意的是,计算 $\lim\limits_{x \to x_0^-} f(x)$ 时,只能用点 x_0 左边($x<x_0$)的函数表达式,而计算 $\lim\limits_{x \to x_0^+} f(x)$ 时,则只能用点 x_0 右边($x>x_0$)的函数表达式.

详细归纳如下:

①分段函数 $f(x)$ 在分段点 x_0 处的连续性.

先求出 $\lim\limits_{x \to x_0^-} f(x)$ 和 $\lim\limits_{x \to x_0^+} f(x)$,再根据 $f(x)$ 在点 x_0 连续的充要条件

$$\lim_{x \to x_0^-} f(x) = \lim_{x \to x_0^+} f(x) = f(x_0)$$

来判断 $f(x)$ 在点 x_0 处是否连续.

②带有绝对值符号的函数的连续性.

先去掉绝对值符号,将函数改写成分段函数,再用①中的方法讨论.

③含有极限符号的函数的连续性.

以 x 为参变量,以自变量 n 的无限变化趋势(即 $n \to \infty$)为极限所定义的函数 $f(x)$,即

$$f(x) = \lim_{n \to \infty} g(x, n),$$

该函数称为极限函数.为讨论 $f(x)$ 的连续性,应先求出极限.极限中的变量是 n,在求极限的过程 x 不变化,但随着 x 的取值范围不同,极限值也不同,因此要求出仅用 x 表示的函数 $f(x)$,一般为分段函数.

(3)函数间断点及其类型的确定.

①求出 $f(x)$ 的定义域,若函数 $f(x)$ 在 $x=x_0$ 点无定义,则 x_0 为间断点.若有定义,再查看下一步.

②查看 x_0 是否为初等函数定义区间的点.若是,则 x_0 为连续点,否则看 $\lim\limits_{x\to x_0} f(x)$ 是否存在.若 $\lim\limits_{x\to x_0} f(x)$ 不存在,则 x_0 为 $f(x)$ 的间断点;若 $\lim\limits_{x\to x_0} f(x)$ 存在,再看下一步.

③若 $\lim\limits_{x\to x_0} f(x)=f(x_0)$,则 x_0 为连续点;若不相等则为间断点.

④分段函数通常要考查的是分段点.

⑤间断点分类:

间断点
- 第一类:
  左右极限都存在
  - 可去型　左极限=右极限,即极限存在
  - 跳跃型　左极限≠右极限
- 第二类:
  左右极限中至少有一个不存在

在这里需要特别指出的是,只有第一类型可去间断点,这样才能补充或改变函数在该点的定义而成为连续点,其他类型不能做到;函数无定义的点未必都是间断点.

例 1.3.1　讨论函数 $f(x)=\begin{cases}\dfrac{x(1+x)}{\sin\frac{\pi}{2}x}, & x>0\\ \dfrac{2}{\pi}\cos\dfrac{x}{x^2-1}, & x\leqslant 0\end{cases}$ 的连续性.

解:讨论分段点:

$$x=0,f(0)=\frac{2}{\pi},\lim_{x\to x^+}\frac{x(1+x)}{\sin\frac{\pi}{2}x}=\frac{2}{\pi},\lim_{x\to x^-}\frac{2}{\pi}\cos\frac{x}{x^2-1}=\frac{2}{\pi}.$$

因为

$$\lim_{x\to x^+}f(x)=\lim_{x\to x^-}f(x)=\frac{2}{\pi}=f(0),$$

所以 $f(x)$ 在 $x=0$ 处连续.

在 $x>0$ 时,$f(x)=\dfrac{x(1+x)}{\sin\frac{\pi}{2}x}$,当

$$x=\pm 2,\pm 4,\cdots,\pm 2n,\cdots$$

时，有

$$\sin\frac{\pi}{2}x=0,$$

但因 $x>0$，故而只有

$$x=2n\,(n=1,2,\cdots)$$

时 $f(x)$ 无定义，而

$$\lim_{x\to 2n}\frac{x(1+x)}{\sin\frac{\pi}{2}x}=\infty,$$

因此 $x=2n\,(n=1,2,\cdots)$ 是第二类无穷间断点.

在 $x<0$ 时，只有 $x=-1$ 时 $f(x)$ 无定义，而 $\lim\limits_{x\to -1}\frac{2}{\pi}\cos\frac{x}{x^2-1}$ 不存在，所以 $x=-1$ 是第二类震荡间断点.

综上所述，$f(x)$ 在 $x=2n\,(n=1,2,\cdots)$ 及 $x=-1$ 以外的所有点处连续，$x=2n\,(n=1,2,\cdots)$ 是第二类无穷间断点，$x=-1$ 是第二类震荡间断点.

1.3.2.2　闭区间上连续函数问题解法

(1)证明方程根的存在性.通常用零点定理证明方程根的存在性.零点定理的条件由 3 部分组成，一是闭区间 $[a,b]$，二是在闭区间上的连续函数 $f(x)$，三是 $f(x)$ 在端点值异号，题型一般分为 3 种.

①需找出函数值异号的两点，通常用观察法、保号性等得到.

②需找出根(零点)存在的区间.

③构造辅助函数.一般是从要证明的结果出发，先将所证的式子移项，使右端为零，再将 ξ 换成 x，即为辅助函数.

(2)介值定理的应用.用来证明存在实数(一点)η，使在闭区间上连续的函数 $f(x)$ 中在 η 处的值 $f(\eta)$ 等于介于其最小值与最大值之间的某个值.

(3)证明函数的有关性质.

例 1.3.2　设 $f(x)$ 在 $[0,n]$(n 为正整数，且 $n\geqslant 2$)上连续，且 $f(0)=f(n)$，试证明在 $[0,n]$ 上至少存在一点 c，使得

$$f(c)=f(c+1).$$

证明:令

$$F(x)=f(x)-f(x+1),$$

其中,$x\in[0,n-1]$,$F(x)$在$[0,n-1]$上连续,则有 m,M 使得

$$m\leqslant F(x)\leqslant M,$$

从而有

$$m\leqslant \frac{1}{n}\sum_{i=0}^{n-1}F(i)=0\leqslant M,$$

根据介值定理,至少存在一点 $c\in[0,n-1]\subset[0,n]$,使得

$$F(c)=\frac{1}{n}\sum_{i=0}^{n-1}F(i)=0,$$

即

$$f(c)=f(c+1).$$

1.4 函数极限的应用

1.4.1 产品调运与费用

例 1.4.1 A 市和 B 市分别有某种库存产品 12 件和 6 件,现决定调运到 C 市 10 件,D 市 8 件.若从 A 市调运一件产品到 C 市和 D 市的运费分别是 400 元和 800 元,从 B 市调运一件产品到 C 市的运费分别是 300 元和 500 元.(1)设 B 市运往 C 市的产品为 x 件,求总运费 W 关于 x 的函数关系式;(2)若要求总运费不超过 9000 元,共有几种调运方案?(3)求出总运费最低的调运方案和最低运费.

解:通过表 1-4-1 和表 1-4-2 可直观地显示各数量关系.

表 1-4-1

起点	终点		合计
	C 市件数	D 市件数	
A 市	$10-x$	$8-(6-x)$	12
B 市	x	$6-x$	6
合计	10	8	18

表 1-4-2

起点	终点	
	C 市运费	D 市运费
A 市	4	8
B 市	3	5

(1)由题意,若运费以百元计,则总运费 W 关于 x 的函数关系式为

$$W=4(10-x)+8[8-(6-x)]+3x+5(6-x)=2x+86.$$

(2)根据题意,可列出不等式组

$$\begin{cases}0\leqslant x\leqslant 6,\\ 2x+86\leqslant 90.\end{cases}$$

解得 $0\leqslant x\leqslant 2$.

因为 x 只能取整数,所以 x 只有三种可能的值,即 0,1,2.故共有三种调运方案.

(3)一次函数 $W=2x+86$,随 x 的增大而增大,而 $0\leqslant x\leqslant 2$,故当 $x=0$ 时,函数 $W=2x+86$ 有最小值,$W_{最小值}=86$(百元),即最低总运费是 8600 元.此时调运方案是,B 市的 6 件全部运往 D 市,A 市运往 C 市 10 件,运往 D 市 2 件.

1.4.2 成本与产量

例 1.4.2 当产品产量不大时,成本 C 是产量 q 的一次(或线性)函数,而当产品产量较大时,由于固定成本,可变成本不能再认为是不变的,所以成本 C 与产量不再是线性关系,而是非线性关系.现有某产品成本与产量的关系如下:

$$C=C(q)=\begin{cases}10\ 000+8q, & 0\leqslant q\leqslant 4000;\\ 15q-0.001\ 25q^2, & 4000<q\leqslant 6000.\end{cases}$$

这就是说,当产品产量不超过 4000 单位时,成本以 $C=10\ 000+8q$ 计算,而当产品产量在 4000 单位与 6000 单位之间时,成本以 $C=15q-0.001\ 25q^2$ 计算,即可按照产品产量计算出来.

1.4.3 设备折旧费的计算

例 1.4.3 设有一设备原价值为 C,使用到第 n 年末的残值为 S.$C-S$ 之差数即该设备在几年内的折旧费,在财务计划中,一个企业为了补偿设备的折旧,必须每年为折旧基金提交一笔折旧费.若用确定折旧费的直线法,则它可求出每年应提交折旧基金的数额.在此暂假设基金设有利息及设备在整个使用期内每年提交的折旧金额相等.这样每年提交基金的数额

$$R=\frac{1}{n}(C-S)$$

是一常数,而第 t 年年底时已提的折旧基金

$$F=Rt$$

是 t 的正比例函数,而设备在任何日期的账面价值

$$V(t)=C-F$$

它仍然是 t 的一次函数.

2 微 分 学

研究函数的导数、微分及其计算和应用的部分称为微分学，其在科学、工程技术及经济等领域有着极其广泛的应用.

2.1 导数的概念

在讨论了函数和极限两个重要概念之后，接下来，我们来讨论导数和微分的概念.所谓导数，就是用极限方法研究因变量的变化相对于自变量变化的快慢问题，即变化率问题.导数概念的产生是与几何上和物理上的需要分不开的，然而导数概念的应用不局限于这些学科.微分概念是研究函数增量的近似表达式问题，它与积分并立为微积分的两大基本概念.我们就先来讨论导数的概念及其意义.

接下来，我们就通过下列事例来引入导数的概念.

例 2.1.1 设 q 表示 1g 物质温度由 0℃升到 x℃时所需要的热量，显然 q 是 x 的函数，即

$$q=q(x).$$

研究当温度变化时，物质所需要的热量的变化快慢问题，如果温度由 x_0 变到 $x_0+\Delta x$ 所需要的热量为 Δq，即

$$\Delta q=q(x_0+\Delta x)-q(x_0).$$

如果 q 是均匀变化的，物体的比热容为 $c=\frac{\Delta q}{\Delta x}$，是一个常数，如果 q 不是均匀变化的，那么$\frac{\Delta q}{\Delta x}$不是常数，称其为从 x_0 到 $x_0+\Delta x$ 之间的平均比热容.现在我们来研究当温度为 x_0 时物体的比热容.因为$\frac{\Delta q}{\Delta x}$是与

x_0 和 $x_0+\Delta x$ 有关的，当 x_0 确定之后，$|\Delta x|$ 越小，$\frac{\Delta q}{\Delta x}$ 越接近 x_0 时的比热容.因此，当 $x_0\to 0$ 时，我们用 $\frac{\Delta q}{\Delta x}$ 的极限值来描述 x_0 时的比热容，即有

$$c(x_0)=\lim_{\Delta x\to 0}\frac{\Delta q}{\Delta x}=\lim_{\Delta x\to 0}\frac{q(x_0+\Delta x)-q(x_0)}{\Delta x}.$$

在这个例子中，虽然自变量与函数所表示的意义是不同的学科领域——几何学及物理学，但是从数学运算的角度来看，实质上是一样的.这就是：

①给自变量以任意增量并算出函数的增量；

②作出函数的增量与自变量增量的比值；

③求出当自变量的增量趋向于零时这个比值的极限.我们把这种特定的极限叫作函数的导数.由此，我们给出导数的定义.

定义 2.1.1 设 $y=f(x)$ 在点 x_0 的某一邻域内有定义，当 x 在点 x_0 有增量 $\Delta x(\Delta x\neq 0)$ 时，相应的 y 的增量为

$$\Delta y=f(x_0+\Delta x)-f(x_0).$$

如果当 $\Delta x\to 0$ 时，$\frac{\Delta y}{\Delta x}$ 的极限存在，则称 $y=f(x)$ 在点 x_0 处可导，并称极限值为 $y=f(x)$ 在点 x_0 处的导数，记作 $f'(x_0)$ 或 $y'|_{x=x_0}$，即

$$f'(x_0)=\lim_{\Delta x\to 0}\frac{\Delta y}{\Delta x}=\lim_{\Delta x\to 0}\frac{f(x_0+\Delta x)-f(x_0)}{\Delta x}.$$

如果 $\lim\limits_{\Delta x\to 0}\frac{\Delta y}{\Delta x}$ 不存在，则称 $y=f(x)$ 在点 x_0 处不可导.

特别的，若 $\lim\limits_{\Delta x\to 0}\frac{\Delta y}{\Delta x}=\infty$，$y=f(x)$ 在点 x_0 处不可导，但有时为方便起见，常说导数为无穷大.

导数定义也可以用下面的形式表示：

$$f'(x_0)=\lim_{h\to 0}\frac{f(x_0+h)-f(x_0)}{h}\ (h=\Delta x)$$

和

$$f'(x_0)=\lim_{x\to x_0}\frac{f(x)-f(x_0)}{x-x_0}\ (x=x_0+\Delta x).$$

由此可见，$\frac{\Delta y}{\Delta x}$ 表示自变量在 $[x_0,x_0+\Delta x]$ 上函数的平均变化率；

$f'(x_0)$表示函数在 x_0 点的瞬时变化率.

定理 2.1.1 函数 $y=f(x)$在点 x_0 处可导的充要条件是其在点 x_0 处的左右导数存在并且相等.

该定理可以根据函数的极限与其左右极限的关系来证明,这里不再讨论证明过程,读者可自行证明.

例 2.1.2 已知 $f'(3)=2$,求$\lim\limits_{h\to 0}\dfrac{f(3-h)-f(3)}{2h}$.

解:由题意可知

$$\begin{aligned}&\lim_{h\to 0}\frac{f(3-h)-f(3)}{2h}\\&=-\frac{1}{2}\lim_{h\to 0}\frac{f(3-h)-f(3)}{-h}\\&=-\frac{1}{2}\lim_{h\to 0}f'(3)\\&=-1.\end{aligned}$$

例 2.1.3 求 $f(x)=\dfrac{1}{x}$的导函数 $f'(x)$,并求 $f'(2)$,$f'(a)(a\neq 0)$.

解:设 $x(x\neq 0)$有增量 Δx,则相应的函数增量为

$$\Delta y=\frac{1}{x+\Delta x}-\frac{1}{x}=\frac{-\Delta x}{x(x+\Delta x)},$$

所以

$$\frac{\Delta y}{\Delta x}=-\frac{1}{x(x+\Delta x)},$$

所以

$$\lim_{\Delta x\to 0}\frac{\Delta y}{\Delta x}=-\lim_{\Delta x\to 0}\frac{1}{x(x+\Delta x)}=-\frac{1}{x^2},$$

故而

$$f'(x)=-\frac{1}{x^2}(x\neq 0).$$

根据 $f'(x_0)=f'(x)\big|_{x=x_0}$有

$$f'(2)=-\frac{1}{2^2}=-\frac{1}{4},$$

$$f'(a)=-\frac{1}{a^2}(a\neq 0).$$

2.2 导数的运算法则

定理 2.2.1 设函数 $u=u(x)$ 与 $v=v(x)$ 在点 x 处可导,那么函数

$$u(x)\pm v(x), u(x)v(x), \frac{u(x)}{v(x)}(v(x)\neq 0)$$

在点 x 处均可导,且满足以下法则:

(1) $u(x)[u(x)\pm v(x)]'=u'(x)\pm v'(x)$;

(2) $[u(x)v(x)]'=u'(x)v(x)+u(x)v'(x)$;

(3) $\left[\frac{u(x)}{v(x)}\right]'=\frac{u'(x)v(x)-u(x)v'(x)}{v^2(x)}(v(x)\neq 0)$.

证明:(1)

$$\begin{aligned}[u(x)\pm v(x)]' &= \lim_{\Delta x\to 0}\frac{[u(x+\Delta x)\pm v(x+\Delta x)]-[u(x)\pm v(x)]}{\Delta x}\\ &= \lim_{\Delta x\to 0}\frac{u(x+\Delta x)-u(x)}{\Delta x}\pm\lim_{\Delta x\to 0}\frac{v(x+\Delta x)-v(x)}{\Delta x}\\ &= u'(x)\pm v'(x).\end{aligned}$$

(2)

$$\begin{aligned}&[u(x)v(x)]'\\ &= \lim_{\Delta x\to 0}\frac{u(x+\Delta x)v(x+\Delta x)-u(x)v(x)}{\Delta x}\\ &= \lim_{\Delta x\to 0}\left[\frac{u(x+\Delta x)-u(x)}{\Delta x}\cdot v(x+\Delta x)+u(x)\cdot\frac{v(x+\Delta x)-v(x)}{\Delta x}\right]\\ &= \lim_{\Delta x\to 0}\frac{u(x+\Delta x)-u(x)}{\Delta x}\cdot\lim_{\Delta x\to 0}v(x+\Delta x)+u(x)\cdot\lim_{\Delta x\to 0}\frac{v(x+\Delta x)-v(x)}{\Delta x}\\ &= u'(x)v(x)+u(x)v'(x).\end{aligned}$$

(3)

$$\begin{aligned}\left[\frac{u(x)}{v(x)}\right] &= \lim_{\Delta x\to 0}\frac{\frac{u(x+\Delta x)}{v(x+\Delta x)}-\frac{u(x)}{v(x)}}{\Delta x}\\ &= \lim_{\Delta x\to 0}\frac{u(x+\Delta x)v(x)-u(x)v(x+\Delta x)}{v(x+\Delta x)v(x)\Delta x}\end{aligned}$$

$$=\lim_{\Delta x\to 0}\frac{[u(x+\Delta x)-u(x)]v(x)-u(x)[v(x+\Delta x)-v(x)]}{v(x+\Delta x)v(x)\Delta x}$$

$$=\lim_{\Delta x\to 0}\frac{\frac{u(x+\Delta x)-u(x)}{\Delta x}v(x)-u(x)\frac{v(x+\Delta x)-v(x)}{\Delta x}}{v(x+\Delta x)v(x)}$$

$$=\lim_{\Delta x\to 0}\frac{\frac{u(x+\Delta x)-u(x)}{\Delta x}v(x)-u(x)\frac{v(x+\Delta x)-v(x)}{\Delta x}}{v(x+\Delta x)v(x)}$$

$$=\frac{u'(x)v(x)-u(x)v'(x)}{v^2(x)}(v(x)\neq 0).$$

例 2.1.1　求函数 $y=x^3+3e^x-\frac{7}{2}\sin x+\cos\frac{\pi}{3}$ 的导数.

解:分析可知

$$y'=\left(x^3+3e^x-\frac{7}{2}\sin x+\cos\frac{\pi}{3}\right)'$$

$$=(x^3)'+(3e^x)'-\left(\frac{7}{2}\sin x\right)'+\left(\cos\frac{\pi}{3}\right)'$$

$$=3x^2+3e^x-\frac{7}{2}\cos x+0$$

$$=3x^2+3e^x-\frac{7}{2}\cos x.$$

例 2.1.2　求函数 $y=3x^4+5x^2-x+8$ 的导数.

解:根据导数的四则运算法则可得

$$y'=(3x^4+5x^2-x+8)'$$

$$=(3x^4)'+-(x)'+(8)'$$

$$=3(x^4)'+5(x^2)'-1+0$$

$$=3\times 4x^3+5\times 2x-1$$

$$=12x^3+10x-1.$$

例 2.1.3　求函数 $y=\tan x$ 的导函数.

解:由分析可知

$$y'=(\tan x)'=\left(\frac{\sin x}{\cos x}\right)'$$

$$=\frac{(\sin x)'\cos x-\sin x(\cos x)'}{\cos^2 x}$$

$$=\frac{\cos^2 x+\sin^2 x}{\cos^2 x}$$

$$=\frac{1}{\cos^2 x}$$

$$=\sec^2 x.$$

类似的,可以得出余切函数的导数:

$$(\cot x)'=-\csc^2 x.$$

2.3 求导方法与导数基本公式

2.3.1 导数定义的应用

(1)用导数定义求极限.函数 $f(x)$ 在 x_0 处的导数为

$$f'(x_0)=\lim_{\Delta x\to 0}\frac{f(x_0+\Delta x)-f(x_0)}{\Delta x}$$

$$=\lim_{\square\to 0}\frac{f(x_0+\square)-f(x_0)}{\square}$$

$$=\lim_{x\to x_0}\frac{f(x)-f(x_0)}{x-x_0}.$$

式中,□为某一函数式,若极限存在,分子为函数增量,分母恰好是分子 $f(\cdot)$ 中的自变量之差,则所求极限就与 x_0 处的导数联系在一起了.如 $\lim\limits_{\Delta x\to 0}\frac{f(x_0+\Delta x)-f(x_0)}{\Delta x}$ 中,分子为函数增量,其分子 $f(\cdot)$ 中的自变量之差为 $x_0+\Delta x-x_0=\Delta x$, $\lim\limits_{\Delta x\to 0}\frac{f(x_0+\Delta x)-f(x_0)}{\Delta x}$ 中的分母恰为 Δx,于是为 $f'(x_0)$.

(2)求抽象函数在某点处的导数.此题型仅知道函数在某点的连续性或可导性,其他点的导数未知,故不能使用导数的运算法则,此时用导数定义式:

$$f'(x_0)=\lim_{x\to x_0}\frac{f(x)-f(x_0)}{x-x_0}.$$

(3)求抽象函数或其导数.此时未知可导性或仅知道某点的导数,用导数定义式直接求导函数或化成已知点的导数式,可求之.

$$f'(x_0)=\lim_{\Delta x\to 0}\frac{f(x_0+\Delta x)-f(x_0)}{\Delta x}=\lim_{y\to 0}\frac{f(x+y)-f(x)}{y}.$$

例 2.3.1 设函数 $f(x)$ 在 x 处可导,论证:

(1) $\lim\limits_{\Delta x\to 0}\dfrac{f(x+\Delta x)-f(x)}{\Delta x}=f'(x)$;

(2) $\lim\limits_{\Delta x\to 0}\dfrac{f(x+\Delta x)-f(x-\Delta x)}{2\Delta x}=f'(x)$;

(3) $\lim\limits_{h\to 0}\dfrac{f(x_0+ah)-f(x_0-bh)}{h}=(a+b)f'(x_0)$.

证明:已知导数 $f'(x)$ 为增量比 $\dfrac{\Delta y}{\Delta x}=\dfrac{f(x+\Delta x)-f(x)}{\Delta x}$ 当 $\Delta x\to 0$ 时的极限,比值 $\dfrac{f(x)-f(x-\Delta x)}{\Delta x}$ 和增量比 $\dfrac{f(x+\Delta x)-f(x)}{\Delta x}$ 在形式上不同,但二者之间有一定的关系,故证明(1)的思路是设法通过变形把前者化为后者.

(1)由分析可知

$$\lim_{\Delta x\to 0}\frac{f(x+\Delta x)-f(x)}{\Delta x}=\lim_{\Delta x\to 0}\frac{f(x-\Delta x)-f(x)}{-\Delta x}\overset{-\Delta x=h}{=\!=\!=}\lim_{h\to 0}\frac{f(x+h)-f(x)}{h}=f'(x),$$

这里令 $-\Delta x=h$,显然 h 也是自变量 x 的增量,且当 $\Delta x\to 0$ 时 $h\to 0$,根据导数的定义就有上述结论.

(2)思路同上:

$$\begin{aligned}
&\lim_{\Delta x\to 0}\frac{f(x+\Delta x)-f(x-\Delta x)}{2\Delta x}\\
&=\lim_{\Delta x\to 0}\frac{f(x+\Delta x)-f(x)+f(x)-f(x-\Delta x)}{2\Delta x}\\
&=\frac{1}{2}\left\{\lim_{\Delta x\to 0}\left[\frac{f(x+\Delta x)-f(x)}{\Delta x}+\frac{f(x)-f(x-\Delta x)}{\Delta x}\right]\right\}\\
&=\frac{1}{2}[f'(x)+f'(x)]\\
&=f'(x).
\end{aligned}$$

这里已经应用了(1)的结果.

(3)由分析可知

$$\lim_{h\to 0}\frac{f(x_0+ah)-f(x_0-bh)}{h}$$

$$=\lim_{h\to 0}\frac{[f(x_0+ah)-f(x_0)]-[f(x_0-bh)-f(x_0)]}{h}$$

$$=\lim_{h\to 0}\frac{f(x_0+ah)-f(x_0)}{ah}\cdot a-\lim_{h\to 0}\frac{f(x_0-bh)-f(x_0)}{-bh}(-b)$$

$$=af'(x_0)+bf'(x_0)$$

$$=(a+b)f'(x_0).$$

2.3.2 求隐函数的导数

(1)直接求导法.对方程 $F(x,y)=0$ 两边直接求导(注意复合,即 $F(x,y)$ 中 y 是 x 的函数).

(2)利用一阶微分形式不变性求导.对方程两边同时微分,此时 x 与 y 无复合关系,求出 $\mathrm{d}x$ 与 $\mathrm{d}y$ 满足的关系之后,再求出$\frac{\mathrm{d}y}{\mathrm{d}x}$.

(3)用对数求导法求导.当方程 $F(x,y)=0$ 中含有幂指函数等形式时,采用此方法.

(4)隐函数求二(高)阶导数.在所给的方程两边连续求二(高)阶导数,即得.

(5)隐函数的导数在某点处的值.隐函数求得的导数$\frac{\mathrm{d}y}{\mathrm{d}x}$中,一般含有 x 及 y,要计算 $x=x_0$ 时$\frac{\mathrm{d}y}{\mathrm{d}x}$的值,先将 $x=x_0$ 代入 $F(x,y)=0$ 中,再将 x_0,y_0 代入$\frac{\mathrm{d}y}{\mathrm{d}x}$中,即得到$\left.\frac{\mathrm{d}y}{\mathrm{d}x}\right|_{x=x_0}$.

例 2.3.2 求下列隐函数的二阶导数.

(1)$y=\tan(x+y)$;

(2)$\mathrm{e}^x+xy=0$.

解:两边对 x 求导可得

$$y'=\sec^2(x+y)(1+y'),$$

即

$$y'=\frac{\sec^2(x+y)}{1-\sec^2(x+y)}=-\csc^2(x+y).$$

对 x 再求导可得

$$\begin{aligned}y''&=-2\csc(x+y)\cdot[-\csc(x+y)\cot(x+y)](1+y')\\&=2\csc^2(x+y)\cot(x+y)[1-\csc^2(x+y)]\\&=-\csc^2(x+y)\cot^2(x+y).\end{aligned}$$

(2)两边对 x 求导可得

$$e^x+y+xy'=0,$$

故

$$y'=\frac{e^x+y}{x}.$$

在式子 $e^x+y+xy'=0$ 两端再对 x 求导可得

$$e^x+y'+y'+xy'=0,$$

故

$$y''=-\frac{e^x+2y'}{x}=\frac{xe^x-2e^x-2y}{x^2}.$$

2.3.3 高阶导数的求法

(1)逐阶求导法.这种方法是根据导数的定义逐阶求导的,用不完全归纳法求得高阶导数.

(2)公式法.这种方法是在熟记下列方法的基础上求得高阶导数的.

①$(u\pm v)^{(n)}=u^{(n)}\pm v^{(n)}$;

②$(cu(x))^{(n)}=c(u(x))^{(n)}$;

③$(x^n)^{(n)}=n!$;

④$\left(\frac{1}{x}\right)^{(n)}=\frac{(-1)^n n!}{x^{n+1}}$;

⑤$(e^x)^{(n)}=e^x$;

⑥$(\sin x)^{(n)}=\sin\left(x+\frac{n\pi}{2}\right)$;

⑦$(\cos x)^{(n)}=\cos\left(x+\frac{n\pi}{2}\right)$;

⑧$(uv)^{(n)}=\sum_{k=0}^{n}C_n^k u^{(n-k)}v^{(n)}$.

(3)递推公式法.这种方法是先对函数求一阶导数或二阶导数,建立函数与导数之间的关系式,再由关系式两边应用莱布尼茨公式求导数.

例 2.3.3 若 $f''(x)$存在,求下列函数的二阶导数.

(1)$y=f(x^2)$;

(2)$y=\ln[f(x)]$.

解:(1)由分析可得

$$\frac{dy}{dx}=f'(x^2)(x^2)'=2xf'(x^2),$$

$$\begin{aligned}\frac{d^2y}{dx^2}&=(2x)'f'(x^2)+2x[f'(x^2)]'\\&=2xf'(x^2)+2xf''(x^2)(x^2)'\\&=4x^2f''(x^2)+2f'(x^2).\end{aligned}$$

(2)由分析可得

$$\frac{dy}{dx}=\frac{1}{f(x)}f'(x),$$

$$\frac{d^2y}{dx^2}=\frac{f''(x)f(x)-[f'(x)]^2}{f^2(x)}.$$

2.3.4 基本初等函数的求导公式

由导数的定义可知,求函数 $y=f(x)$的导数 $f'(x)$的步骤为

(1)求增量

$$\Delta y=f(x+\Delta x)-f(x);$$

(2)算比值

$$\frac{\Delta y}{\Delta x}=\frac{f(x+\Delta x)-f(x)}{\Delta x};$$

(3)取极限

$$\begin{aligned}f'(x)&=\lim_{\Delta x\to 0}\frac{\Delta y}{\Delta x}\\&=\lim_{\Delta x\to 0}\frac{f(x+\Delta x)-f(x)}{\Delta x}.\end{aligned}$$

下面,我们来根据这三个步骤求基本初等函数的导数.由于基本初

等函数的导数在数学尤其是微积分中应用频繁，所以，在这里，我们有必要将初等函数的导数公式列举如下：(反三角函数的导数，我们在讨论反函数时给出)

(1)常数函数 $f(x)=c$ 的导数.由于

$$\Delta y=f(x+\Delta x)-f(x)=c-c=0,$$

所以

$$\lim_{\Delta x\to 0}\frac{\Delta y}{\Delta x}=\lim_{\Delta x\to 0}\frac{0}{\Delta x}=0,$$

故而，常数函数的导数

$$(c)'=0.$$

(2)正弦函数 $f(x)=\sin x$ 的导数.根据导数的定义有

$$\begin{aligned}f'(x)&=\lim_{h\to 0}\frac{f(x+h)-f(x)}{h}\\&=\lim_{h\to 0}\frac{\sin(x+h)-\sin x}{h}\\&=\lim_{h\to 0}\frac{1}{h}2\cos\left(\frac{x+h}{x}\right)\sin\frac{h}{2}\\&=\lim_{h\to 0}\cos\left(x+\frac{h}{2}\right)\cdot\frac{\sin\frac{h}{2}}{\frac{h}{2}}\\&=\cos x.\end{aligned}$$

所以正弦函数的导数

$$(\sin x)'=\cos x.$$

(3)反正弦函数 $y=\arcsin x$ 的导数.因为反正弦函数 $y=\arcsin x$ 与正弦函数 $x=\sin y\left(-\frac{\pi}{2}<y<\frac{\pi}{2}\right)$ 互为反函数，而正弦函数 $x=\sin y\left(-\frac{\pi}{2}<y<\frac{\pi}{2}\right)$ 单调可导，且当 $\left(-\frac{\pi}{2}<y<\frac{\pi}{2}\right)$ 时有

$$(\sin y)'=\cos y>0.$$

所以

$$\begin{aligned}(\arcsin x)'&=\frac{1}{(\sin y)'}=\frac{1}{\cos y}\\&=\frac{1}{\sqrt{1-\sin^2 y}}\end{aligned}$$

$$=\frac{1}{\sqrt{1-x^2}}(-1<x<1).$$

(4)余弦函数 $f(x)=\cos x$ 的导数.类似于(2)中方法,可求得

$$(\cos x)'=-\sin x.$$

(5)反余弦函数 $y=\arccos x=\frac{\pi}{2}-\arcsin x$ 的导数.

$$\begin{aligned}(\arccos x)'&=\left(\frac{\pi}{2}-\arcsin x\right)'\\&=-(\arcsin x)'\\&=-\frac{1}{\sqrt{1-x^2}}(-1<x<1).\end{aligned}$$

(6)反正切函数 $y=\arctan x$ 的导数.因为反正切函数 $y=\arctan x$ 与正切函数 $x=\tan y\left(-\frac{\pi}{2}<y<\frac{\pi}{2}\right)$ 互为反函数,而正切函数 $x=\tan y\left(-\frac{\pi}{2}<y<\frac{\pi}{2}\right)$ 单调可导,且当 $\left(-\frac{\pi}{2}<y<\frac{\pi}{2}\right)$ 时有

$$(\tan y)'=\sec^2 y>0.$$

所以

$$\begin{aligned}(\arctan x)'&=\frac{1}{(\tan y)'}=\frac{1}{\sec^2 y}\\&=\frac{1}{1+\tan^2 y}=\frac{1}{1+x^2},\end{aligned}$$

其中,x 可以取全体实数.

(7)反余切函数 $y=\operatorname{arccot} x$ 的导数.类似于(6)中的推到过程,反余切函数 $y=\operatorname{arccot} x$ 的导数为

$$(\operatorname{arccot} x)'=-\frac{1}{1+x^2},$$

其中,x 可以取全体实数.

(8)指数函数 $f(x)=a^x(a>0,a\neq 1)$ 的导数.由于

$$\Delta y=a^{x+\Delta x}-a^x=a^x(a^{\Delta x}-1),$$

所以

$$\begin{aligned}f'(x)&=\lim_{\Delta x\to 0}\frac{\Delta y}{\Delta x}=\lim_{\Delta x\to 0}\frac{a^x(a^{\Delta x}-1)}{\Delta x}\\&=\lim_{\Delta x\to 0}a^x\ \frac{(a^{\Delta x}-1)}{\Delta x}=a^x\ \lim_{\Delta x\to 0}\frac{(a^{\Delta x}-1)}{\Delta x}\end{aligned}$$

$$=a^x \lim_{\Delta x \to 0}\frac{a^{\Delta x \ln a}-1}{\Delta x}=a^x \lim_{\Delta x \to 0}\frac{\Delta x \ln a}{\Delta x}$$

$$=a^x \ln a.$$

所以指数函数的导数为

$$(a^x)'==a^x \ln a.$$

特别的有

$$(\mathrm{e}^x)'==\mathrm{e}^x.$$

(9)幂函数 $f(x)=x^n$,$(n\in \mathbf{N}_+)$在 $x=a$ 处的导数.根据导数的定义可得幂函数 $f(x)=x^n$,$(n\in \mathbf{N}_+)$在 $x=a$ 处的导数

$$f'(a)=\lim_{x\to a}\frac{f(x)-f(a)}{x-a}=\lim_{x\to a}\frac{x^n-a^n}{x-a}$$

$$=\lim_{x\to a}(x^{n-1}+ax^{n-2}+\cdots+a^{n-1})$$

$$=na^{n-1}.$$

同理可求得幂函数 $f(x)=x^n$,$(n\in \mathbf{N}_+)$的导数

$$f'(x)=nx^{n-1}.$$

幂函数 $f(x)=x^\mu$,(μ 为实数)的导数为

$$f'(x)=\mu x^{\mu-1}.$$

(10)对数函数 $f(x)=\log_a x\,(a>0,a\neq 1)$的导数.根据导数的定义有

$$f'(x)=\lim_{h\to 0}\frac{f(x+h)-f(x)}{h}=\lim_{h\to 0}\frac{\log_a(x+h)-\log_a x}{h}$$

$$=\lim_{h\to 0}\frac{1}{h}\log_a\frac{x+h}{x}=\lim_{h\to 0}\frac{1}{x}\frac{x}{h}\log_a\left(1+\frac{h}{x}\right)$$

$$=\frac{1}{x}\lim_{h\to 0}\frac{\log_a\left(1+\frac{h}{x}\right)}{\frac{h}{x}}$$

$$=\frac{1}{x}\log_a \mathrm{e}.$$

所以,对数函数的导数为

$$(\log_a x)'=\frac{1}{x}\log_a \mathrm{e}.$$

特别的有

$$(\ln x)'=\frac{1}{x}.$$

2.4 函数的微分

前面我们讨论了函数的导数,导数表示函数在点 x 处的变化率,它描述函数在点 x 处相对于自变量变化的快慢程度.有时我们需要了解函数在某一点当自变量取得一个微小的改变量时,函数取得的相应改变量的近似值.一般而言,计算函数改变量是比较困难的,为了能找到计算函数改变量的近似表达式,下面引进微分的概念.

2.4.1 微分的定义

定义 2.4.1 设函数 $y=f(x)$ 在点 x_0 的某个邻域内有定义,自变量 x 自 x_0 取得改变量 Δx($\Delta x\neq 0$,$x_0+\Delta x$ 仍在该邻域内),若函数的相应改变量

$$\Delta y=f(x_0+\Delta x)-f(x_0),$$

可表示为

$$\Delta y=A\cdot\Delta x+o(\Delta x), \tag{2-4-1}$$

其中,A 是只与 x_0 有关而与 Δx 无关的常数,$o(\Delta x)$ 是当 $\Delta x\to 0$ 时比 Δx 高阶的无穷小量,则称函数 $y=f(x)$ 在点 x_0 处可微,并称 $A\cdot\Delta x$ 为函数 $y=f(x)$ 在点 x_0 处的微分,记作

$$\mathrm{d}y\big|_{x=x_0},\mathrm{d}f\big|_{x=x_0},\text{或 }\mathrm{d}f(x_0),$$

即

$$\mathrm{d}y\big|_{x=x_0}=A\cdot\Delta x.$$

当 $A\neq 0$ 时,$A\cdot\Delta x$ 也称为(2-4-1)式的线性主要部分."线性",是因为 $A\cdot\Delta x$ 是 Δx 的一次函数;主要因为当 $\Delta x\to 0$ 时,(2-4-1)式右端的 $o(\Delta x)$ 是比 Δx 高阶的无穷小量,所以 $A\cdot\Delta x$ 在(2-4-1)式中起主要作用.

如果 $y=f(x)$ 在点 x_0 可微,即 $\mathrm{d}y\big|_{x=x_0}=A\cdot\Delta x$,那么常数 A 等于什么?

下面的定理回答了这个问题.

定理 2.4.1 函数 $y=f(x)$ 在点 x_0 可微的充分必要条件是函数 $y=f(x)$ 在点 x_0 处可导，此时 $A=f'(x_0)$.

证明：必要性.若函数 $y=f(x)$ 在点 x_0 处可微，则按定义 2.4.1 有(2-4-1)式成立，即

$$\Delta y=A\cdot\Delta x+o(\Delta x),$$

其中，A 是只与 x_0 有关而与 Δx 无关的常数，$o(\Delta x)$ 是当 $\Delta x\to 0$ 时比 Δx 高阶的无穷小量.两边同除以 $\Delta x(\Delta x\neq 0)$，得

$$\frac{\Delta y}{\Delta x}=A+\frac{o(\Delta x)}{\Delta x}.$$

于是，当 $\Delta x\to 0$ 时，由上式得到

$$A=\lim_{\Delta x\to 0}\frac{\Delta y}{\Delta x}=f'(x_0),$$

即若函数 $y=f(x)$ 在点 x_0 可微，则它在点 x_0 处可导，且 $A=f'(x_0)$.

充分性.若函数 $y=f(x)$ 在点 x_0 处可导，有

$$\lim_{\Delta x\to 0}\frac{\Delta y}{\Delta x}=f'(x_0),$$

根据极限与无穷小的关系可得

$$\frac{\Delta y}{\Delta x}=f'(x_0)+\alpha,\text{其中，}\lim_{\Delta x\to 0}\alpha=0,$$

以 Δx 乘上式两边，得到

$$\Delta y=f'(x_0)\cdot\Delta x+\alpha\cdot\Delta x.$$

当 $\Delta x\to 0$ 时，$\alpha\cdot\Delta x$ 这一项是比 Δx 高阶的无穷小量，且 $f'(x_0)$ 是只与点 x_0 有关而与 Δx 无关的常数，所以函数 $y=f(x)$ 在点 x_0 处可微.

由此可见，函数 $y=f(x)$ 在点 x_0 处可微与可导是等价的，且 $A=f'(x_0)$.于是，函数 $y=f(x)$ 在点 x_0 的微分为

$$\mathrm{d}y\big|_{x=x_0}=f'(x_0)\cdot\Delta x,$$

而

$$\Delta y=f'(x_0)\cdot\Delta x+\alpha\cdot\Delta x,\lim_{\Delta x\to 0}\alpha=0.$$

由于：

①当 $f'(x_0)\neq 0$ 时，微分 $\mathrm{d}y\big|_{x=x_0}$ 是 Δx 的线性函数，计算简便；

②$\Delta y-\mathrm{d}y=o(\Delta x)$，当 $\Delta x\to 0$ 时，它是 Δx 的高阶无穷小量，近似

程度好.故我们得到结论:在$|\Delta x|$很小时,有精确度较好的近似公式

$$\Delta y \approx \mathrm{d}y.$$

2.4.2　微分的几何意义

设曲线$y=f(x)$在点$M(x,y)$处的切线为MT,点$N(x+\Delta x,y+\Delta y)$为曲线上点M的邻近点(图2-4-1).易知切线MT的斜率

$$k=\tan\alpha=f'(x),$$

$$PQ=MQ\cdot\tan\alpha=\Delta x\cdot f'(x)=\mathrm{d}y.$$

因此,函数$y=f(x)$的微分$\mathrm{d}y$在几何上表示当自变量x改变了Δx时,切线上相应点纵坐标的改变量.在图2-4-1中$NQ=\Delta y$,它是当自变量x改变了Δx时,曲线上相应点纵坐标的改变量.

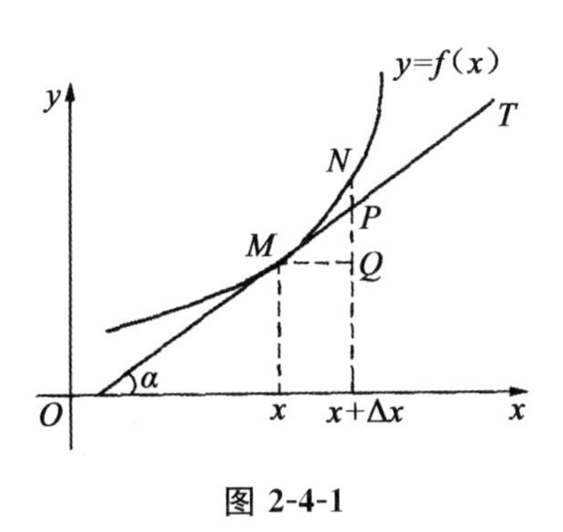

图 2-4-1

2.4.3　微分的运算

由微分的定义$\mathrm{d}y=f'(x)\mathrm{d}x$可知,一个函数的微分就是它的导数与自变量微分的乘积,所以只要熟记导数公式,基本初等函数的微分公式与运算法就立即可得,现列出如下:

(1)$\mathrm{d}(C)=0$(C为常数);　　(2)$\mathrm{d}(\mathrm{e}^x)=\mathrm{e}^x\mathrm{d}x$;

(3)$\mathrm{d}(x^\alpha)=\alpha x^{\alpha-1}\mathrm{d}x$;　　(4)$\mathrm{d}(a^x)=a^x\ln a\,\mathrm{d}x$;

(5)$\mathrm{d}(\log_a x)=\dfrac{1}{x\ln a}\mathrm{d}x$;　　(6)$\mathrm{d}(\ln x)=\dfrac{1}{x}\mathrm{d}x$;

(7)$\mathrm{d}(\sin x)=\cos x\,\mathrm{d}x$;　　(8)$\mathrm{d}(\cos x)=-\sin x\,\mathrm{d}x$;

(9) $d(\tan x)=\sec^2 x\,dx$； (10) $d(\cot x)=-\csc^2 x\,dx$；

(11) $d(\sec x)=\sec x\tan x\,dx$； (12) $d(\csc x)=-\csc x\cot x\,dx$；

(13) $d(\arcsin x)=\dfrac{1}{\sqrt{1-x^2}}dx$； (14) $d(\arccos x)=-\dfrac{1}{\sqrt{1-x^2}}dx$；

(15) $d(\arctan x)=\dfrac{1}{1+x^2}dx$； (16) $d(\operatorname{arccot} x)=-\dfrac{1}{1+x^2}dx$.

例 2.4.1 求下面隐函数的微分：

(1) $x^2+y^2=3$； (2) $x+y=\ln(xy)$.

解：(1)解法一，两边对 x 求导，得

$$2x+2yy'=0$$

解得

$$y'=-\frac{x}{y},$$

故

$$dy=y'dx=-\frac{x}{y}dx$$

解法二，两边微分，得

$$2x\,dx+2y\,dy=0,$$

故

$$dy=-\frac{x}{y}dx$$

(2)解法一，上式两边对 x 求导，得

$$1+y'=\frac{1}{x}+\frac{1}{y}y',$$

解得

$$y'=\frac{y(1-x)}{x(y-1)},$$

故

$$dy=y'dx=\frac{y(1-x)}{x(y-1)}dx.$$

解法二，对 $x+y=\ln x+\ln y$ 两边微分，得

$$dx+dy=\frac{1}{x}dx+\frac{1}{y}dy,$$

故

$$dy=\frac{y(1-x)}{x(y-1)}dx.$$

2.4.4 微分中值定理

微分中值定理的应用主要包括:证明某些等式、证明某些不等式、求函数极限、证明方程根的存在等.下面阐述具体的微分中值定理及与其有关的问题.

2.4.4.1 罗尔定理

定理 2.4.2(费马引理) 设函数 $y=f(x)$在点 x_0 的某邻域$U(x_0)$内有定义,并在 x_0 点可导.如果$\forall x\in U(x_0)$有

$$f(x)\geqslant f(x_0)$$

或

$$f(x)\leqslant f(x_0),$$

则

$$f'(x_0)=0.$$

$f(x)\leqslant f(x_0)(\forall x\in U(x_0))$可以同样证明.

定义 2.4.2 通常称导数 $f'(x)$等于零的点为 $y=f(x)$的驻点.

易知,费马引理中的点 x_0 是函数 $y=f(x)$的驻点.

罗尔定理的几何意义:如果连续曲线 $y=f(x)$在 A,B 处的纵坐标相等且除端点外处有不垂直于 x 轴的切线,则至少有一点$(\xi,f(\xi))$$(a<\xi<b)$使曲线在该点处有水平切线,如图 2-4-2 所示.

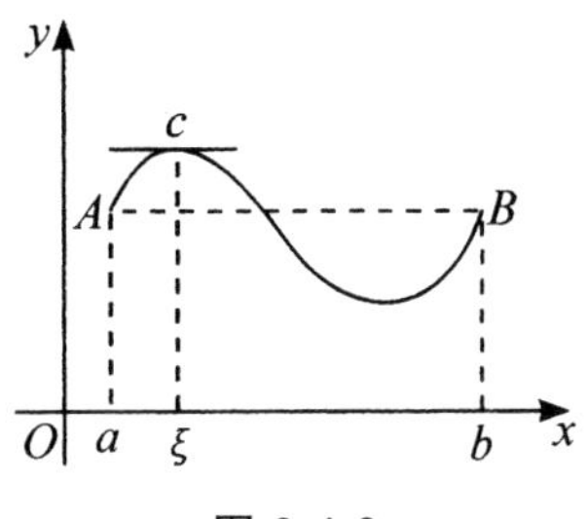

图 2-4-2

需要注意的是，罗尔定理的三个条件是驻点存在的充分条件.这就是说，这三个条件都成立，则(a,b)内必有驻点；若这三个条件中有一个不成立，则(a,b)内可能有驻点，也可能没驻点.

例如，下列三个函数在指定的区间内都不存在驻点：

(1) $f_1(x)=\begin{cases}1, & x=0,\\ x, & 0<x\leqslant 1;\end{cases}$

(2) $f_2(x)=|x|, x\in[-1,1]$；

(3) $f_3(x)=x, x\in[0,1]$.

事实上，函数$f_1(x)$在$(0,1)$内可导，且$f(0)=f(1)=1$，但它在$x=0$间断，不满足在闭区间$[0,1]$连续的条件.该函数显然没有水平切线，如图 2-4-3 所示.

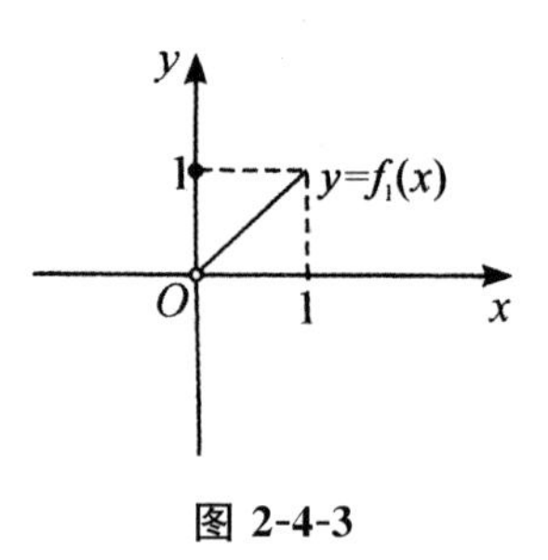

图 2-4-3

函数$f_2(x)$在$[-1,1]$上连续且$f(-1)=f(1)=1$，但它在$x=0$不可导，不满足在开区间$(-1,1)$可导的条件.该函数显然没有水平切线，如图 2-4-4 所示.

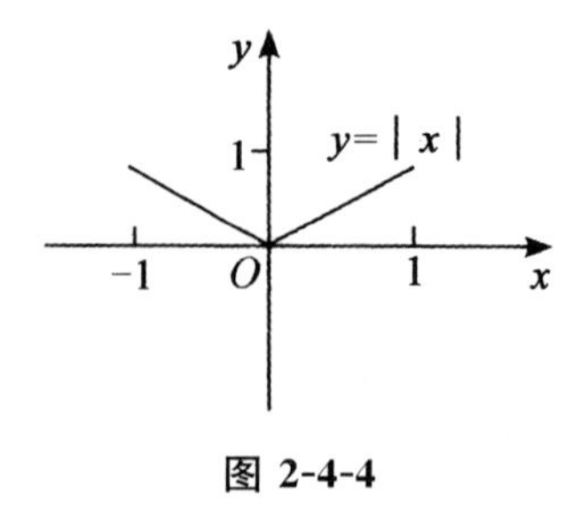

图 2-4-4

函数$f_3(x)$在$[0,1]$上连续，在$(0,1)$内可导，但$f(0)=0\neq 1=f(1)$.该函数同样也没有水平切线，如图 2-4-5 所示.

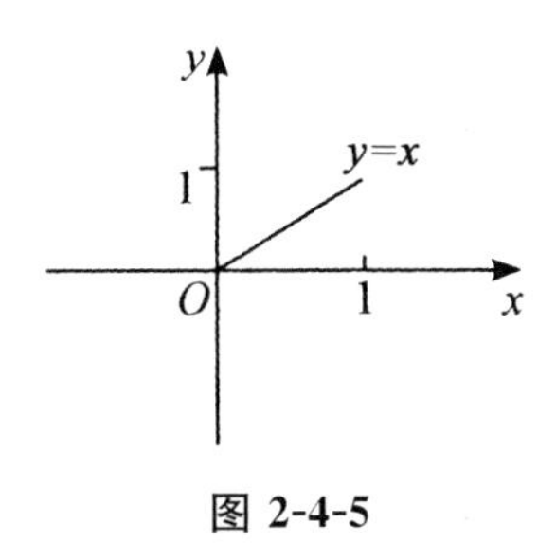

图 2-4-5

2.4.4.2 拉格朗日中值定理

罗尔定理中的条件(3)相当特殊,使得定理的应用受限制,如果把这个条件取消,只保留条件(1)与(2),则可得到我们下面将介绍的微分学中十分重要的中值定理——拉格朗日(Lagrange)中值定理.

定理 2.4.3(拉格朗日中值定理) 如果函数 $f(x)$满足:

(1)在闭区间$[a,b]$上连续;

(2)在开区间(a,b)内可导.

那么,在(a,b)内至少有一点 $\xi(a<\xi<b)$,使得

$$f(b)-f(a)=f'(\xi)(b-a)$$

或

$$f'(\xi)=\frac{f(b)-f(a)}{b-a} \tag{2-4-2}$$

成立.

拉格朗日中值定理的几何意义如下.

图 2-4-6 所示的是曲线 $y=f(x)(x\in[a,b])$的图形,其端点为 $A(a,f(a))$和 $B(b,f(b))$.从图 2-4-6 看出,过点 $A(a,f(a))$和 $B(b,f(b))$的直线 l 的方程为

$$y=l(x)=f(a)+\frac{f(b)-f(a)}{b-a}(x-a),$$

其中,$\frac{f(b)-f(a)}{b-a}$就是弦 AB 的斜率.由此可见,拉格朗日中值定理的几何意义为:在满足定理条件的曲线 $y=f(x)$上至少存在一点 $P(\xi,f(\xi))(\xi\in(a,b))$,使得曲线在该点的切线平行于弦 AB.特别的,当 $f(a)=f(b)$时,式(2-4-2)就变成 $f'(\xi)=0$,因此,罗尔定理是拉格

朗日中值定理的特殊情形.在一定条件下,可以把一般的问题转化为特殊问题去处理.

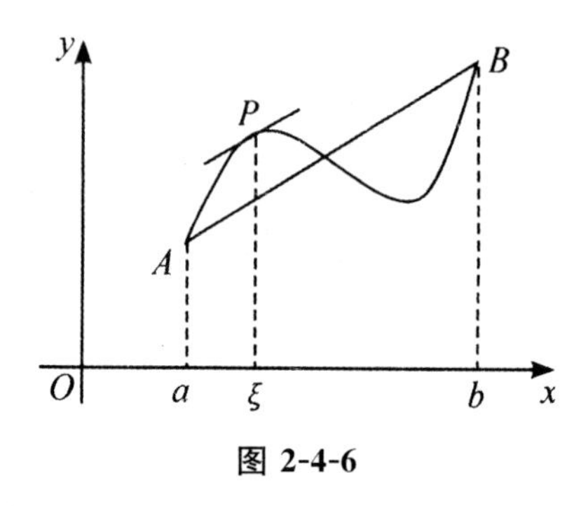

图 2-4-6

式(2-4-2)称为拉格朗日中值公式,它还有下面几种等价形式:

(1)$f(b)-f(a)=f'(\xi)(b-a)$,$a<\xi<b$;

(2)$f(b)-f(a)=f'[a+\theta(b-a)](b-a)$,$0<\theta<1$;

(3)$f(a+h)-f(a)=f'(a+\theta h)h$,$0<\theta<1$.

值得注意的是,拉格朗日中值公式无论对于 $a<b$ 还是 $a>b$ 都成立,其中 ξ 是介于 a 与 b 之间的某一确定的数.

下面给出拉格朗日中值定理的两个重要推论.

推论 2.4.1 设函数 $y=f(x)$ 在闭区间 $[a,b]$ 上连续,在开区间 (a,b) 内可导且 $f'(x)\equiv 0$,则 $y=f(x)$ 在 $[a,b]$ 上为常数.

证明:设 x_1,x_2 为 $[a,b]$ 上任意两点且 $x_1<x_2$,由拉格朗日中值定理得

$$f(x_2)-f(x_1)=f'(\xi)(x_2-x_1),\xi\in(x_1,x_2).$$

因 $f'(\xi)=0$,故得 $f(x_2)=f(x_1)$,即 $y=f(x)$ 在 $[a,b]$ 上任意两点处的函数值相等,所以 $y=f(x)$ 为常数.

推论 2.4.2 设函数 $f(x)$ 和 $g(x)$ 在闭区间 $[a,b]$ 上连续,在开区间 (a,b) 内可导且 $f'(x)\equiv g'(x)$,则在 $[a,b]$ 上有 $f(x)=g(x)+c$,其中 c 是常数.

令 $\varphi(x)=f(x)-g(x)$,对函数 $\varphi(x)$ 利用推论 2.4.1 即可证得推论 2.4.2.

2.4.4.3 柯西中值定理

根据拉格朗日中值定理可知,一段处处具有不垂直于 x 轴的切线

的曲线弧，在其上一定有平行于连接两端点的弦的切线.如图 2-4-7 所示，如果曲线由参数方程$\begin{cases} x=f(t), \\ y=g(t), \end{cases}$ $t\in(a,b)$表示，端点的坐标分别为$A[f(a),g(a)]$，$B[f(b),g(b)]$，若令 $f(a)\neq f(b)$，则弦 AB 的斜率为

$$k=\frac{g(a)-g(b)}{f(a)-f(b)},$$

曲线在点 C（对应于 $t=\xi$）处的切线斜率为

$$\left.\frac{\mathrm{d}y}{\mathrm{d}x}\right|_{t=\xi}=\frac{g'(\xi)}{f'(\xi)},\xi\in(a,b),$$

于是应有

$$\frac{g(a)-g(b)}{f(a)-f(b)}=\frac{g'(\xi)}{f'(\xi)},f'(\xi)\neq 0.$$

我们可以把这一事实总结为另一个定理，即柯西中值定理.

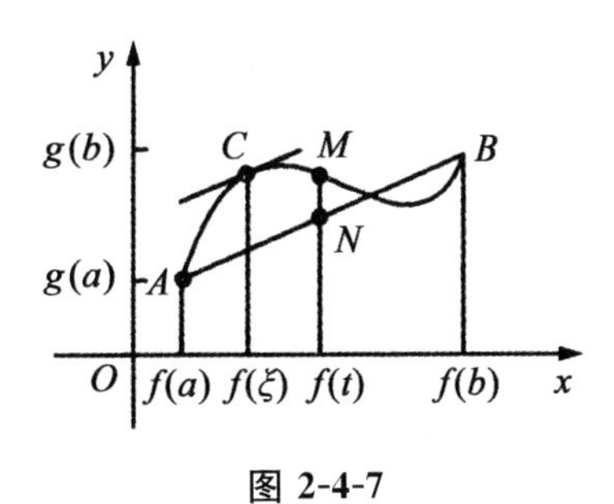

图 2-4-7

2.5 工程中微分学的应用

在管理、工程等方面的实际问题中，若直接根据给定的公式计算某个函数值通常情况下是非常复杂的，然而在满足一定条件或一定精度的要求下，可采用简便的近似计算去代替复杂的计算.

下面介绍利用一阶微分求函数近似值的方法.

当函数 $y=f(x)$在 x_0 处可微时，根据前面内容可知，函数的微分 $\mathrm{d}y=f'(x)\Delta x$ 是函数的改变量 $\Delta y=f(x_0+\Delta x)-f(x_0)$的主部，从而

可知当$|\Delta x|$充分小时，$\Delta y\approx dy$，即有近似公式

$$f(x_0+\Delta x)-f(x_0)\approx f'(x_0)\Delta x$$

或

$$f(x_0+\Delta x)\approx f(x_0)+f'(x_0)\Delta x. \quad (2\text{-}5\text{-}1)$$

若在式(2-5-1)中取$x_0=0$，令$x=\Delta x$，当$|x|$充分小时，有

$$f(x)\approx f(0)+f'(0)x. \quad (2\text{-}5\text{-}2)$$

利用式(2-5-2)可推出一系列近似公式，即当$|x|$充分小时，有

$$\sin x\approx x,\tan x\approx x,\ln(1+x)\approx x,$$

$$e^x\approx 1+x,(1+x)^n\approx 1+nx,(1+x)^{\frac{1}{n}}\approx 1+\frac{x}{n}.$$

在实际生产过程中，经常需要采集、测量各种数据.由于测量仪器的精度、测量手段和方法等因素的影响，测量数据往往会出现一定的误差，因此计算出的数据自然也存在一定的误差.

设某个量的精确值为x_0，近似值为x，则称$|\Delta x|=|x-x_0|$为x的绝对误差；而绝对误差与$|x|$的比值$\frac{|\Delta x|}{|x|}$叫作x的相对误差.然而在实际工作中，$|x-x_0|$的精确值实际上是无法知道的，但根据测量仪器的精度等因素，能确定误差在某个范围之内，即$|x-x_0|\leqslant\delta$，则称δ为用x近似x_0的最大绝对误差，而$\frac{\delta}{|x|}$称为用x近似x_0的最大相对误差.

现在我们讨论如何由测量数据x的误差估计计算数据$f(x)$的误差的问题.设函数$y=f(x)$在x处可导，当$|x-x_0|\leqslant\delta$时，用$f(x)$近似$f(x_0)$的最大绝对误差是

$$|\Delta y|=|f(x)-f(x_0)|\approx|f'(x)||x-x_0|\leqslant|f'(x)|\delta;$$

最大相对误差为

$$\left|\frac{\Delta y}{y}\right|\approx\frac{|f'(x)|}{|f(x)|}|x-x_0|\leqslant\frac{|f'(x)|}{|f(x)|}\delta.$$

例 2.5.1 计算$\sqrt{8.9}$的近似值.

解：先选取函数$f(x)=\sqrt{x}$，即要计算

$$f(8.9)=\sqrt{8.9},x=8.9,$$

再选取x_0，使$f(x_0)$与$f'(x_0)$容易计算，且满足$|x-x_0|$很小.显然，取$x_0=9$较为合适.

$$f(9)=\sqrt{9}=3,$$

$$f'(9)=\frac{1}{2\sqrt{x}}\Big|_{x=9}=\frac{1}{6}.$$

最后，利用微分近似公式，得

$$\sqrt{8.9}\approx f(9)+f'(9)(8.9-9)=3+\frac{1}{6}\times(-0.1)\approx 2.98.$$

例 2.5.2 计算$\sqrt[3]{65}$的近似值.

解：因为

$$\sqrt[3]{65}=\sqrt[3]{64+1}=\sqrt[3]{64\left(1+\frac{1}{64}\right)}=4\sqrt[3]{1+\frac{1}{64}},$$

由近似公式，得

$$\sqrt[3]{65}=4\sqrt[3]{1+\frac{1}{64}}\approx 4\left(1+\frac{1}{3}\times\frac{1}{64}\right)=4+\frac{1}{48}\approx 4.21.$$

例 2.5.3 一种半径为 20cm 的金属圆片，加热后半径增大了 0.05cm，试问圆的面积增大了多少？

解：因为圆的面积公式为

$$S=\pi r^2\ (r\ 为半径).$$

为求面积 S 的增量，由于

$$\Delta r=\mathrm{d}r=0.05$$

是比较小的，所以可以用微分 $\mathrm{d}S$ 来近似代替 ΔS.即

$$\Delta S\approx \mathrm{d}S=(\pi r^2)'\big|_{r=20}\mathrm{d}r=2\pi r\big|_{r=20}\cdot\Delta r=2\pi\times 20\times 0.05=2\pi(\mathrm{cm}^2).$$

因此，当半径增大了 0.05cm 时，圆的面积增大了 $2\pi\mathrm{cm}^2$.

例 2.5.4 正方形边长为(2.41 ± 0.005)m，求其面积，并估计绝对误差和相对误差.

解：令正方形的边长为 x，面积为 y，则有

$$y=x^2,$$

当 $x=2.41$ 时，把它代入 $y=x^2$ 可得

$$y=(2.41)^2=5.808.$$

因为边长为 x 的绝对误差

$$\delta_x=0.005,$$

且

$$y'\big|_{x=2.41}=2x\big|_{x=2.41}=4.82,$$

所以面积的绝对误差

$$\delta_y = 4.82 \times 0.005 = 0.0241,$$

面积的相对误差为

$$\frac{\delta_y}{|y|} = \frac{0.241}{5.808} \approx 0.004.$$

3 积 分 学

积分学是高等数学的基础学科之一.积分学的研究对象也是函数，其研究方法是另一类极限值的计算，牵涉到曲边形面积和体积的计算，其研究任务是积分的性质、法则和应用.

3.1 不定积分

3.1.1 不定积分的概念与性质

3.1.1.1 不定积分的定义

定义 3.1.1 设 $f(x)$是定义在某区间上的已知函数，如果存在一个函数 $F(x)$，对于该区间上每一点都满足 $F'(x)=f(x)$或 $\mathrm{d}F(x)=f(x)\mathrm{d}x$，则称函数 $F(x)$是已知函数 $f(x)$在该区间上的一个原函数.

定义 3.1.2 函数 $f(x)$的所有原函数，称为 $f(x)$的不定积分，记作

$$\int f(x)\mathrm{d}x.$$

如果 $F(x)$是 $f(x)$的一个原函数，则由定义有

$$\int f(x)\mathrm{d}x=F(x)+C.$$

其中，符号“$\int$”称为积分号，x 称为积分变量，$f(x)$称为被积函数，$f(x)\mathrm{d}x$ 称为被积表达式，C 称为积分常数.

根据不定积分的定义，由导数或微分基本公式，即可得到不定积分基本公式，由此列出以下基本积分公式：

(1) $\int 0\mathrm{d}x = C$（C 为常数）；

(2) $\int x^a \mathrm{d}x = \frac{1}{a+1}x^{a+1} + C(a \neq -1)$；

(3) $\int \frac{1}{x}\mathrm{d}x = \ln|x| + C$；

(4) $\int a^x \mathrm{d}x = \frac{1}{\ln a}a^x + C(a > 0, a \neq 1)$；

(5) $\int \mathrm{e}^x \mathrm{d}x = \mathrm{e}^x + C$；

(6) $\int \sin x \mathrm{d}x = -\cos x + C$；

(7) $\int \cos x \mathrm{d}x = \sin x + C$；

(8) $\int \sec^2 x \mathrm{d}x = \tan x + C$；

(9) $\int \csc^2 x \mathrm{d}x = -\cot x + C$；

(10) $\int \frac{1}{\sqrt{1-x^2}}\mathrm{d}x = \arcsin x + C$；

(11) $\int \frac{1}{1+x^2}\mathrm{d}x = \arctan x + C$.

3.1.1.2 不定积分的性质

性质 3.1.1 求不定积分与求导数或微分互为逆运算：

(1) $\frac{\mathrm{d}}{\mathrm{d}x}\left[\int f(x)\mathrm{d}x\right] = f(x)$ 或 $\mathrm{d}\left[\int f(x)\mathrm{d}x\right] = f(x)\mathrm{d}x$；

(2) $\int F'(x)\mathrm{d}x = F(x) + C$ 或 $\int \mathrm{d}F(x) = F(x) + C$.

性质 3.1.2 设函数 $f(x)$ 的原函数存在，a 为非 0 常数，则

$$\int af(x)\mathrm{d}x = a\int f(x)\mathrm{d}x \quad (a \neq 0).$$

性质 3.1.3 设函数 $f(x)$ 及 $g(x)$ 的原函数存在，则

$$\int [f(x) \pm g(x)]\mathrm{d}x = \int f(x)\mathrm{d}x \pm \int g(x)\mathrm{d}x.$$

注意:此公式可以推广到任意有限多个函数的代数和的情况.

例 3.1.1 求 $\int d\int df(x)$.

解:方法一,根据性质 3.1.1 可得

$$\int df(x)=f(x)+C,$$

所以

$$d\int df(x)=df(x),$$

由性质 3.1.1 可得

$$\int d\int df(x)=df(x)=f(x)+C.$$

方法二,根据性质 3.1.1 可得

$$d\int df(x)=df(x),$$

再由性质 3.1.1 可得

$$\int d\int df(x)=\int df(x)=f(x)+C.$$

例 3.1.2 求 $\int \frac{1}{\sin^2 x\cos^2 x}d(x)$.

解:

$$\begin{aligned}\int \frac{1}{\sin^2 x\cos^2 x}dx&=\int \frac{\sin^2 x+\cos^2 x}{\sin^2 x\cos^2 x}dx\\&=\int \sec^2 x\,dx+\int \csc^2 x\,dx\\&=\tan x-\cot x+C.\end{aligned}$$

例 3.1.3 求 $\int (e^x+3\cos x+\sqrt{x})dx$.

解:

$$\begin{aligned}\int (e^x+3\cos x+\sqrt{x})dx&=\int e^x dx-3\int \cos x\,dx+\int x^{\frac{1}{2}}dx\\&=e^x+3\sin x+\frac{2}{3}x^{\frac{3}{2}}+C.\end{aligned}$$

例 3.1.4 已知

$$f'(\ln x)=\begin{cases}1, & 0<x\leqslant 1,\\ x, & 1<x<+\infty,\end{cases}$$

且 $f(0)=0$,求 $f(x)$.

解:设 $t=\ln x$.

当 $0<x\leqslant 1$ 时,$-\infty<t\leqslant 0$,$f'(t)=1$,所以

$$f(t)=\int f'(t)\mathrm{d}t=t+C_1,$$

即

$$f(x)=x+C_1;$$

当 $1<x<+\infty$ 时,$0<t<+\infty$,$f'(t)=\mathrm{e}^t$,所以

$$f(t)=\int f'(t)\mathrm{d}t=\mathrm{e}^t+C_2,$$

即

$$f(x)=\mathrm{e}^x+C_2,$$

所以

$$f(x)=\begin{cases}x+C_1, & -\infty<x\leqslant 0,\\ \mathrm{e}^x+C_2, & 0<x<+\infty,\end{cases}$$

又 $f(0)=0$,得 $C_1=0$,$f(x)$ 在 $x=0$ 处连续,所以

$$f(0)=\lim_{x\to 0^+}f(x),$$

得 $C_2=-1$,所以

$$f(x)=\begin{cases}x, & -\infty<x\leqslant 0,\\ \mathrm{e}^x-1, & 0<x<+\infty.\end{cases}$$

例 3.1.5 求不定积分 $\int\frac{x^4}{1+x^2}\mathrm{d}x$.

解:
$$\begin{aligned}\int\frac{x^4}{1+x^2}\mathrm{d}x&=\int\frac{x^4-1+1}{1+x^2}\mathrm{d}x=\int\frac{(x^2+1)(x^2-1)+1}{1+x^2}\mathrm{d}x\\&=\int\left(x^2-1+\frac{1}{1+x^2}\right)\mathrm{d}x\\&=\int x^2\mathrm{d}x-\int\mathrm{d}x+\int\frac{1}{1+x^2}\mathrm{d}x\\&=\frac{x^3}{3}-x+\arctan x+C.\end{aligned}$$

3.1.2 不定积分的换元积分法

计算不定积分时直接利用基本积分公式和相应的线性性质可以算

出其结果,但在现实问题中能够利用直接积分法计算的不定积分是有限的,因此,需要寻找其他的方法来解决这类不能直接计算的不定积分.下面主要讨论换元积分法.换元积分法主要分为两类:第一类换元积分法和第二类换元积分法.

3.1.2.1 第一类换元积分法

定理 3.1.1 如果 $f(u)$的原函数为 $F(u)$,则

$$\int f(x)\mathrm{d}x = F(x) + C.$$

当 u 表示成关于变量 x 的函数时,即 $u=\varphi(x)$,且 $\varphi(x)$可微,那么,根据复合函数微分法,有

$$\mathrm{d}F[\varphi(x)] = F'[\varphi(x)]\mathrm{d}\varphi(x) = f[\varphi(x)]\mathrm{d}\varphi(x) = f[\varphi(x)]\varphi'(x)\mathrm{d}x$$

因此

$$\begin{aligned}\int f[\varphi(x)]\varphi'(x)\,\mathrm{d}x &= \int f[\varphi(x)]\,\mathrm{d}\varphi(x)\\ &= \int F'(u)\,\mathrm{d}u = \int \mathrm{d}F(u)\\ &= \int \mathrm{d}F[\varphi(u)] = F[\varphi(u)] + C.\end{aligned}$$

即

$$\begin{aligned}\int f[\varphi(x)]\varphi'(x)\,\mathrm{d}x &= \int f[\varphi(x)]\,\mathrm{d}\varphi(x) = \left[\int f(u)\,\mathrm{d}u\right]_{u=\varphi(x)}\\ &= [F(u)+C]_{u=\varphi(x)} = F[\varphi(u)] + C.\end{aligned}$$

于是有如下定理.

定理 3.1.2 设函数 $f(u)$具有原函数,$u=\varphi(x)$可导,则有换元公式:

$$\int f[\varphi(x)]\varphi'(x)\,\mathrm{d}x = \left[\int f(u)\,\mathrm{d}u\right]_{u=\varphi(x)} = F[\varphi(u)] + C.$$

称上式为第一换元积分法公式.也即是说,如果所求的积分$\int g(x)\mathrm{d}x$ 不能直接利用基本积分公式计算,而函数 $g(x)$ 可以化为 $g(x)\mathrm{d}x = f[\varphi(x)]\varphi'(x)\mathrm{d}x = f[\varphi(x)]\mathrm{d}\varphi(x)$ 的形式,那么

$$\int g(x)\,\mathrm{d}x = \int f[\varphi(x)]\varphi'(x)\,\mathrm{d}x = \left[\int f(u)\,\mathrm{d}u\right]_{u=\varphi(x)}$$

第一换元积分法是将被积函数通过微分变形变成了基本积分表中

的形式,所以这种方法也称为凑微分法.下面我们将通过例子来熟悉这一方法.

例 3.1.6 求$\int 2\cos 2x\mathrm{d}x$.

解:被积函数中,$\cos 2x$ 是 $\cos u$ 和 $u=2x$ 构成的一个复合函数,通过凑微分法可得

$$\begin{aligned}\int 2\cos 2x\mathrm{d}x &= \int \cos 2x\cdot(2x)'\mathrm{d}x = \int \cos 2x\mathrm{d}(2x)\\&= \int \cos u\mathrm{d}u = \sin u + C\\&= \sin 2x + C.\end{aligned}$$

例 3.1.7 求$\int 2\sin 2x\mathrm{d}x$.

解:被积函数中, $\sin 2x$ 是 $\sin u$ 和 $u=2x$ 构成的一个复合函数,通过凑微分法可得

$$\begin{aligned}\int 2\sin 2x\mathrm{d}x &= \int \sin 2x\cdot(2x)'\mathrm{d}x = \int \sin 2x\mathrm{d}(2x)\\&= \int \sin u\mathrm{d}u = -\cos u + C\\&= -\cos 2x + C.\end{aligned}$$

例 3.1.8 $\int \frac{1}{1+2x}\mathrm{d}x$.

解:被积函数$\frac{1}{1+2x}$是$\frac{1}{u}$和 $u=1+2x$ 构成的一个复合函数,通过凑微分法可得

$$\begin{aligned}\int \frac{1}{1+2x}\mathrm{d}x &= \int \frac{1}{2}\cdot\frac{1}{2x+1}(2x+1)'\mathrm{d}x\\&= \int \frac{1}{2}\cdot\frac{1}{2x+1}\mathrm{d}(2x+1) = \int \frac{1}{2}\cdot\frac{1}{u}\mathrm{d}u\\&= \frac{1}{2}\ln|u| + C = \frac{1}{2}\ln|2x+1| + C.\end{aligned}$$

例 3.1.9 求$\int \mathrm{e}^{3x+2}\mathrm{d}x$.

解:被积函数 e^{3x+2} 是 e^u 和 $u=3x+2$ 构成的一个复合函数,通过凑微分法可得

$$\int e^{3x+2}dx=\int\frac{1}{3}e^{3x+2}(3x+2)'dx=\frac{1}{3}\int e^{3x+2}d(3x+2)$$

$$=\frac{1}{3}\int e^{u}du=\frac{1}{3}e^{3x+2}+C.$$

例 3.1.10 $\int x\sqrt{1-x^2}\,dx$.

解:令 $u=1-x^2$,则

$$\int x\sqrt{1-x^2}\,dx=\frac{1}{2}\int\sqrt{1-x^2}(x^2)'dx=\frac{1}{2}\int\sqrt{1-x^2}\,d(x^2)$$

$$=-\frac{1}{2}\int\sqrt{1-x^2}\,d(1-x^2)=-\frac{1}{2}\int u^{\frac{1}{2}}du=-\frac{1}{3}u^{\frac{3}{2}}+C$$

$$=-\frac{1}{3}(1-x^2)^{\frac{3}{2}}+C.$$

例 3.1.11 求$\int\tan x\,dx$.

解:由凑微分法可得

$$\int\tan x\,dx=\int\frac{\sin x}{\cos x}dx=-\int\frac{1}{\cos x}d\cos x$$

$$=-\int\frac{1}{u}du=-\ln|u|+C$$

$$=-\ln|\cos x|+C.$$

类似的可得

$$\int\cot x\,dx=\ln|\sin x|+C.$$

例 3.1.12 求$\int\frac{1}{a^2+x^2}dx\,(a\neq 0)$.

解:由凑微分法可得

$$\int\frac{1}{a^2+x^2}dx=\int\frac{1}{a^2}\cdot\frac{1}{1+\left(\frac{x}{a}\right)^2}dx=\frac{1}{a}\int\frac{1}{1+\left(\frac{x}{a}\right)^2}d\left(\frac{x}{a}\right)$$

$$=\frac{1}{a}\arctan\frac{x}{a}+C.$$

例 3.1.13 当 $a>0$ 时,求$\int\frac{1}{\sqrt{a^2-x^2}}dx$.

解: 当 $a>0$ 时，有

$$\int \frac{1}{\sqrt{a^2-x^2}}dx=\frac{1}{a}\int \frac{1}{\sqrt{1-\left(\frac{x}{a}\right)^2}}dx=\int \frac{1}{\sqrt{1-\left(\frac{x}{a}\right)^2}}d\left(\frac{x}{a}\right)$$

$$=\arcsin\frac{x}{a}+C.$$

例 3.1.14 求 $\int \frac{1}{x^2-a^2}dx$.

解: 由凑微分法可得

$$\int \frac{1}{x^2-a^2}dx=\frac{1}{2a}\int\left(\frac{1}{x-a}-\frac{1}{x+a}\right)dx$$

$$=\frac{1}{2a}\left(\int \frac{1}{x-a}dx-\int \frac{1}{x+a}dx\right)$$

$$=\frac{1}{2a}\left[\int \frac{1}{x-a}d(x-a)-\int \frac{1}{x+a}d(x+a)\right]$$

$$=\frac{1}{2a}(\ln|x-a|-\ln|x+a|)+C$$

$$=\frac{1}{2a}\ln\left|\frac{x-a}{x+a}\right|+C.$$

例 3.1.15 求 $\int \sin^3 x\,dx$.

解: 由凑微分法可得

$$\int \sin^3 x\,dx=\int \sin^2 x\cdot \sin x\,dx=-\int(1-\cos^2 x)\,d\cos x$$

$$=-\int d\cos x+\int \cos^2 x\,d\cos x$$

$$=-\cos x+\frac{1}{3}\cos^3 x+C.$$

例 3.1.16 求 $\int \csc x\,dx$.

解: 由凑微分法可得

$$\int \csc x\,dx=\int \frac{1}{\sin x}dx=\int \frac{1}{2\sin\frac{x}{2}\cos\frac{x}{2}}dx$$

$$=\int \frac{1}{\tan\frac{x}{2}\cos^2\frac{x}{2}}d\frac{x}{2}=\int \frac{1}{\tan\frac{x}{2}}d\tan\frac{x}{2}=\ln\left|\tan\frac{x}{2}\right|+C.$$

用倍角公式可得

$$\tan\frac{x}{2}=\frac{\sin\frac{x}{2}}{\cos\frac{x}{2}}=\frac{2\sin^2\frac{x}{2}}{2\sin\frac{x}{2}\cos\frac{x}{2}}=\frac{1-\cos x}{\sin x}=\csc x-\cot x,$$

故

$$\int\csc x\,\mathrm{d}x=\ln|\csc x-\cot x|+C.$$

例 3.1.17 求$\int\sec x\,\mathrm{d}x$.

解:由凑微分法可得

$$\begin{aligned}\int\sec x\,\mathrm{d}x&=\int\csc\left(x+\frac{\pi}{2}\right)\mathrm{d}x\\&=\ln\left|\csc\left(x+\frac{\pi}{2}\right)-\cot\left(x+\frac{\pi}{2}\right)\right|+C\\&=\ln|\sec x+\tan x|+C.\end{aligned}$$

例 3.1.18 求$\int\frac{\mathrm{e}^{\sqrt[3]{x}}}{\sqrt{x}}\mathrm{d}x$.

解:由凑微分法可得

$$\begin{aligned}\int\frac{\mathrm{e}^{\sqrt[3]{x}}}{\sqrt{x}}\mathrm{d}x&=2\int\mathrm{e}^{\sqrt[3]{x}}\,\mathrm{d}\sqrt{x}=\frac{2}{3}\int\mathrm{e}^{\sqrt[3]{x}}\,\mathrm{d}(3\sqrt{x})\\&=\frac{2}{3}\mathrm{e}^{\sqrt[3]{x}}+C.\end{aligned}$$

一般来说,第一类换元积分法可通过以下 6 种方法进行凑微分.

方法一,$\int f(ax+b)\mathrm{d}x=a^{-1}\int f(ax+b)\mathrm{d}(ax+b)$

$$\xlongequal{u=ax+b}a^{-1}\int f(u)\mathrm{d}u.$$

方法二,$\int x^{k-1}f(x^k)\,\mathrm{d}x=k^{-1}\int f(x^k)\,\mathrm{d}(x^k)\xlongequal{u=x^k}k^{-1}\int f(u)\,\mathrm{d}u.$

方法三,

(1) $\int f(\sin x)\cos x\,\mathrm{d}x=\int f(\sin x)\,\mathrm{d}\sin x\xlongequal{u=\sin x}\int f(u)\,\mathrm{d}u.$

(2) $\int f(\cos x)\sin x\,\mathrm{d}x=-\int f(\cos x)\,\mathrm{d}\cos x\xlongequal{u=\cos x}\int f(u)\,\mathrm{d}u.$

(3) $\int f(\tan x)\sec^2x\,\mathrm{d}x=\int f(\tan x)\,\mathrm{d}\tan x\xlongequal{u=\tan x}\int f(u)\,\mathrm{d}u.$

(4) $\int f(\cot x)\csc^2 x\,\mathrm{d}x=-\int f(\cot x)\,\mathrm{d}\cot x\xlongequal{u=\cot x}-\int f(u)\,\mathrm{d}u.$

方法四，$\int f(\mathrm{e}^x)\,\mathrm{e}^x\,\mathrm{d}x=\int f(\mathrm{e}^x)\,\mathrm{d}\mathrm{e}^x\xlongequal{u=\mathrm{e}^x}\int f(u)\,\mathrm{d}u.$

方法五，$\int f(\ln x)\,x^{-1}\,\mathrm{d}x=\int f(\ln x)\,d\ln x\xlongequal{u=\ln x}\int f(u)\,\mathrm{d}u.$

方法六，

(1) $\int f(\arcsin x)\,(1-x^2)^{-\frac{1}{2}}\,\mathrm{d}x$

$=\int f(\arcsin x)\,\mathrm{d}\arcsin x\xlongequal{u=\arcsin x}\int f(u)\,\mathrm{d}u.$

(2) $\int f(\arccos x)(1-x^2)^{-\frac{1}{2}}\,\mathrm{d}x$

$=-\int f(\arccos x)\mathrm{d}\arccos x\xlongequal{u=\arccos x}-\int f(u)\,\mathrm{d}u.$

(3) $\int f(\arctan x)\,(1+x^2)^{-1}\,\mathrm{d}x$

$=\int f(\arctan x)\,\mathrm{d}\arctan x\xlongequal{u=\arctan x}\int f(u)\,\mathrm{d}u.$

(4) $\int f(\mathrm{arccot} x)(1+x^2)^{-1}\,\mathrm{d}x$

$=-\int f(\mathrm{arccot} x)\mathrm{d}\,\mathrm{arccot} x\xlongequal{u=\mathrm{arccot} x}-\int f(u)\,\mathrm{d}u.$

3.1.2.2 第二类换元积分法

第一类换元积分法是通过变量替换 $u=u(x)$，即$\int f[\varphi(x)]\varphi'(x)\mathrm{d}x=\int f(u)\mathrm{d}u$，由此能够直接利用基本积分算得其结果.但实际情况中往往会碰到相反的情形，为求积分$\int f(x)\mathrm{d}x$，通过变量替换 $x=\varphi(t)$，可得

$$\int f(x)\mathrm{d}x=\int f[\varphi(t)]\varphi'(t)\,\mathrm{d}t.$$

求出上式右边的积分后，再以 $x=\varphi(t)$的反函数 $t=\varphi^{-1}(t)$代回去，这样可把上式表示为

$$\int f(x)\mathrm{d}x=\left[\int f[\varphi(t)]\varphi'(t)\,\mathrm{d}t\right]_{t=\varphi^{-1}(x)}$$

这便是下面我们将讨论的第二类换元积分法.

定理 3.1.3 设 $f(x)$是连续函数,$x=\varphi(t)$单调、可导,并且 $\varphi'(t)\neq 0$. 又设 $f[\varphi(t)]\varphi'(t)$具有原函数 $F(t)$,则有换元公式:

$$\int f(x)\mathrm{d}x=\left[\int f[\varphi(t)]\varphi'(t)\,\mathrm{d}t\right]_{t=\varphi^{-1}(x)}$$

其中 $t=\varphi^{-1}(t)$是 $x=\varphi(t)$的反函数.

由于 $f[\varphi(t)]\varphi'(t)$连续,所以存在原函数,设为 $\Phi(t)$,且 $\Phi(\varphi^{-1}(t))=F(x)$,利用复合函数可得

$$\int f[\varphi(t)]\varphi'(t)\mathrm{d}t=\Phi(t)+C,$$

$$\begin{aligned}\frac{\mathrm{d}(F(x)+C)}{\mathrm{d}x}=\frac{\mathrm{d}F(x)}{\mathrm{d}x}=\frac{\mathrm{d}\Phi(\varphi^{-1}(t))}{\mathrm{d}x}&=\Phi'(t)\frac{\mathrm{d}t}{\mathrm{d}x}\\&=f[\varphi(t)]\varphi'(t)\frac{\mathrm{d}t}{\mathrm{d}x}=f[\varphi(t)]\varphi'(t)\frac{1}{\frac{\mathrm{d}x}{\mathrm{d}t}}\\&=f[\varphi(t)]\varphi'(t)\frac{1}{\varphi'(t)}=f[\varphi(t)]=f(x),\end{aligned}$$

也即

$$\int f(x)\mathrm{d}x=\left[\int f[\varphi(t)]\varphi'(t)\mathrm{d}t\right]_{t=\varphi^{-1}(x)}.$$

故定理 3.1.3 证毕.

第二类换元积分法又称拆微分积分法.拆微分积分法常用代换方法,主要包括三角代换、倒代换、无理代换、万能代换、双曲代换和欧拉(Euler)代换等.

(1)三角代换

例 3.1.19 求$\int\sqrt{a^2-x^2}\,\mathrm{d}x\ (a>0)$

解: 设 $x=a\sin t$,$-\frac{\pi}{2}<t<\frac{\pi}{2}$,那么

$$\sqrt{a^2-x^2}=\sqrt{a^2-a^2\sin^2 t}=a\cos t,\ \mathrm{d}x=a\cos t\,\mathrm{d}t.$$

于是

$$\begin{aligned}\int\sqrt{a^2-x^2}\,\mathrm{d}x&=\int a\cos t\cdot a\cos t\,\mathrm{d}t\\&=a^2\int\cos^2 t\,\mathrm{d}t=a^2\left(\frac{1}{2}t+\frac{1}{4}\sin 2t\right)+C.\end{aligned}$$

因为 $t=\arcsin\frac{x}{a}$,$\sin 2t=2\sin t\cos t=2\,\frac{x}{a}\cdot\frac{\sqrt{a^2-x^2}}{a}$,所以

$$\int \sqrt{a^2-x^2}\,dx = a^2\left(\frac{1}{2}t+\frac{1}{4}\sin 2t\right)+C$$
$$=\frac{a^2}{2}\arcsin\frac{x}{a}+\frac{1}{2}x\sqrt{a^2-x^2}+C.$$

例 3.1.20 求$\int \frac{dx}{\sqrt{x^2+a^2}}(a>0)$.

解:设 $x=a\tan t$,$-\frac{\pi}{2}<t<\frac{\pi}{2}$那么

$$\int \frac{dx}{\sqrt{x^2+a^2}}=\int \frac{a\sec^2 t}{a\sec t}dt=\int \sec t\,dt=\ln|\sec t+\tan t|+C_1.$$

因为 $\sec t=\frac{\sqrt{x^2+a^2}}{a}$,$\tan t=\frac{x}{a}$,所以

$$\int \frac{dx}{\sqrt{x^2+a^2}}=\ln|\sec t+\tan t|+C_1=\ln\left(\frac{x}{a}+\frac{\sqrt{x^2+a^2}}{a}\right)+C_1.$$
$$=\ln(x+\sqrt{x^2+a^2})+C.$$

例 3.1.21 求$\int \frac{dx}{\sqrt{x^2-a^2}}(a>0)$.

解:由题意可得,被积函数的定义域为$(-\infty,a)\cup(a,+\infty)$,则须分两大类讨论.

当 $x>a$ 时,设 $x=a\sec t\left(t\in\left(0,\frac{\pi}{2}\right)\right)$,那么

$$\sqrt{x^2-a^2}=\sqrt{a^2\sec^2 t-a^2}=a\sqrt{\sec^2 t-1}=a\tan t,$$

于是

$$\int \frac{dx}{\sqrt{x^2-a^2}}=\int \frac{a\sec t\tan t}{a\tan t}dt=\int \sec t\,dt=\ln|\sec t+\tan t|+C_0.$$

因为 $\tan t=\frac{\sqrt{x^2-a^2}}{a}$,$\sec t=\frac{x}{a}$所以

$$\int \frac{dx}{\sqrt{x^2-a^2}}=\ln|\sec t+\tan t|+C_0$$
$$=\ln\left|\frac{x}{a}+\frac{\sqrt{x^2-a^2}}{a}\right|+C_0$$
$$=\ln(x+\sqrt{x^2-a^2})+C_1,$$

其中 $C_1=C_0-\ln a$,当 $x<a$ 时,令 $x=-u$,则 $u>a$,于是可得到与上式

相同的结果.综合起来可得

$$\int \frac{\mathrm{d}x}{\sqrt{x^2-a^2}}=\ln\left|x+\sqrt{x^2-a^2}\right|+C.$$

例 3.1.22 求不定积分$\int \frac{\mathrm{d}x}{(x^2+a^2)^2}(a>0)$.

解:令 $x=a\tan t$,$|t|<\frac{\pi}{2}$,于是可得

$$\int \frac{\mathrm{d}x}{(x^2+a^2)^2}=\int \frac{a\sec^2 t}{a^4\sec^4 t}\mathrm{d}t=\frac{1}{a^3}\int \cos^2 t\,\mathrm{d}t$$

$$=\frac{1}{2a^3}\int (1+\cos 2t)\,\mathrm{d}t=\frac{1}{2a^3}(t+\sin t\cos t)+C$$

$$=\frac{1}{2a^3}\left(\arctan\frac{x}{a}+\frac{ax}{x^2+a^2}\right)+C.$$

以上 4 个例中都用了三角恒等式,称作三角代换,常用的三角代换如下.

①正弦代换.

正弦代换简称为"弦换",是针对被积函数具有形如$\sqrt{a^2-x^2}\ (a>0)$的根式进行变换,其目的是去掉根号,其方法是:利用三角公式 $\sin^2 t+\cos^2 t=1$,令 $x=a\sin t\left(a>0,|t|\leqslant\frac{\pi}{2}\right)$,则

$$\sqrt{a^2-x^2}=a\cos t,t=\arcsin(xa^{-1}),\mathrm{d}x=a\cos t\,\mathrm{d}t.$$

②正切代换.

正切代换简称为"切换",是针对被积函数具有形如$\sqrt{a^2+x^2}\ (a>0)$的根式进行变换,其目的是去掉根号,其方法是:利用三角公式 $\sec^2 t-\tan^2 t=1$,令 $x=a\tan t$,其中,$a>0$,$|t|\leqslant\frac{\pi}{2}$,则

$$\sqrt{x^2+a^2}=a\sec t=\arctan(xa^{-1}),\mathrm{d}x=a\sec^2 t\,\mathrm{d}t$$

③正割代换.

正割代换简称为"割换",是针对被积函数具有形如$\sqrt{x^2-a^2}\ (a>0)$的根式进行变换,其目的是去掉根号,其方法是:利用三角公式 $\sec^2 t-1=\tan^2 t$,令 $x=a\sec t$,其中 $a>0$,$|t|<\frac{\pi}{2}$,则

$$\sqrt{x^2-a^2}=a\tan t,\mathrm{d}x=a\sec t\cdot\tan t\,\mathrm{d}t$$

例 3.1.23 求不定积分$\int \frac{1}{x^2\sqrt{9+x^2}}\mathrm{d}x$.

解:令 $x=\frac{3}{t}$,$\mathrm{d}x=-\frac{3}{t^2}\mathrm{d}t$,从而可得

$$\int \frac{1}{x^2\sqrt{9+x^2}}\mathrm{d}x=\int \frac{1}{(3t^{-1})^2\sqrt{9+(3t^{-1})^2}}(-3t^{-2})\,\mathrm{d}t$$

$$=-\frac{1}{9}\int \frac{1}{\sqrt{1+t^{-2}}}\mathrm{d}t=-\frac{1}{9}\int \frac{t}{\sqrt{1+t^2}}\mathrm{d}t.$$

(2)倒代换.

当被积函数中分母次数高于分子次数,且分子分母均为“因式”时,通常可作倒代换:

$$x=t^{-1},\mathrm{d}x=-t^{-2}\mathrm{d}t.$$

对于$\int \frac{\mathrm{d}x}{x\sqrt{a^2-x^2}}$,$\int \frac{\mathrm{d}x}{x^2\sqrt{a^2-x^2}}$,$\int \frac{\mathrm{d}x}{x\sqrt{x^2\pm a^2}}$,$\int \frac{\mathrm{d}x}{x^2\sqrt{x^2\pm a^2}}$等类型的不定积分,通常可令 $x=\frac{a}{t}$ 进行求解.

(3)无理代换.

例 3.1.24 求不定积分$\int \frac{1}{x}\sqrt{\frac{x+2}{x-2}}\mathrm{d}x$.

解:令 $t=\sqrt{\frac{x+2}{x-2}}$,则有 $x=\frac{2(t^2+1)}{t^2-1}$,$\mathrm{d}x=\frac{-8t}{(t^2-1)^2}\mathrm{d}t$,于是可得

$$\int \frac{1}{x}\sqrt{\frac{x+2}{x-2}}\mathrm{d}x=\int \frac{4t^2}{(1-t^2)(1+t^2)}\mathrm{d}t=\int\left(\frac{2}{1-t^2}-\frac{2}{1+t^2}\right)\mathrm{d}t$$

$$=\ln|1+t|-\ln|1-t|-2\arctan t+C$$

$$=\ln\left|1+\sqrt{\frac{x+2}{x-2}}\right|-\ln\left|1-\sqrt{\frac{x+2}{x-2}}\right|-\arctan\sqrt{\frac{x+2}{x-2}}+C.$$

例 3.1.24 采用的方法是无理代换,无理代换有以下两种情况:

①若被积函数是由$\sqrt[n1]{x}$,$\sqrt[n2]{x}$,…,$\sqrt[nk]{x}$的有理式构成时,设 n 为 $n_i(1\leqslant ii\leqslant k)$的最小公倍数,其目的是去掉根号,其方法是:作代换 $t=\sqrt[n]{x}$,则 $x=t^n$,$\mathrm{d}x=nt^{n-1}\mathrm{d}t$,于是原被积函数可化为关于 t 的有理函数.

②若被积函数中只有一种根式$\sqrt[n]{ax+b}$或$\sqrt[n]{(ax+b)(cx+d)^{-1}}$,则可考虑作代换 $t=\sqrt[n]{ax+b}$ 或 $t=\sqrt[n]{(ax+b)(cx+d)^{-1}}$,于是原被积函数可化为关于 t 的有理函数.

(4)万能代换.

万能代换常用于被积函数为三角函数的有理式的不定积分：$\int f(\sin x,\cos x)\mathrm{d}x$. 其方法为：令 $t=\tan\frac{x}{2}$，则

$$\sin x=2\sin\frac{x}{2}\cos\frac{x}{2}=2\tan\frac{x}{2}\left(\sec^2\frac{x}{2}\right)^{-1}=\frac{2t}{1+t^2},$$

$$\cos x=\cos^2\frac{x}{2}-\sin^2\frac{x}{2}=\left(1-\tan^2\frac{x}{2}\right)\left(\cos^2\frac{x}{2}\right)^{-1}=\frac{1-t^2}{1+t^2},$$

$$\tan x=\frac{\sin x}{\cos x}=\frac{2t}{1-t^2},x=2\arctan t,\mathrm{d}x=\frac{2\mathrm{d}t}{1+t^2}.$$

例 3.1.25 求不定积分 $\int\frac{1+\sin x}{\sin x(1+\cos x)}\mathrm{d}x$.

解：令 $t=\tan\frac{x}{2}$，则

$$\sin x=\frac{2t}{1+t^2},\cos x=\frac{1-t^2}{1+t^2},\mathrm{d}x=\frac{2}{1+t^2}\mathrm{d}t,$$

于是得

$$\begin{aligned}\int\frac{1+\sin x}{\sin x(1+\cos x)}\mathrm{d}x&=\int\frac{1+2t(1+t^2)^{-1}}{2t(1+t^2)^{-1}[1+(1-t^2)(1+t^2)^{-1}]}\cdot\frac{2}{1+t^2}\mathrm{d}t\\&=\int\frac{1}{2}\left(t+2+\frac{1}{t}\right)\mathrm{d}t=\frac{1}{2}\left(\frac{t^2}{2}+2t+\ln|t|+C\right)\\&=\frac{1}{4}t^2+t+\frac{1}{2}\ln|t|+C\\&=\frac{1}{4}\tan^2\frac{x}{2}+\tan\frac{x}{2}+\frac{1}{2}\ln\left|\tan\frac{x}{2}\right|+C.\end{aligned}$$

(5)双曲代换.

双曲代换是利用双曲函数恒等式 $\mathrm{ch}^2x-\mathrm{sh}^2x=1$，其目的是去掉被积函数中形如$\sqrt{a^2+x^2}$的根号，其方法为：令 $x=a\,\mathrm{sh}t$.则 $\mathrm{d}x=a\,\mathrm{ch}t\,\mathrm{d}t$.

化简时常用到的双曲函数的一些恒等式有：

$$\mathrm{ch}^2t=\frac{1}{2}(\mathrm{ch}^2t+1),\mathrm{sh}^2t=\frac{1}{2}(\mathrm{ch}^2t-1),$$

$$\mathrm{sh}2t=2\mathrm{sh}t\,\mathrm{ch}t,\mathrm{arsh}x(\text{反双曲正弦})=\ln(x+\sqrt{x^2+1}).$$

(6)欧拉代换.

欧拉代换常用于形如$\int f(x,\sqrt{ax^2+bx+c})\mathrm{d}x$ 的不定积分，其中

$b^2-4ac\neq 0$,以下欧拉代换可以将某一类无理函数积分化为有理函数的积分:

若 $a>0$,则可令

$$\sqrt{ax^2+bx+c}=\sqrt{a}x\pm t.$$

若 $c>0$,则可令

$$\sqrt{ax^2+bx+c}=xt\pm\sqrt{c}.$$

若二次三项式 ax^2+bx+c 有相异实根 λ、μ,即

$$ax^2+bx+c=a(x-\lambda)(x-\mu),$$

则可令

$$\sqrt{ax^2+bx+c}=t(x-\lambda).$$

根据上式,所求的积分可化为关于 t 的有理函数的不定积分.

例 3.1.26 求不定积分 $\int\frac{x-\sqrt{x^2+3x+2}}{x+\sqrt{x^2+3x+2}}\mathrm{d}x$.

解: 令 $\sqrt{x^2+3x+2}=t(x+1)$ 则

$$x=\frac{2-t^2}{t^2-1},\mathrm{d}x=-\frac{2t}{(t^2-1)^2}\mathrm{d}t.$$

于是可得

$$\int\frac{x-\sqrt{x^2+3x+2}}{x+\sqrt{x^2+3x+2}}\mathrm{d}x=\int\frac{2t(2-t-t^2)}{(t^2-t-2)(t^2-1)^2}\mathrm{d}t$$

$$=\int\left[\frac{-17}{108(t-1)}+\frac{5}{18(t+1)^2}+\frac{1}{3(t+1)^3}+\frac{3}{4(t-1)}-\frac{16}{27(t-2)}\right]\mathrm{d}t$$

$$=-\frac{17}{108}\ln|t+1|-\frac{5}{18}\frac{1}{(t+1)}-\frac{1}{6}\frac{1}{(t+1)^2}+\frac{3}{4}\ln|t-1|$$

$$-\frac{16}{27}\ln|t-2|+C.$$

其中,$t=(x+1)^{-1}\sqrt{x^2+3x+2}$.

下面把一些常用的积分公式补充如下:

(1) $\int\tan x\,\mathrm{d}x=-\ln|\cos x|+C$;

(2) $\int\cot x\,\mathrm{d}x=\ln|\sin x|+C$;

(3) $\int\sec x\,\mathrm{d}x=\ln|\sec x+\tan x|+C$;

(4) $\int \csc x\,dx = \ln|\csc x - \cot x| + C$；

(5) $\int \frac{1}{a^2+x^2}dx = \frac{1}{a}\arctan\frac{x}{a} + C\,(a \neq 0)$；

(6) $\int \frac{1}{x^2-a^2}dx = \frac{1}{2a}\ln\left|\frac{x-a}{x+a}\right| + C\,(a \neq 0)$；

(7) $\int \frac{1}{\sqrt{a^2-x^2}}dx = \arcsin\frac{x}{a} + C\,(a > 0)$；

(8) $\int \frac{dx}{\sqrt{x^2+a^2}} = \ln(x+\sqrt{x^2+a^2}) + C$；

(9) $\int \frac{dx}{\sqrt{x^2-a^2}} = \ln\left|x+\sqrt{x^2-a^2}\right| + C$.

3.1.3 不定积分的分部积分法

前面在复合型求导法则的基础上,得到了换元积分法,现在利用两个函数乘积的求导法则,来推出另一个求积分的基本方法——分部积分法.

设 $u(x)$ 与 $v(x)$ 都可导,由函数乘积求导公式,有

$$(uv)' = u'v + u \cdot v'$$

移项,得

$$uv' = (uv)' - u'v$$

对这个等式两边求不定积分,得

$$\int uv'\,dx = uv - \int u'v\,dx \qquad (3\text{-}1\text{-}1)$$

这就是分部积分公式.为方便也可把公式(3-1-1)写成下面形式:

$$\int u\,dv = uv - \int v\,du \qquad (3\text{-}1\text{-}2)$$

利用分部积分公式的意义是将难求的一个转化为易求的另一个,关键在于 u、v 的选择,也就是说,不定积分$\int v\,du$ 较不定积分$\int u\,dv$ 易于求得,应用分部积分公式以便达到化难为易的目的.下面通过例题来说明这个公式的用法.

例 3.1.27 求$\int x\cos x\,\mathrm{d}x$.

解:令 $u=x$,$\mathrm{d}v=\mathrm{d}\sin x$,则 $\mathrm{d}u=\mathrm{d}x$,$v=\sin x$,于是

$$\int x\cos\mathrm{d}x=\int x\,\mathrm{d}(\sin x)=x\sin x-\int\sin x\,\mathrm{d}x=x\sin x+\cos x+C.$$

若选择 $u=\cos x$,$v'=x$,则 $\mathrm{d}u=-\sin x\,\mathrm{d}x$,$v=\frac{1}{2}x^2$,于是

$$\int x\cos\mathrm{d}x=\int\cos\mathrm{d}\left(\frac{1}{2}x^2\right)=\frac{1}{2}x^2\cos x+\int\frac{1}{2}x^2\sin x\,\mathrm{d}x.$$

上式右端的积分比原积分更难求,所以合理选择 u 与 v 是分部积分公式运用的重要环节.

例 3.1.28 求$\int x\mathrm{e}^x\,\mathrm{d}x$.

解:令 $u=x$,$\mathrm{d}v=\mathrm{e}^x\,\mathrm{d}x$,则 $\mathrm{d}u=\mathrm{d}x$,$v=\mathrm{e}^x$,于是

$$\int x\mathrm{e}^x\,\mathrm{d}x=\int x\,\mathrm{d}(\mathrm{e}^x)=x\mathrm{e}^x-\int\mathrm{e}^x\,\mathrm{d}x=x\mathrm{e}^x-\mathrm{e}^x+C.$$

熟练后分部积分的替换过程可以省去.

通过上面两个例子可得到,若被积函数是幂函数和正(余)弦函数或幂函数和指数函数的乘积,就可以考虑用分部积分法,并设幂函数为 u.

例 3.1.29 求$\int\mathrm{e}^x\sin x\,\mathrm{d}x$.

解:$\int\mathrm{e}^x\sin x\,\mathrm{d}x=-\int\mathrm{e}^x\,\mathrm{d}(\cos x)$

$$=-\mathrm{e}^x\cos x+\int\cos x\,\mathrm{e}^x\,\mathrm{d}x-\mathrm{e}^x\cos x+\int\mathrm{e}^x\,\mathrm{d}(\sin x)$$

$$=-\mathrm{e}^x\cos x+\mathrm{e}^x\sin x-\int\mathrm{e}^x\sin x\,\mathrm{d}x,$$

于是移项可得

$$2\int\mathrm{e}^x\sin x\,\mathrm{d}x=\mathrm{e}^x\sin x-\mathrm{e}^x\cos x+C_1,$$

所以

$$\int\mathrm{e}^x\sin x\,\mathrm{d}x=\frac{1}{2}(\mathrm{e}^x\sin x-\mathrm{e}^x\cos x)+C\left(C=\frac{1}{2}C_1\right).$$

例 3.1.30 求$\int\sec^3x\,\mathrm{d}x$.

解:$\int\sec^3x\,\mathrm{d}x=\int\sec x\,\mathrm{d}(\tan x)=\tan x\sec x-\int\tan x(\sec x)'\,\mathrm{d}x$

$$=\tan x\sec x-\int\tan^2 x\sec x\,\mathrm{d}x$$

$$=\tan x\sec x-\int(\sec^2 x-1)\sec x\,\mathrm{d}x$$

$$=\tan x\sec x-\int\sec^3 x\,\mathrm{d}x+\int\sec x\,\mathrm{d}x$$

$$=\tan x\sec x+\ln|\sec x+\tan x|-\int\sec^3 x\,\mathrm{d}x,$$

于是移项可得

$$2\int\sec^3 x\,\mathrm{d}x=\tan x\sec x+\ln|\sec x+\tan x|+C_1,$$

所以

$$\int\sec^3 x\,\mathrm{d}x=\frac{1}{2}(\tan x\sec x+\ln|\sec x+\tan x|)+C\left(C=\frac{1}{2}C_1\right).$$

通过上面两个例子可得到,经过两次分部积分后又出现了原来要求的不定积分,这时可通过解方程的方法得出所求的积分,但注意解出的不定积分必须加上任意常数 C.

例 3.1.31 求$\int\frac{\arcsin x}{\sqrt{(1-x^2)^3}}\mathrm{d}x$.

解:令 $x=\sin t$,$-\frac{\pi}{2}<t<\frac{\pi}{2}$,则 $\mathrm{d}x=\cos t\,\mathrm{d}t$,$(\sqrt{1-x^2})^3=\cos^3 t$,$\arcsin x=t$.

$$\int\frac{\arcsin x}{\sqrt{(1-x^2)^3}}\mathrm{d}x=\int\frac{t}{\cos^3 t}\cdot\cos t\,\mathrm{d}t=\int\frac{t}{\cos^2 t}\mathrm{d}t=\int t\cdot\sec^2 t\,\mathrm{d}t$$

$$=\int t\,\mathrm{d}(\tan t)=t\cdot\tan t-\int\tan t\cdot\mathrm{d}t$$

$$=t\tan t+\ln|\cos t|+C$$

$$=\frac{x\arcsin x}{\sqrt{1-x^2}}+\ln\sqrt{1-x^2}+C.$$

例 3.1.32 求$\int\mathrm{e}^{\sqrt{x+3}}\mathrm{d}x$.

解:令$\sqrt{x+3}=t$,则 $x=t^2-3$,$\mathrm{d}x=2t\,\mathrm{d}t$.

$$\int\mathrm{e}^{\sqrt{x+3}}\mathrm{d}x=\int\mathrm{e}^t\cdot 2t\,\mathrm{d}t=2\int t\,\mathrm{d}(\mathrm{e}^t)=2\left(t\mathrm{e}^t-\int\mathrm{e}^t\mathrm{d}t\right)$$

$$=2t\mathrm{e}^t-2\mathrm{e}^t+C=2\sqrt{x+3}\cdot\mathrm{e}^{\sqrt{x+3}}-2\mathrm{e}^{\sqrt{x+3}}+C.$$

例 3.1.33 设 $I_n=\int\frac{\mathrm{d}x}{(x^2+a^2)^n}$,其中,$n$ 为正整数,$a>0$.

(1)试证明 $I_{n+1}=\frac{x}{2na^2(x^2+a^2)^n}+\frac{2n-1}{2na^2}I_n$;

(2)求 I_2.

解:(1)易得

$$
\begin{aligned}
I_n&=\int\frac{1}{(x^2+a^2)^n}\mathrm{d}x=\frac{x}{(x^2+a^2)^n}-\int x\cdot\mathrm{d}\left[\frac{1}{(x^2+a^2)^n}\right]\\
&=\frac{x}{(x^2+a^2)^n}+2n\int\frac{x^2}{(x^2+a^2)^{n+1}}\mathrm{d}x\\
&=\frac{x}{(x^2+a^2)^n}+2n\int\frac{\mathrm{d}x}{(x^2+a^2)^n}-2na^2\int\frac{\mathrm{d}x}{(x^2+a^2)^{n+1}}\\
&=\frac{x}{(x^2+a^2)^n}+2nI_n+2na^2I_{n+1},
\end{aligned}
$$

即有

$$I_{n+1}=\frac{x}{2na^2(x^2+a^2)^n}+\frac{2n-1}{2na^2}I_n.$$

(2)因为

$$I_1=\int\frac{1}{x^2+a^2}\mathrm{d}x=\frac{1}{a}\arctan\frac{x}{a}+C_1,$$

所以

$$
\begin{aligned}
I_2&=\frac{x}{2a^2(x^2+a^2)}+\frac{1}{2a^2}\left(\frac{1}{a}\arctan\frac{x}{a}+C_1\right)\\
&=\frac{x}{2a^2(x^2+a^2)}+\frac{1}{2a^3}\arctan\frac{x}{a}+\frac{C_1}{2a^2},
\end{aligned}
$$

令任意常数 $C=\frac{C_1}{2a^2}$,则

$$I_2=\frac{x}{2a^2(x^2+a^2)}+\frac{1}{2a^3}\arctan\frac{x}{a}+C.$$

许多求不定积分的题往往兼用换元法与分部积分法.在一个题目中具体该使用什么方法才好,有时也没有一定的规律可循,只能适当地多做些练习,从中总结经验找到技巧.

3.2 定 积 分

3.2.1 定积分的基本概念

不定积分为微分法逆运算的一个侧面，本章将要介绍的定积分则为其另一个侧面.定积分起源于图形的面积和体积等实际问题.定积分是一种应用范围十分广泛的积分形式，在这里，我们通过如下实例来引入定积分的概念.

在物理学上，我们常常遇到类似这样的求变速直线运动的路程的问题.设物体作变速直线运动，已知速度 $v=v(t)$，求由时刻 $t=T_1$ 到时刻 $t=T_2$ 所走的路程 s.

若物体为匀速运动，即 $v(t)=$常数，从而有

路程=速度×时间.

由于现在物体作变速直线运动，$v(t)$随时间 t 变化，所以在很短一段时间内，变速运动可以近似地看成匀速运动.那么现在我们把区间$[T_1,T_2]$分成若干个小的时间间隔区间，则在每个小段时间内，用匀速运动下的路程计算公式来求路程的近似值，把这些近似值加起来，从而得到了路程 s 的近似值，最后采用取极限的方法可求出路程 s 的精确值.

首先用点

$$T_1=t_0<t_1<t_2<\cdots<t_{n-1}<t_n=T_2$$

把区间$[T_1,T_2]$分为 n 个子区间$[t_{i-1},t_i]$$(i=1,2,\cdots,n)$；记作

$$\Delta t_i=t_i-t_{i-1}.$$

相应的，路程 s 也分为 n 段小路程 $\Delta s_i(i=1,2,\cdots,n)$，从而有

$$s=\Delta s_1+\Delta s_2+\cdots+\Delta s_n=\sum_{i=1}^{n}\Delta s_i.$$

在时间间隔$[t_{i-1},t_i]$上任取一个时刻 $\tau_i(t_{i-1}<\tau_i<t_i)(i=1,2,\cdots,n)$，则有

$$\Delta s_i\approx v(\tau_i)\Delta t_i(i=1,2,3,\cdots,n).$$

把每段路程的近似值加起来，则可得到区间$[T_1,T_2]$内所走的路程

s 的近似值，即

$$s \approx \sum_{i=1}^{n} v(\tau_i)\Delta t_i.$$

记 $\lambda = \max\{\Delta t_1, \Delta t_2, \cdots, \Delta t_n\}$，当 $\lambda \to 0$ 时，上述和式如果有极限，此极限则可规定为变速直线运动所走的路程 s 的精确值：

$$s = \lim_{\lambda \to 0} \sum_{i=1}^{n} v(\tau_i)\Delta t_i.$$

在几何学上，我们常常遇到类似这样求曲边梯形面积的问题.设函数 $y=f(x)$ 在区间 $[a,b]$ 上非负、连续.例如，由直线 $x=a$、$x=b$、$y=0$ 及曲线 $y=f(x)$ 所围成的图形称之为曲边梯形，其中曲线弧称为曲边.

因为任何一个曲边形总可以分割成多个曲边梯形来考虑，所以，求曲边梯形面积的问题则转化为求曲边梯形面积的问题.

那么如何求曲边梯形的面积？

因为矩形的高不变，它的面积可按公式

$$\text{矩形面积} = \text{高} \times \text{底}$$

来定义并计算.由于曲边梯形在底边上的各点处的高 $f(x)$ 在区间 $[a,b]$ 上是变动的，所以其面积不能直接按上述公式来定义计算.但是，因为曲边梯形的高 $f(x)$ 在区间 $[a,b]$ 上为连续变化的，在很小的一段区间上它的变化非常小，可以近似不变.那么，若把区间 $[a,b]$ 划分为许多小区间，且在每小区间上用其中某一点处的高来近似代替同一个小区间上的窄曲边梯形的变高，因此，每个窄曲边梯形则可以近似地看成这样得到的窄矩形.当把区间 $[a,b]$ 无限细分下去，使得每一个小区间的长度趋于零时，则此时所有窄矩形面积之和的极限可定义为曲边梯形的面积.该定义同时也给出了计算曲边梯形面积的方法：

在区间 $[a,b]$ 中任意插入若干个分点

$$a = x_0 < x_1 < x_2 < \cdots < x_{n-1} < x_n = b,$$

从而把区间 $[a,b]$ 分成 n 个小区间

$$[x_0, x_1], [x_1, x_2], \cdots, [x_{n-1}, x_n],$$

它们的长度分别为

$$\Delta x_1 = x_1 - x_0, \Delta x_2 = x_2 - x_1, \cdots, \Delta x_n = x_n - x_{n-1}.$$

经过每一个分点作平行于 y 轴的直线段，把曲边梯形分成 n 个窄曲边梯形.在每个小区间 $[x_{i-1}, x_i]$ 上任取一点 ξ_i，以 $[x_{i-1}, x_i]$ 为底、$f(\xi_i)$ 为高的窄矩形近似代替第 i 个窄曲边梯形 $(i=1,2,3,\cdots,n)$，从而

把这样得到的 n 个窄矩形面积之和作为所求曲边梯形面积 A 的近似值，则有

$$A \approx f(\xi_1)\Delta x_1 + f(\xi_2)\Delta x_2 + \cdots + f(\xi_n)\Delta x_n$$
$$= \sum_{i=1}^{n} f(\xi_i)\Delta x_i.$$

为了确保所有小区间的长度都趋于零，要求小区间长度中的最大值趋于零，记作

$$\lambda = \max\{\Delta x_1, \Delta x_2, \cdots, \Delta x_n\},$$

则上述条件可表示为 $\lambda \to 0$，当 $\lambda \to 0$ 时，此时小区间的个数 n 将无限增多，即有 $n \to \infty$，取上式和的极限，从而可得曲边梯形的面积：

$$A = \lim_{\lambda \to 0} \sum_{i=1}^{n} f(\xi_i)\Delta x_i.$$

从上述两个引例我们可以看到，无论试求曲边梯形的面积问题，还是求变速直线运动的路程问题，虽然实际背景完全不同，但是通过"分割、求和、取极限"均可转换为形如

$$\sum_{i=1}^{n} f(\xi_i)\Delta x_i$$

的和式的极限问题.我们则可以抽象出定积分的定义.

定义 3.2.1 设函数 $f(x)$ 在区间 $[a,b]$ 上有定义，用分点

$$a = x_0 < x_1 < x_2 < \cdots < x_{n-1} < x_n = b$$

把区间 $[a,b]$ 分成 n 个小区间

$$[x_0, x_1], [x_1, x_2], \cdots, [x_{n-1}, x_n],$$

各个小区间的长度依次为

$$\Delta x_1 = x_1 - x_0, \Delta x_2 = x_2 - x_1, \cdots, \Delta x_n = x_n - x_{n-1}.$$

在每个小区间 $[x_{i-1}, x_i]$ 上任取一点 $\xi_i\,(x_{i-1} \leqslant \xi_i \leqslant x_i)$，作函数值 $f(\xi_i)$ 与小区间长度 Δx_i 的乘积 $f(\xi_i)\Delta x_i\,(i=1,2,\cdots.n)$，并且作和式

$$S_n = \sum_{i=1}^{n} f(\xi_i)\Delta x_i.$$

记 $\lambda = \max\{\Delta x_1, \Delta x_2, \cdots, \Delta x_n\}$，若不论对区间 $[a,b]$ 采取怎样的分法，也不论在小区间 $[x_{i-1}, x_i]$ 上点 ξ_i 采取怎样的取法，只要当 $\lambda \to 0$ 时，和 S_n 总是趋于确定的极限 I，则称该极限 I 为函数 $f(x)$ 在区间 $[a,b]$ 上的定积分，记作

$$\int_a^b f(x)\mathrm{d}x = I = \lim_{\lambda \to 0} \sum_{i=1}^{n} f(\xi_i)\Delta x_i,$$

其中，$f(x)$叫作被积函数，$f(x)\mathrm{d}x$ 叫作被积表达式，x 叫作积分变量，$[a,b]$叫作积分区间，a 叫作积分的下限，b 叫作积分的上限.

接下来，我们从定积分的概念出发说明定积分的几何意义.

(1)在区间$[a,b]$上，若 $f(x)\geqslant 0$，则定积分在几何上表示以函数的图形为曲边的一个曲边梯形的面积如图 3-2-1 所示.

$$\int_a^b f(x)\mathrm{d}x=\lim_{\lambda\to 0}\sum_{i=1}^{n}f(\xi_i)\cdot\Delta x_i=A.$$

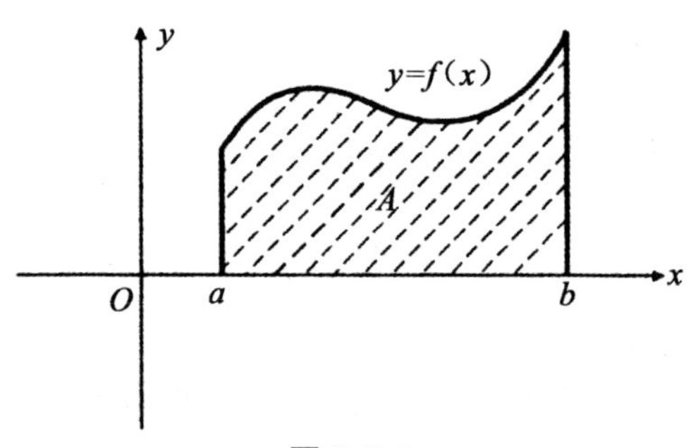

图 3-2-1

(2)在区间$[a,b]$上，若 $f(x)\leqslant 0$，如图 3-2-2 所示，则 $f(x)$在区间$[a,b]$上的定积分为

$$\int_a^b f(x)\mathrm{d}x=\lim_{\lambda\to 0}\sum_{i=1}^{n}f(\xi_i)\cdot\Delta x_i.$$

因为 $\Delta x_i>0$ 而 $f(\xi_i)\leqslant 0$，所以 $f(\xi_i)\cdot\Delta x_i\leqslant 0$.

因此

$$\int_a^b f(x)\mathrm{d}x=-\lim_{\lambda\to 0}\sum_{i=1}^{n}(-f(\xi_i))\Delta x_i=-A,$$

即$\int_a^b f(x)\mathrm{d}x$ 的值为曲边梯形的面积的相反数.

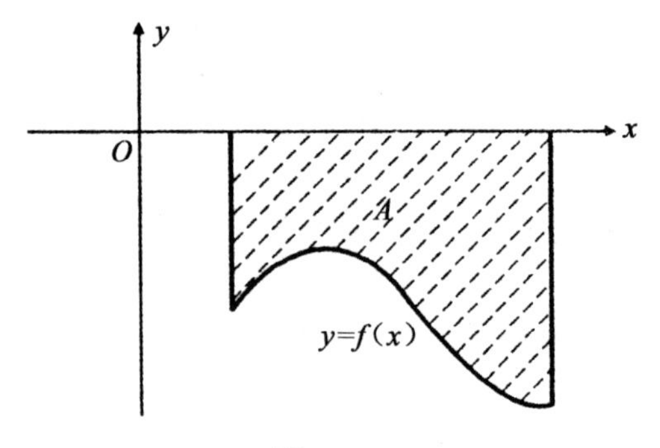

图 3-2-2

(3)若函数 $f(x)$ 在区间 $[a,b]$ 上既可取正值也可取负值,如图 3-2-3 所示,那么定积分 $\int_a^b f(x)\mathrm{d}x$ 在几何上表示介于曲线 $y=f(x)$ 和直线 $x=a$,$x=b$,$y=0$ 之间的各个部分面积的代数和:

$$\int_a^b f(x)\mathrm{d}x = A_1 - A_2 + A_3 - A_4.$$

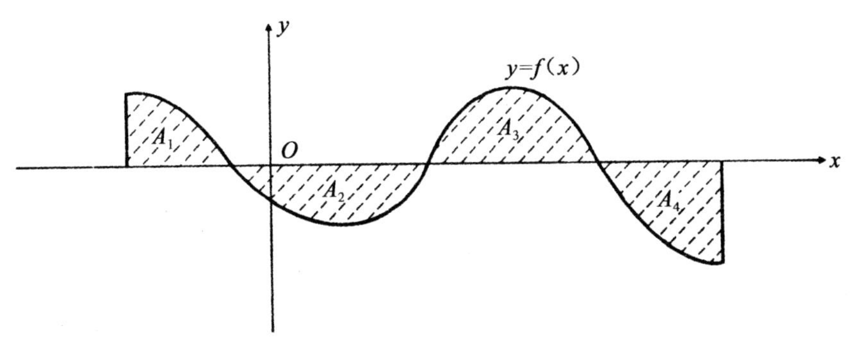

图 3-2-3

最后,我们就一般情形来讨论定积分的近似计算问题.

若函数 $f(x)$ 在区间 $[a,b]$ 上连续,那么定积分 $\int_a^b f(x)\mathrm{d}x$ 存在.采取把区间 $[a,b]$ 等分的方法,即将区间 $[a,b]$ 分成 n 个长度相等的小区间:

$$a=x_0<x_1<x_2<\cdots<x_{n-1}<x_n=b,$$

且每个小区间 $[x_{i-1},x_i]$($i=1,2,3,\cdots,n$)的长度均为

$$\Delta x=\frac{b-a}{n},$$

任取 $\xi_i\in[x_{i-1},x_i]$,从而有

$$\int_a^b f(x)\mathrm{d}x=\lim_{n\to\infty}\frac{b-a}{n}\sum_{i=1}^{n}f(\xi_i).$$

则对于任一确定的自然数 n,有

$$\int_a^b f(x)\mathrm{d}x\approx\frac{b-a}{n}\sum_{i=1}^{n}f(\xi_i). \tag{3-2-1}$$

在式(3-2-1)中,若取 $\xi_i=x_{i-1}$,可得

$$\int_a^b f(x)\mathrm{d}x\approx\frac{b-a}{n}\sum_{i=1}^{n}f(x_{i-1}).$$

记作 $f(x_i)=y_i(i=0,1,2,\cdots,n)$，那么上式可记作

$$\int_a^b f(x)\mathrm{d}x \approx \frac{b-a}{n}(y_0+y_1+y_2+\cdots+y_{n-1}). \quad (3\text{-}2\text{-}2)$$

在式(3-2-1)中，若取 $\xi_i=x_i$，从而可得近似公式

$$\int_a^b f(x)\mathrm{d}x \approx \frac{b-a}{n}(y_1+y_2+\cdots+y_{n-1}). \quad (3\text{-}2\text{-}3)$$

以上求定积分近似值的方法称为矩形法，式(3-2-2)称为左矩形公式，式(3-2-3)称为右矩形公式.

矩形法的几何意义：用窄条矩形的面积作为窄条曲边梯形面积的近似值.整体上用台阶形的面积作为曲边梯形面积的近似值.

定积分的近似计算法很多，如梯形法和抛物线法，这里我们不再作介绍.

例 3.2.1 用矩形法计算定积分 $\int_0^1 \mathrm{e}^{-x^2}\mathrm{d}x$ 的近似值.

解：把区间十等分，设分点为 $x_i(i=0,1,2,\cdots 10)$，并且设相应的函数值为

$$y_i=\mathrm{e}^{-x_i^2}(i=0,1,\cdots,10),$$

列表见表 3-2-1 所列.

表 3-2-1

i	0	1	2	3	4	5
x_i	0	0.1	0.2	0.3	0.4	0.5
y_i	1.000 00	0.990 05	0.960 79	0.913 93	0.852 14	0.778 80
i	6	7	8	9	10	
x_i	0.6	0.7	0.8	0.9	1	
y_i	0.697 68	0.612 63	0.527 29	0.444 86	0.367 88	

利用左矩形公式可得

$$\int_0^1 \mathrm{e}^{-x^2}\mathrm{d}x \approx (y_0+y_1+\cdots+y_9)\times\frac{1-0}{10}\approx 0.777\ 82.$$

利用右矩形公式可得

$$\int_0^1 \mathrm{e}^{-x^2}\mathrm{d}x \approx (y_1+y_2+\cdots+y_{10})\times\frac{1-0}{10}\approx 0.714\ 61.$$

3.2.2 定积分的性质

性质 3.2.1 函数的和(差)的定积分等于它们的定积分的和(差),即

$$\int_a^b [f(x) \pm g(x)]\,\mathrm{d}x = \int_a^b f(x)\,\mathrm{d}x \pm \int_a^b g(x)\,\mathrm{d}x.$$

性质 3.2.2 被积函数中的常数因子可以提到积分号外面,即

$$\int_a^b kf(x)\,\mathrm{d}x = k\int_a^b f(x)\,\mathrm{d}x(k \text{ 是常数}).$$

性质 3.2.3(线性性) 设 k、l 是常数,则

$$\int_a^b (kf(x) \pm \lg(x))\,\mathrm{d}x = k\int_a^b f(x)\,\mathrm{d}x \pm l\int_a^b g(x)\,\mathrm{d}x.$$

证明:由定积分定义和极限的线性性有

$$\begin{aligned}\int_a^b (kf(x) \pm \lg(x))\,\mathrm{d}x &= \lim_{\lambda \to 0}\sum_{i=1}^n (kf(\xi_i) \pm \lg(\xi_i))\,\Delta x_i \\ &= k\lim_{\lambda \to 0}\sum_{i=1}^n f(\xi_i)\Delta x_i \pm l\lim_{\lambda \to 0}\sum_{i=1}^n g(\xi_i)\Delta x_i \\ &= k\int_a^b f(x)\,\mathrm{d}x \pm l\int_a^b g(x)\,\mathrm{d}x.\end{aligned}$$

性质 3.2.4(可加性) 若将区间$[a,b]$分成两部分$[a,c]$和$[c,b]$,那么

$$\int_a^b f(x)\,\mathrm{d}x = \int_a^c f(x)\,\mathrm{d}x + \int_c^b f(x)\,\mathrm{d}x.$$

如图 3-2-4 所示,定积分对于积分区间具有可见性.如果 $f(x)$非负,那么积分的几何意义为:曲边梯形面积等于 A_1+A_2 之和(图 3-2-4).

对于分段函数的定积分,通常将分段点作为积分区间的分点.

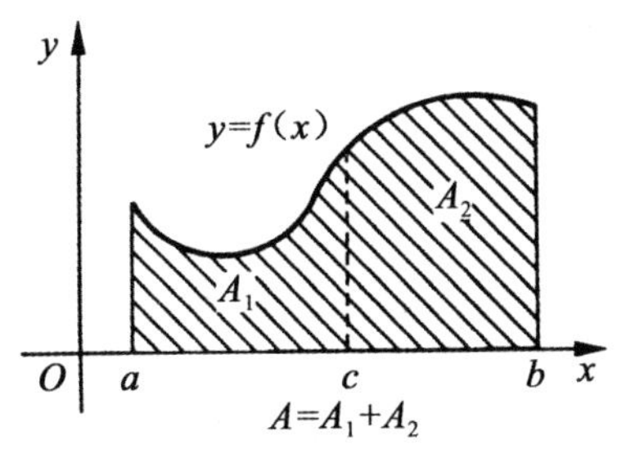

图 3-2-4

性质 3.2.5 若在$[a,b]$上，$f(x)\equiv 1$，那么

$$\int_a^b f(x)\mathrm{d}x=\int_a^b 1\mathrm{d}x=b-a.$$

性质 3.2.6(保号性) 在$[a,b]$上，$f(x)\geqslant 0$，那么

$$\int_a^b f(x)\mathrm{d}x\geqslant 0.$$

证明:因 $f(x)\geqslant 0$，故 $f(\xi_i)\geqslant 0(1\leqslant i\leqslant n)$，而当 $a\leqslant b$ 时 $\Delta x_i\geqslant 0$，所以有 $\sum\limits_{i=1}^{n}f(\xi_i)\Delta x_i\geqslant 0$.由极限的保号性得

$$\int_a^b f(x)\mathrm{d}x=\lim_{\lambda\to 0}\sum_{i=1}^{n}f(\xi_i)\Delta x_i\geqslant 0.$$

性质 3.2.7 若在$[a,b]$上，$f(x)\leqslant g(x)$，那么

$$\int_a^b f(x)\mathrm{d}x\leqslant\int_a^b g(x)\mathrm{d}x.$$

证明:记 $h(x)=f(x)-g(x)$，则在$[a,b]$上 $h(x)\leqslant 0$.由性质 3.2.3 和性质 3.2.6 可知

$$\int_a^b h(x)\mathrm{d}x=\int_a^b f(x)\mathrm{d}x-\int_a^b g(x)\mathrm{d}x\leqslant 0,$$

性质 3.2.8 设在$[a,b]$，$A\leqslant f(x)\leqslant B$，则

$$A(b-a)\leqslant f(x)\leqslant B(b-a).$$

性质 3.2.9 $\left|\int_a^b f(x)\mathrm{d}x\right|\leqslant\int_a^b|f(x)|\mathrm{d}x(a<b).$

性质 3.2.10 若 $f(x)$在区间$[a,b]$上连续，则在该区间上至少存在一点 ξ，使得

$$\int_a^b f(x)\mathrm{d}x=f(\xi)(b-a),$$

这个公式叫作积分中值公式.

证明:因为 $f(x)$在区间$[a,b]$上连续，所以 $f(x)$在$[a,b]$上一定存在最大值 M 和最小值 m，根据定积分的性质可得

$$m(b-a)\leqslant\int_a^b f(x)\mathrm{d}x\leqslant M(b-a).$$

因为 $b-a>0$，则有

$$m\leqslant\frac{1}{b-a}\int_a^b f(x)\mathrm{d}x\leqslant M.$$

根据闭区间上连续函数的介值定理可知，至少存在一点 $\xi\in[a,b]$，使得

$$f(\xi)=\frac{1}{b-a}\int_a^b f(x)\mathrm{d}x,$$

即

$$\int_a^b f(x)\mathrm{d}x=f(\xi)(b-a).$$

积分中值公式的几何意义：在区间$[a,b]$上至少存在一点ξ，使得以区间$[a,b]$为底边，以曲线$y=f(x)$为曲边的曲边梯形的面积等于同一底边而高为$f(\xi)$的一个矩形的面积.

按积分中值公式所得的

$$f(\xi)=\frac{1}{b-a}\int_a^b f(x)\mathrm{d}x$$

称为函数$f(x)$在区间$[a,b]$上的平均值，$f(\xi)$可看作图中曲边梯形的平均高度.又如物体以速度$v(t)$作直线运动，在时间区间$[T_1,T_2]$上经过的路程为

$$\int_{T_1}^{T_2} v(t)\mathrm{d}t,$$

所以

$$v(\xi)=\frac{1}{T_2-T_1}\int_{T_1}^{T_2} v(t)\mathrm{d}t,\xi\in[T_1,T_2]$$

便是运动物体在$[T_1,T_2]$这段时间内的平均速度.

若在区间$[a,b]$上，$f(x)\equiv 1$，则有

$$\int_a^b f(x)\mathrm{d}x=(b-a).$$

例 3.2.2 试估计定积分$\int_{\frac{1}{\sqrt{3}}}^{\sqrt{3}} x\arctan x\,\mathrm{d}x$的值.

解：先求出被积函数的最大值M和最小值m，因为在$\left[\frac{1}{\sqrt{3}},\sqrt{3}\right]$上，函数$f(x)=x\arctan x$的导数

$$f'(x)=\arctan x+\frac{x}{1+x^2}>0,$$

所以$f(x)$在$\left[\frac{1}{\sqrt{3}},\sqrt{3}\right]$上单调递增，那么最大值

$$M=f(\sqrt{3})=\sqrt{3}\arctan\sqrt{3}=\sqrt{3}\,\frac{\pi}{3}=\frac{\sqrt{3}\,\pi}{3},$$

最小值

$$m=f\left(\frac{1}{\sqrt{3}}\right)=\frac{1}{\sqrt{3}}\arctan\frac{1}{\sqrt{3}}=\frac{1}{\sqrt{3}}\frac{\pi}{6}=\frac{\sqrt{3}\pi}{18},$$

则可得

$$\frac{\sqrt{3}\pi}{18}\left(\frac{1}{\sqrt{3}}-\sqrt{3}\right)\leqslant\int_{\frac{1}{\sqrt{3}}}^{\sqrt{3}}x\arctan x\,\mathrm{d}x\leqslant\frac{\sqrt{3}\pi}{3}\left(\frac{1}{\sqrt{3}}-\sqrt{3}\right),$$

即

$$\frac{\pi}{9}\leqslant\int_{\frac{1}{\sqrt{3}}}^{\sqrt{3}}x\arctan x\,\mathrm{d}x\leqslant\frac{2\pi}{3}.$$

例 3.2.3 估计积分 $\int_0^{\pi}(1+\sqrt{\sin x})\,\mathrm{d}x$ 的值.

解:因为

$$0\leqslant\sqrt{\sin x}\leqslant 1,$$

故

$$1\leqslant 1+\sqrt{\sin x}\leqslant 2,$$

所以有

$$\pi=\int_0^{\pi}1\mathrm{d}x\leqslant\int_0^{\pi}(1+\sqrt{\sin x})\,\mathrm{d}x\leqslant\int_0^{\pi}2\mathrm{d}x=2\pi.$$

例 3.2.4 设 $f(x)$ 在 $\left[\frac{1}{\sqrt{3}},\sqrt{3}\right]$ 上可微,且满足 $f(1)=2\int_0^{\frac{1}{2}}xf(x)\mathrm{d}x$,证明:存在 $\xi\in(0,1)$,使得

$$f(\xi)+\xi f'(\xi)=0.$$

证明:令 $F(x)=xf(x)$,$x\in(0,1)$,根据积分中值定理可得,存在 $\eta\in\left[0,\frac{1}{2}\right]$,使得

$$2\int_0^{\frac{1}{2}}xf(x)\mathrm{d}x=2\times\frac{1}{2}\eta f(\eta)=\eta f(\eta)=F(\eta),$$

所以 $F(1)=f(1)=F(\eta)$,再根据罗尔定理可知,存在 $\xi\in(\eta,1)\subset(0,1)$,使得 $F'(\xi)=0$,即

$$f(\xi)+\xi f'(\xi)=0.$$

3.2.3 利用定积分定义求极限

用定积分定义求一类数列和的极限,其特征是“无限个无穷小”之

"和",而将其化为定积分的关键是要根据所给条件建立适当和式及确定被积函数和积分区间.

例 3.2.5 求极限$\lim\limits_{n\to\infty}\frac{1}{n}\left(\sin\frac{\pi}{n}+\sin\frac{2\pi}{n}+\cdots+\sin\frac{n-1}{n}\pi\right)$.

解: 方法一,原式$=\lim\limits_{n\to\infty}\frac{1}{n}\sum\limits_{i=1}^{n}\sin\frac{i\pi}{n}=\int_0^1\sin\pi x\,\mathrm{d}x=-\frac{1}{\pi}\cos\pi x\Big|_0^1=\frac{2}{\pi}$.

方法二,原式$=\frac{1}{\pi}\lim\limits_{n\to\infty}\frac{\pi}{n}\sum\limits_{i=1}^{n}\sin\frac{i\pi}{n}=\frac{1}{\pi}\int_0^{\pi}\sin x\,\mathrm{d}x=-\frac{1}{\pi}\cos x\Big|_0^{\pi}=\frac{2}{\pi}$.

注意:(1)从上面两种解法中可看到,当使用的和式不一样时,其所对应的积分区间也有所不同.在做此类题目时要仔细分析,区别清楚.

(2)也可反过来,将[0,1]区间 n 等分,则由定积分定义:

$$\int_0^1\sin\pi x\,\mathrm{d}x=\lim_{n\to\infty}\frac{1}{n}\sum_{i=1}^{n}\sin\frac{i\pi}{n}.$$

3.3 工程中积分学的应用

在工程技术问题中,凡是输出对输入量有存储和积累特点的过程或元件一般都含有积分环节,如水箱的水位与水流量,烘箱的温度与热量(或功率),机械运动中的转速与转矩、位移与速度、速度与加速度,电容的电量与电流等.

例 3.3.1 齿轮和齿条.齿轮的位移 $x(t)$ 和齿轮的角速度 $\omega(t)$ 为积分关系,由$\frac{\mathrm{d}x(t)}{\mathrm{d}t}=\omega(t)r$ 得

$$x(t)=r\int\omega(t)\,\mathrm{d}t.$$

例 3.3.2 电动机.电动机的转速与转矩:由 $T(t)=J\frac{\mathrm{d}n(t)}{\mathrm{d}t}$(式中 J 为转动惯量)得

$$n(t)=\int\frac{1}{J}T(t)\,\mathrm{d}t.$$

角位移和转速:由$\frac{\mathrm{d}\theta(t)}{\mathrm{d}t}=\omega(t)=\frac{\pi}{30}n(t)$得

$$\theta(t)=\int\omega(t)\,\mathrm{d}t=\frac{\pi}{30}\int n(t)\,\mathrm{d}t.$$

例 3.3.3 水箱.水箱的水位与水流量为积分关系,水流速为

$$Q(t)=\frac{\mathrm{d}V(t)}{\mathrm{d}t}=\mathrm{S}\,\frac{\mathrm{d}H(t)}{\mathrm{d}t}.$$

式中,V 为水的体积,H 为水位高度,S 为容器底面积,则

$$H(t)=\frac{1}{\mathrm{S}}\int Q(t)\,\mathrm{d}t.$$

例 3.3.4 加热器.温度与电功率为积分关系,温度为

$$T(t)=\frac{1}{C}Q(t)=\frac{0.024}{C}\int p(t)\,\mathrm{d}t.$$

式中,Q 为热量,C 为热容,p 为电功率.

例 3.3.5 电容电路.电容器电压与充电电流为积分关系,电容电压为

$$U_c(t)=\frac{q(t)}{C}=\frac{1}{C}\int i(t)\,\mathrm{d}t.$$

式中,$q(t)$为电量,$i(t)$为电流.

4 微分方程

微积分中所研究的函数，是反映客观现实世界运动过程中量与量之间的一种变化关系.但在大量的实际问题中，往往不能直接找出这种变化关系，但比较容易建立这些变量与它们的导数（或微分）之间的关系.这种联系着自变量、未知函数及它的导数（或微分）的关系式就是所谓的微分方程.

4.1 微分方程的基本概念

微积分学研究的对象是变量之间的函数关系，但在许多实际问题中，往往不能直接找到反映某个变化过程的函数关系，而只能列出含有未知函数的导数（或微分）的关系式，这就是所谓的微分方程，然后通过解微分方程，得到所要求的函数.

为了说明微分方程的基本概念，先看一个例子.

例 4.1.1 一曲线通过点(1,2)，且在该曲线上任一点 $M(x,y)$ 处切线的斜率为 $2x$，求这曲线的方程.

解：设所求曲线的方程为 $y=y(x)$，根据导数的几何意义，可知未知函数 $y=y(x)$ 应满足关系式

$$\frac{\mathrm{d}y}{\mathrm{d}x}=2x \tag{4-1-1}$$

且满足条件

$$x=1\text{ 时}，y=2，\text{简记为 }y\big|_{x=1}=2. \tag{4-1-2}$$

对式(4-1-1)两端积分，得

$$y=x^2+C. \tag{4-1-3}$$

其中,C 是任意常数.

将条件"$x=1$ 时,$y=2$"代入式(4-1-3),得 $2=1^2+C$,由此得出常数 $C=1$.把 $C=1$ 代入式(4-1-3),则所求的曲线方程为

$$y=x^2+1. \tag{4-1-4}$$

以上例子中的方程(4-1-1),是含有未知函数及其导数(包括一阶导数和高阶导数)的方程,这样的方程就称为微分方程.

定义 4.1.1 一般来说,我们称表示未知函数、未知函数的导数或微分以及自变量之间关系的方程为微分方程,称未知函数是一元函数的微分方程为常微分方程,称未知函数是多元函数的微分方程为偏微分方程.微分方程中出现的未知函数的最高阶导数的阶数,叫作微分方程的阶.

我们只讨论常微分方程.

例如,$x^3y'''+x^2y''-4xy+3x^2=0$ 是一个三阶微分方程,$y^{(4)}-4y'''+10y''-12y'+5y\sin 2x=0$ 是一个四阶微分方程,$y^{(n)}+110=0$ 是一个 n 阶微分方程.

一般来说,n 阶微分方程可写成

$$F(x,y,y',\cdots,y^{(n)})=0 \text{ 或 } y(n)=f(x,y,y',\cdots,y^{(n-1)}).$$

其中,F 是 $n+2$ 个变量的函数.必须指出,这里 $y^{(n)}$ 是必须出现的,而 x,y,y',$\cdots$,$y^{(n-1)}$ 等变量则可以不出现.例如,二阶微分方程

$$y''=f(x,y')$$

中 y 就没出现.

什么是微分方程的解呢?

定义 4.1.2 把满足微分方程的函数(把函数代入微分方程能使该方程成为恒等式)叫作该微分方程的解.确切来说,设函数 $y(x)$ 在区间 I 上有 n 阶连续导数,如果在区间 I 上,有

$$F[x,(x),'(x),\cdots,^{(n)}(x)]\equiv 0,$$

那么函数 $y(x)$ 就叫作微分方程 $F(x,y,y',\cdots,y^{(n)})=0$ 在区间 I 上的解.例如:

$$y=x^2,y=x^2+1,\cdots,y=x^2+C$$

都是方程(4-1-1)的解.

值得指出的是,由于解微分方程的过程需要积分,故微分方程的解中有时包含任意常数.

定义 4.1.3 如果微分方程的解中含有任意常数，且任意常数的个数与微分方程的阶数相同，则称这样的解为该微分方程的通解.例如，$y=x^2+C$（C 为任意常数）就是方程(4-1-1)的通解；又如，$y=C_1\cos x+C_2\sin x$（C_1，C_2 为任意常数）是二阶微分方程 $y''+y=0$ 的通解.

在以后的讨论中，除特殊说明外，C、C_1、C_2 等均指任意常数.

定义 4.1.4 用于确定通解中任意常数的条件，称为初始条件.如 $x=x_0$ 时，$y=y_0$，$y'=y_1$，或写成$y\big|_{x=x_0}=y_0$，$y'\big|_{x=x_0}=y_1$.

定义 4.1.5 确定了通解中的任意常数以后，就得到微分方程的特解，即不含任意常数的解.例如，$y=x^2+1$ 是方程(4-1-1)的特解.

定义 4.1.6 求微分方程满足初始条件的特解的问题称为微分方程的初值问题.例 4.1.1 中，要求

$$\begin{cases}\dfrac{\mathrm{d}y}{\mathrm{d}x}=2x\\ y\big|_{x=1}=2\end{cases}$$

的解就是一个初值问题.

定义 4.1.7 微分方程的解的图形是一条曲线，叫作微分方程的积分曲线.

例 4.1.2 验证函数

$$x=C_1\cos kt+C_2\sin kt \tag{4-1-5}$$

是微分方程

$$\frac{\mathrm{d}^2x}{\mathrm{d}t^2}+k^2x=0\,(k\neq0) \tag{4-1-6}$$

的通解.

证明：求出所给函数(4-1-5)的一阶导数及二阶导数：

$$\frac{\mathrm{d}x}{\mathrm{d}t}=-C_1k\sin kt+C_2k\cos kt,$$

$$\frac{\mathrm{d}^2x}{\mathrm{d}t^2}=-k^2(C_1\cos kt+C_2\sin kt),$$

把方程(4-1-5)及方程(4-1-7)代入方程(8-1-6)，得

$$-k^2(C_1\cos kt+C_2\sin kt)+k^2(C_1\cos kt+C_2\sin kt)\equiv0.$$

因此函数(4-1-5)是方程(4-1-6)的解.又因为函数(4-1-5)中含有两个任意常数，而方程(4-1-6)为二阶微分方程，所以函数(4-1-5)是方程(4-1-6)的通解.

4.2 一阶线性微分方程

4.2.1 可分离变量的微分方程

定义 4.2.1 如果一个一阶微分方程能写成

$$g(y)\mathrm{d}y=f(x)\mathrm{d}x \ (\text{或 } y=\varphi(x)\psi(y)) \tag{4-2-1}$$

的形式,即能把微分方程写成一端只含 y 的函数和 $\mathrm{d}y$,另一端只含 x 的函数和 $\mathrm{d}x$,那么原方程就称为可分离变量的微分方程.

可分离变量的微分方程的解法:

(1)分离变量,将方程写成 $g(y)\mathrm{d}y=f(x)\mathrm{d}x$ 的形式;

(2)两端积分 $\int g(y)\,\mathrm{d}y=\int f(x)\,\mathrm{d}x$,设积分后得 $G(y)=F(x)+C$;

(3)求出由 $G(x)=F(x)+C$ 所确定的隐函数 $y=F(x)$或 $x=(y)$.

$G(y)=F(x)+C$, $y=F(x)$ 或 $x=\psi(y)$ 都是方程的通解,其中 $G(y)=F(x)+C$ 称为隐式(通)解.

例 4.2.1 求微分方程

$$\frac{\mathrm{d}y}{\mathrm{d}x}=2xy$$

的通解.

分析:解微分方程的第一步是判断方程的类型,然后根据类型选择解法,这是一个可分离变量的方程,故选择上述先分离变量后积分的解法.

解:此方程为可分离变量方程,分离变量后得

$$\frac{1}{y}\mathrm{d}y=2x\,\mathrm{d}x\,(y\neq 0),$$

两边积分,得

$$\int\frac{1}{y}\mathrm{d}y=\int 2x\,\mathrm{d}x, \tag{4-2-2}$$

即

$$\ln|y|=x^2+C_1, \tag{4-2-3}$$

从而

$$y=\pm e^{x^2+C_1}=\pm e^{C_1}e^{x^2}.$$

因为$\pm e^{C_1}$仍是任意常数，把它记作 C，又 $y\approx 0$ 也是方程(4-2-1)的解，所以方程(4-2-1)的通解可表示成

$$y=Ce^{x^2}. \tag{4-2-4}$$

为了方便，我们把式(4-2-2)两边积分，得

$$\ln y=x^2+\ln C, \tag{4-2-5}$$

并由此直接得方程(4-2-1)的通解(4-2-4).

4.2.2 一阶线性微分方程

定义 4.2.2 形如$\frac{dy}{dx}+P(x)y=Q(x)$的微分方程，称为一阶线性微分方程.线性是指方程关于未知函数 y 及其导数$\frac{dy}{dx}$都是一次的.称$Q(x)$为非齐次项或右端项，如果 $Q(x)\equiv 0$，则称方程为一阶线性齐次微分方程；否则，即 $Q(x)\neq 0$，则称方程为一阶线性非齐次微分方程.

对于一阶线性非齐次微分方程

$$\frac{dy}{dx}+P(x)y=Q(x), \tag{4-2-6}$$

称方程

$$\frac{dy}{dx}+P(x)y=0 \tag{4-2-7}$$

为方程(4-2-6)所对应的齐次微分方程.

下列方程是什么类型的方程？

(1) $(x-2)\frac{dy}{dx}=y$，因为$\frac{dy}{dx}-\frac{1}{x-2}y=0$，所以原方程是一阶线性齐次线性方程.

(2) $3x^2+5x-y'=0$，因为 $y'=3x^2+5x$，所以原方程是一阶线性非齐次线性方程.

(3) $\frac{dy}{dx}=10^{x+y}$，不是一阶线性方程.

(4) $(y+1)^2\frac{dy}{dx}+x^3=0$,因为$\frac{dy}{dx}+\frac{x^3}{(y+1)^2}=0$或$\frac{dx}{dy}+\frac{(y+1)^2}{x^3}=0$,所以原方程不是一阶线性方程.

4.2.2.1 一阶线性齐次微分方程的解法

方程$\frac{dy}{dx}+P(x)y=0$是变量可分离方程,分离变量后得

$$\frac{dy}{y}=-P(x)dx.$$

两边积分,得

$$\ln y=-\int P(x)dx+\ln C.$$

即

$$y=Ce^{-\int P(x)dx}, \tag{4-2-8}$$

这就是齐次微分方程(4-2-7)的通解(积分中不再加任意常数).

例 4.2.2 求方程$(x-2)\frac{dy}{dx}=y$的通解.

解:这是一阶线性齐次微分方程,分离变量,得

$$\frac{dy}{y}=\frac{dx}{x-2}$$

两边积分,得

$$\ln y=\ln(x-2)+\ln C,$$

故方程的通解为 $y=C(x-2)$.

4.2.2.2 一阶线性非齐次微分方程的解法(常数变易法)

将齐次方程(4-2-7)的通解(4-2-8)中的任意常数C换成未知函数$u(x)$,再把

$$y=u(x)e^{-\int P(x)dx}$$

设想成非齐次方程(4-3-6)的通解,代入方程(4-2-6)中,得

$$u'(x)e^{-\int P(x)dx}-u(x)e^{-\int P(x)dx}P(x)+P(x)u(x)e^{-\int P(x)dx}=Q(x).$$

化简得

$$u'(x)=Q(x)e^{\int P(x)dx},$$

即

$$u(x)=\int Q(x)\mathrm{e}^{-\int P(x)\mathrm{d}x}+C.$$

于是非齐次方程(4-2-6)的通解为

$$y=\mathrm{e}^{-\int P(x)\mathrm{d}x}\left[\int Q(x)\mathrm{e}^{-\int P(x)\mathrm{d}x}\mathrm{d}x+C\right] \tag{4-2-9}$$

或

$$y=C\mathrm{e}^{-\int P(x)\mathrm{d}x}+\mathrm{e}^{-\int P(x)\mathrm{d}x}\int Q(x)\mathrm{e}^{\int P(x)\mathrm{d}x}\mathrm{d}x.$$

故一阶线性非齐次微分方程(4-2-6)的通解等于它对应的齐次微分方程的通解与它的一个特解之和.

例 4.2.3 求方程$\frac{\mathrm{d}y}{\mathrm{d}x}-\frac{2y}{x+1}=(x+1)^{\frac{5}{2}}$的通解.

分析:我们可以直接用公式(4-2-9)求出方程的通解,也可以应用常数变易法求方程的通解.这里,我们采用后者.

解:先求原方程对应的齐次微分方程$\frac{\mathrm{d}y}{\mathrm{d}x}-\frac{2y}{x+1}=0$的通解.分离变量,得

$$\frac{\mathrm{d}y}{y}=\frac{2\mathrm{d}x}{x+1}.$$

两边积分,得

$$\ln y=2\ln(x+1)+\ln C.$$

故齐次线性方程的通解为 $y=C(x+1)^2$.

下面用常数变易法求原方程的通解.把 C 换成 $u(x)$,即令 $y=u(x)(x+1)^2$,代入原方程,得

$$u'(x)\cdot(x+1)^2+2u(x)\cdot(x+1)-\frac{2}{x+1}u(x)\cdot(x+1)^2=(x+1)^{\frac{5}{2}}$$

$$u'(x)=(x+1)^{\frac{1}{2}}.$$

两边积分,得 $u(x)=\frac{2}{3}(x+1)^{\frac{3}{2}}+C$.

再把上式代入 $y=u(x)(x+1)^2$ 中,即所求方程的通解为

$$y=(x+1)^2\left[\frac{2}{3}(x+1)^{\frac{3}{2}}+C\right].$$

例 4.2.4 求一曲线方程,这曲线通过原点,并且它在点(x,y)处的切线斜率等于$2x+y$.

解:设所求曲线方程为$y=y(x)$,则

$$\begin{cases}\dfrac{\mathrm{d}y}{\mathrm{d}x}=2x+y(4\text{-}2\text{-}10),\\ y\big|_{x=0}=0,\end{cases}\tag{4-2-10}$$

这是一阶微分方程的初值问题.

方程(4-2-10)可化为$\dfrac{\mathrm{d}y}{\mathrm{d}x}-y=2x$,故它是一阶线性非齐次方程,其中$P(x)=-1,Q(x)=2x$.根据公式(4-2-9),得方程(4-2-10)的通解:

$$\begin{aligned}y&=\mathrm{e}^{-\int(-1)\mathrm{d}x}\left[\int 2x\,\mathrm{e}^{\int(-1)\mathrm{d}x}\mathrm{d}x+C\right]\\&=\mathrm{e}^{x}\left(\int 2x\,\mathrm{e}^{-x}\mathrm{d}x+C\right)-\mathrm{e}^{x}\left(-2x\,\mathrm{e}^{-x}-2\mathrm{e}^{-x}+C\right)\\&=C\mathrm{e}^{x}-2x-2.\end{aligned}$$

又因为$y\big|_{x=0}=0$,所以$-2+C=0$,即$C=2$,于是所求的曲线方程为

$$y=2(\mathrm{e}^{x}-x-1).$$

例 4.2.5 解方程$\dfrac{\mathrm{d}y}{\mathrm{d}x}=\dfrac{1}{x+y}$.

分析:这个微分方程作为以x为自变量、以y为未知函数的方程,既不属于可分离变量方程和齐次方程,也不属于一阶线性微分方程.我们希望将它转化成上述可解类型的方程.

解:由原方程得$\dfrac{\mathrm{d}x}{\mathrm{d}y}=x+y$,即

$$\frac{\mathrm{d}x}{\mathrm{d}y}-x=y.$$

上式可以看成以y为自变量、以r为未知函数的一阶线性微分方程.这时

$$P(y)=-1,Q(y)=y,$$

相应的通解公式(4-2-9)应该为

$$x=\mathrm{e}^{-\int P(y)\mathrm{d}y}\left[\int Q(y)\mathrm{e}^{\int P(y)\mathrm{d}y}\mathrm{d}y+C\right].$$

所以,原方程的通解为

$$x=\mathrm{e}^{-\int(-1)\mathrm{d}y}\left[\int y\mathrm{e}^{\int(-1)\mathrm{d}y}\mathrm{d}y+C\right]=\mathrm{e}^{y}\left(\int y\mathrm{e}^{-y}\mathrm{d}y+C\right)$$

$$=\mathrm{e}^{y}(-y\mathrm{e}^{-y}-\mathrm{e}^{-y}+C)=C\mathrm{e}^{y}-y-1.$$

例 4.2.6 求解方程 $y'+\frac{1}{x}y-\frac{\sin x}{x}=0$.

解:令 $p(x)=\frac{1}{x}$,$q(x)=\frac{\sin x}{x}$,积分后得

$$\int p(x)\mathrm{d}x=\int\frac{\mathrm{d}x}{x}=\ln x,$$

从而方程的解为

$$y=\mathrm{e}^{-\ln x}\left(\int\frac{\sin x}{x}\mathrm{e}^{\ln x}\mathrm{d}x+C\right)=x^{-1}\left(\int\sin x\mathrm{d}x+C\right)=\frac{1}{x}(-\cos x+C).$$

在求解这类方程时,可以用公式,用时要先求出函数 $\int p(x)\mathrm{d}x$,当然也可以用常数变易法.

4.3 二阶常系数线性微分方程

4.3.1 二阶常系数线性齐次微分方程

对于二阶齐次线性微分方程,如果令其系数 $P(x)=p$,$Q(x)=q$,其中,p、q 为常数,则原方程化为

$$y''+py'+qy=0, \tag{4-3-1}$$

我们称其为二阶常系数齐次线性微分方程.

方程(4-3-1)的解 y 及 y'、y''各乘以常数之后求和等于零,这意味着函数 y 及 y'、y''之间只能相差一个常数,在初等函数中符合这一特征的函数是 e^{rx}(r 为常数).于是,我们猜想形如 $y=\mathrm{e}^{rx}$(r 是常数)的函数可能是方程的解.将函数 $y=\mathrm{e}^{rx}$ 求导,得

$$y'=r\mathrm{e}^{rx}, y''=r^{2}\mathrm{e}^{rx}.$$

把 y、y'、y''代入方程(4-3-1),得

$$(r^{2}+pr+q)\mathrm{e}^{rx}=0,$$

所以

$$r^2+pr+q=0. \tag{4-3-2}$$

由此可见，只要常数 r 满足方程(4-3-2)，函数 $y=e^{rx}$ 就是方程(4-3-1)的解.我们把代数方程(4-3-2)称为二阶常系数齐次线性微分方程(4-3-1)的特征方程.特征方程(4-3-2)的根称为特征根.

特征方程(4-3-2)是一个二次代数方程，其中 r^2、r 的系数及常数项恰好依次是微分方程(4-3-1)中 y''、y' 及 y 的系数.特征方程(4-3-2)的两个根 r_1、r_2 可以用公式

$$r_{1,2}=\frac{-p\pm\sqrt{p^2-4q}}{2}$$

求出.它们有如下三种不同的情形：

(1)当 $p^2-4q>0$ 时，r_1、r_2 是两个不相等的实根，即

$$r_1=\frac{-p+\sqrt{p^2-4q}}{2},r_2=\frac{-p-\sqrt{p^2-4q}}{2}.$$

(2)当 $p^2-4q=0$ 时，r_1、r_2 是两个相等的实根(二重根)，即

$$r_1=r_2=\frac{-p}{2}.$$

(3)当 $p^2-4q<0$ 时，r_1、r_2 是一对共轭复根，即

$$r_1=\alpha+i\beta,r_2=\alpha-i\beta,$$

其中，$\alpha=-\frac{p}{2}$，$\beta=\frac{\sqrt{4q-p^2}}{2}$.

于是，微分方程(4-3-1)的通解也就有三种不同的形式，现在分别讨论如下：

(1)特征方程有两个不相等的实根，即 $r_1\neq r_2$，这时，

$$\frac{y_1}{y_2}=\frac{e^{r_1x}}{e^{r_2x}}=e^{(r_1-r_2)x}$$

不是常数，因而 $y_1=e^{r_1x}$，$y_2=e^{r_2x}$ 是微分方程(4-3-1)的两个线性无关的特解，因此方程(4-3-1)的通解为

$$y=C_1e^{r_1x}+C_2e^{r_2x}.$$

(2)特征方程有两个相等的根，即 $r_1=r_2$.这时，我们只能得到微分方程(4-3-1)的一个特解 $y_1=e^{r_1x}$.我们还需要求出另一个与 $y_1=e^{r_1x}$ 线性无关的特解 y_2，且要求 $\frac{y_1}{y_2}$ 不是常数，为此，设 $\frac{y_1}{y_2}=u(x)$，且 $u(x)$ 不为

常数,即 $y_2=e^{r_1x}u(x)$.将 y_2 求导,得

$$y_2'=e^{r_1x}(u'(x)+r_1u(x)),$$
$$y_2''=e^{r_1x}(u''(x)+2r_1u'(x)+r_1^2u(x)),$$

代入方程(4-3-1)得

$$e^{r_1x}[(u''(x)+2r_1u'(x)+r_1^2u(x))+p(u'(x)+r_1u(x))+qu(x)]=0,$$

约去 e^{r_1x},得

$$u''(x)+(2r_1+p)u'(x)+(r_1^2+pr_1+q)u(x)=0.$$

由于 r_1 是特征方程(4-3-2)的二重根,故 $r_1^2+pr_1+q=0,2r_1+p=0$,于是有 $u''(x)=0$,解得 $u(x)=C_1+C_2x$.由于我们只要得到一个不为常数的解,所以不妨选取 $u=x$,由此得微分方程的另一个解 $y_2=xe^{r_1x}$.从而微分方程(4-3-1)的通解为

$$y=C_1e^{r_1x}+C_2xe^{r_1x}=(C_1+C_2x)e^{r_1x}.$$

(3)特征方程有一对共轭复根,即 $r_1=\alpha+i\beta,r_1=\alpha-i\beta(\beta\neq0)$.这时,我们得到两个线性无关的复函数解:

$$y_1^*=e^{(\alpha+i\beta)x},y_2^*=e^{(\alpha-i\beta)x},$$

根据欧拉公式 $e^{i\theta}=\cos\theta+i\sin\theta$,我们有

$$e^{(\alpha+i\beta)x}=e^{\alpha x}(\cos\beta x\pm i\sin\beta x)=e^{\alpha x}\cos\beta x\pm ie^{\alpha x}\sin\beta x.$$

取

$$y_1(x)=\frac{1}{2}[e^{(\alpha+i\beta)x}+e^{(\alpha-i\beta)x}]=e^{\alpha x}\cos\beta x,$$

$$y_2(x)=\frac{1}{2i}[e^{(\alpha+i\beta)x}-e^{(\alpha-i\beta)x}]=e^{\alpha x}\sin\beta x.$$

已知 $y_1(x)$及 $y_2(x)$是方程(4-3-1)的两个实函数解,且由于$\frac{y_1(x)}{y_2(x)}=\cot\beta x$ 不是常数,即 $y_1(x)$与 $y_2(x)$是线性无关的,所以方程(4-3-1)的通解为

$$y=C_1y_1(x)+C_2y_2(x)=e^{\alpha x}(C_1\cos\beta x+C_2\sin\beta x).$$

例 4.3.1 求微分方程 $y''-2y'3+3y=0$ 的通解.

解:该微分方程的特征方程 $r^2-2r+3=0$ 有共轭复根 $r_{1,2}=1\pm\sqrt{2}i$,故方程的通解为

$$y=e^x(C_1\cos\sqrt{2}x+C_2\sin\sqrt{2}x).$$

4.3.2 二阶常系数线性非齐次微分方程

设给定的二阶常系数线性非齐次微分方程为

$$y''+py'+qy=f(x) \tag{4-3-3}$$

其中，p、q 是常数.

根据二阶线性方程解的结构定理，求方程(4-3-3)的关键在于找到该方程的一个特解 y^*.若方程的右端函数 $f(x)$是以下两种特殊类型的函数时，则可采用特定系数法来求解.

4.3.2.1 $f(x)=P_m(x)e^{\alpha x}$ 型

定理 4.3.1 若方程(4-3-3)中 $f(x)=P_m(x)e^{\alpha x}$，其中 $P_m(x)$是 x 的 m 次多项式，则方程(4-3-3)的一个特解 y^* 具有如下形式：

$$y^*=x^kQ_m(x)e^{\alpha x}$$

其中，$Q_m(x)$是系数待定的 x 的 m 次多项式，k 由下列情形决定：

(1)当 α 是方程(4-3-3)对应的齐次方程的特征方程的单根时，取 $k=1$；

(2)当 α 是方程(4-3-3)对应的齐次方程的特征方程的重根时，取 $k=2$；

(3)当 α 不是方程(4-3-3)对应的齐次方程的特征根时，取 $k=0$.

4.3.2.2 $f(x)=e^{\alpha x}P_m(x)\cos\beta x$ 或 $f(x)=e^{\alpha x}P_m(x)\sin\beta x$ 型

定理 4.3.2 若方程(4-3-3)中的 $f(x)=e^{\alpha x}P_m(x)\cos\beta x$ 或 $f(x)=e^{\alpha x}P_m(x)\sin\beta x$，其中 $P_m(x)$为 x 的 m 次多项式，则方程(4-3-3)的一个特解 y^* 具有如下形式

$$y^*=x^k[A_m(x)\cos\beta x+B_m(x)\sin\beta x]e^{\alpha x}$$

其中，$A_m(x)$、$B_m(x)$为系数待定的 x 的 m 次多项式，k 由下列情形决定：

(1)当 $\alpha+i\beta$ 是对应齐次方程特征根时，取 $k=1$；

(2)当 $\alpha+i\beta$ 不是对应齐次方程特征根时，取 $k=0$.

一般来说，变系数线性微分方程是不易求解的，但有些特殊的变系数微分方程可以化为常系数线性微分方程，其中一个就是欧拉方程.

定义 4.3.1 形如

$$x^n y^{(n)} + p_1 x^{n-1} y^{(n-1)} + \cdots + p_{n-1} x y' + p_n y = f(x) \quad (4\text{-}3\text{-}4)$$

的方程称为欧拉方程,其中 $p_1, p_2, \cdots, p_{n-1}, p_n$ 是常数.

令 $x = \mathrm{e}^t$,则

$$\frac{\mathrm{d}y}{\mathrm{d}x} = \frac{\mathrm{d}y}{\mathrm{d}t}\frac{\mathrm{d}t}{\mathrm{d}x} = \frac{1}{x}\frac{\mathrm{d}y}{\mathrm{d}t},$$

$$\frac{\mathrm{d}^2 y}{\mathrm{d}x^2} = \frac{1}{x^2}\left(\frac{\mathrm{d}^2 y}{\mathrm{d}t^2} - \frac{\mathrm{d}y}{\mathrm{d}t}\right),$$

$$\frac{\mathrm{d}^3 y}{\mathrm{d}x^3} = \frac{1}{x^3}\left(\frac{\mathrm{d}^3 y}{\mathrm{d}t^3} - - \frac{\mathrm{d}^2 y}{\mathrm{d}t^2} + 2\frac{\mathrm{d}y}{\mathrm{d}t}\right),$$

记 $D = \frac{\mathrm{d}}{\mathrm{d}t}, D^2 = \frac{\mathrm{d}^2}{\mathrm{d}t^2}, \cdots, D^n = \frac{\mathrm{d}^n}{\mathrm{d}t^n}$,则

$$x\frac{\mathrm{d}y}{\mathrm{d}x} = Dy,$$

$$x^2\frac{\mathrm{d}^2 y}{\mathrm{d}x^2} = (D^2 - D)y = D(D-1)y,$$

$$x^3\frac{\mathrm{d}^3 y}{\mathrm{d}x^3} = (D^3 - 3D^2 + 2D)y = D(D-1)(D-2)y.$$

一般有

$$x^k y^{(k)} = D(D-1)\cdots(D-k+1)y,$$

把上式代入方程(4-3-4),可得常系数线性非齐次微分方程.

例 4.3.2 求微分方程 $y'' + y' = x$ 的一个特解.

解:因为方程 $y'' + y' = x$ 的自由项 $f(x) = x\mathrm{e}^{0x}$ 中的 $\alpha = 0$ 恰好是特征方程 $r^2 + r = 0$ 的一个根,故可设原方程的一个特解为

$$y^* = (Ax + B)x\mathrm{e}^{0x} = Ax^2 + Bx,$$

直接将 y^* 代入所给方程,得

$$2A + (2Ax + B) = x,$$

$$2Ax + 2A + B = x,$$

解之,得

$$A = \frac{1}{2}, B = -1.$$

因此,$y^* = \frac{1}{2}x^2 - x$ 为所求特解.

例 4.3.3 求微分方程 $y''-4y=x\cos 2x+\sin 2x$ 的一个特解.

解:该方程属于 $f(x)=e^{\alpha x}[P_k(x)\cos\beta x+P_n(x)\sin\beta x]$ 的情形,右端函数 $f(x)=x\cos 2x+\sin 2x$ 中的 $\alpha=0,\beta=2,P_k(x)=x,P_n(x)=1$. 因为 $\alpha\pm i\beta=2i$ 不是对应的齐次方程的特征方程 $r^2-4=0$ 的根,所以特解应设为

$$y^*(x)=(a_0x+a_1)\cos 2x+(b_0x+b_1)\sin 2x,$$

则它的二阶导数为

$$[y^*(x)]''=(4b_0-4a_0x-4a_1)\cos 2x-(4a_0+4b_0x+4b_1)\sin 2x,$$

将 $y^*(x)$ 与 $[y^*(x)]''$ 代入原方程,整理得

$$(-8a_0x+4b_0-8a_1)\cos 2x+(-8b_0x-4a_0-8b_1)\sin 2x=x\cos 2x+\sin 2x.$$

比较两端同类项的系数,得

$$\begin{cases}-8a_0=1,\\4b_0-8a_1=0,\\-8b_0=0,\\-4a_0-8b_1=1,\end{cases}$$

由此解得

$$a_0=\frac{1}{8},a_1=0,b_0=0,b_1=-\frac{1}{16},$$

所以方程的一个特解为

$$y^*(x)=-\frac{1}{8}\cos 2x-\frac{1}{16}\sin 2x.$$

4.4 可降阶的高阶微分方程

4.4.1 $y^{(n)}=f(x)$型的方程

微分方程

$$y^{(n)}=f(x)$$

的右端仅含有自变量 x,若以 $y^{(n-1)}$ 为未知函数,则为一阶微分方程,两边积分,可得

$$y^{(n-1)}=\int f(x)\mathrm{d}\,x+C_1.$$

同理可得

$$y^{(n-2)}=\int\left[\int f(x)\mathrm{d}\,x\right]\mathrm{d}\,x+C_1x+C_2.$$

依次类推,连续积分 n 次,从而可得含有 n 个任意常数的通解.

例 4.4.1 求微分方程 $y^{(4)}=\sin x$ 的通解.

解:连续积分四次,则有

$$y'''=\int\sin x\,\mathrm{d}x=-\cos x+C_1,$$

$$y''=\int(-\cos x+C_1)\mathrm{d}x=-\sin x+C_1x+C_2,$$

$$y'=\int(-\sin x+C_1x+C_2)\mathrm{d}x=\cos x+\frac{C_1}{2}x^2+C_2x+C_3,$$

$$y=\int(\cos x+\frac{C_1}{2}x^2+C_2x+C_3)\mathrm{d}x=\sin x+\frac{C_1}{6}x^3+\frac{C_2}{2}x^2+C_3x+C_4.$$

4.4.2 $y''=f(x,y')$ 型的方程

微分方程

$$y''=f(x,y') \tag{4-4-1}$$

的右端不显含 y.

设 $y'=P(x)$,则 $y''=\frac{\mathrm{d}P}{\mathrm{d}x}$,代入方程(4-4-1)中可得

$$\frac{\mathrm{d}P}{\mathrm{d}x}=f(x,P),$$

此为一阶方程,设其通解为

$$P=\varphi(x,C_1).$$

因为 $P(x)=\frac{\mathrm{d}y}{\mathrm{d}x}$,从而有

$$\frac{\mathrm{d}y}{\mathrm{d}x}=\varphi(x,C_1).$$

两边积分,得

$$y=\int\varphi(x,C_1)\mathrm{d}x+C_2.$$

例 4.4.2 求微分方程$(1+x^2)y''=2xy'$满足初始条件$y|_{x=0}=1$，$y'|_{x=0}=2$的特解.

解:所给微分方程是$y''=f(x,y')$型方程.设$y'=p$,代入方程并分离变量后,得

$$\frac{dp}{p}=\frac{2x}{1+x^2}dx.$$

两端积分,得

$$\ln|p|=\ln(1+x^2)+\ln C,$$

即

$$y'=p=C_1(1+x^2)\ (C_1=\pm e^C).$$

由条件$y'|_{x=0}=2$得$C_1=2$,故

$$y'=2(1+x^2).$$

两端积分,得

$$y=\frac{2}{3}x^3+2x+C_2.$$

又由条件$y|_{x=0}=1$得$C_2=1$,于是所求特解为

$$y=\frac{2}{3}x^3+2x+1.$$

4.4.3 $y''=f(y,y')$型的微分方程

微分方程

$$y''=f(y,y') \tag{4-4-2}$$

的右端不显含x,设$y'=P(y)$,则

$$y''=\frac{dp}{dx}=\frac{dp}{dy}\frac{dy}{dx}=P\frac{dp}{dy}.$$

代入方程(4-4-2),可得

$$P\frac{dP}{dy}=f(y,P).$$

这是以y为自变量、以P为未知函数的一阶微分方程,设它的通解为

$$P=\varphi(y,C_1),$$

那么

$$\frac{dy}{dx}=\varphi(y,C_1).$$

分离变量并积分,可得

$$\int \frac{\mathrm{d}y}{\varphi(y,C_1)}=x+C_2.$$

4.5 工程中微分方程的应用

许多事物的变化和运动规律往往可通过建立微分方程的数学模型来研究.

4.5.1 空气调节问题

例 4.5.1 设某地下施工工作间的体积为 $V(\mathrm{m}^3)$,空气中已含的有害气体为 $a(\mathrm{g})$,且在施工过程中每分钟又产生有害气体 $b(\mathrm{g})$,假设机器每分钟送进新鲜空气与排出浑浊空气是等量的,均为 $Q(\mathrm{m}^3)$.求这地下施工工作间的有害气体 y 与时间 t 的关系.

解:根据题意,在时刻 t 有害气体的变化率 $\frac{\mathrm{d}y}{\mathrm{d}t}$ 为施工中新产生与排出的有害气体的差,即

$$\frac{\mathrm{d}y}{\mathrm{d}t}=b-\frac{y}{V}Q$$

且满足

$$y|_{t=0}=a.$$

解微分方程,变量分离:

$$\frac{\mathrm{d}y}{b-\frac{y}{V}Q}=\mathrm{d}t,$$

$$\int \frac{\mathrm{d}y}{b-\frac{y}{V}Q}=\int \mathrm{d}t,\ -\frac{V}{Q}\ln\left(b-\frac{y}{V}Q\right)=t+C_1,$$

$$y=\frac{V}{Q}(b-C\mathrm{e}^{-\frac{Q}{V}t}).$$

由初始条件 $y|_{t=0}=a$,得 $y=\frac{V}{Q}\left[b-\left(b-\frac{V}{Q}a\right)\mathrm{e}^{-\frac{Q}{V}t}\right]$.

4.5.2 物体冷却

物体的冷却速度与物体温度、环境温度两者之差成正比，试建立物体在冷却过程中，其温度 Q 与时间 t 的关系.

分析：设物体在时刻 t 的温度为 $Q=Q(t)$，环境温度始终为 q，根据牛顿冷却定律，有关系式：

$$\frac{\mathrm{d}Q}{\mathrm{d}t}=-k(Q-q)$$

这是可分离变量的微分方程，其中，负号代表物体处于冷却过程中(事实上，$Q(t)$单调减少)，即

$$\frac{\mathrm{d}Q}{\mathrm{d}t}<0, k\text{ 为比例常数}(k>0).$$

用分离变量法可求得通解：

$$Q=q+C\mathrm{e}^{-kt}$$

式中，C 为任意常数.可以看到，$\lim\limits_{x\to+\infty}Q=q$，这说明物体的温度最后趋同于环境的温度.

例 4.5.2 将 100℃ 的某物体置于温度为 20℃ 的环境中散热，10min 后测得该物体的温度为 80℃，求该物体温度的变化规律.

解：设自开始散热到经过时间 t 后，物体的温度为 $Q(t)$℃，于是有 $Q(0)=100, Q(10)=80$，建立微分方程 $\frac{\mathrm{d}Q}{\mathrm{d}t}=-k(Q-20)$ ($k>0$ 为比例系数)：

$$\frac{\mathrm{d}Q}{Q-20}=-k\,\mathrm{d}t,$$

$$\int\frac{\mathrm{d}Q}{Q-20}=-\int k\,\mathrm{d}t, \ln(Q-20)=-kt+C_1,$$

$$Q=20+C\mathrm{e}^{-kt}.$$

由 $Q(0)=100$，得 $C=80$，即 $x=20+80\mathrm{e}^{-kt}$，再由 $Q(10)=80$，得 $80=20+80\mathrm{e}^{-kt}$，$k=\frac{\ln4-\ln3}{10}$，因此 $Q=20+80\mathrm{e}^{\frac{\ln3-\ln4}{10}t}$ 为所求.

5 线性代数

代数式规则有形是线性代数的一个重要特征，这让我们联想到我们所熟悉的排列组合.在线性代数中，与排列组合联系最紧密的就是行列式.行列式是研究线性代数的一个重要的基本工具，它包含着丰富的数学思想方法.此外，它在工程数学及其他领域也有着十分重要的应用.在线性方程组的理论中，矩阵是一个极为重要的概念，发挥着关键性的作用.

人们从大量的各种常见问题中总结出了矩阵的概念.矩阵有广泛的实际应用背景.在数学中，矩阵是线性代数的重要概念之一，更是求解线性方程组的重要工具.由于线性方程组解的情况就与一个有序数组存在一一对应关系.一个线性方程组就对应于若干个有序数组.这样，对线性方程组的研究就可以转化成讨论若干个有序数组.

5.1 行列式的概念及性质

5.1.1 行列式的概念

定义 5.1.1 由 n^2 个元素排列成 n 行、n 列，以

$$\begin{vmatrix} a_{11} & a_{12} & \cdots & a_{1n} \\ a_{21} & a_{22} & \cdots & a_{2n} \\ \vdots & \vdots & & \vdots \\ a_{n1} & a_{n2} & \cdots & a_{nn} \end{vmatrix}$$

记之，称其为 n 阶行列式，它代表一个数.此数值是取自上式中不同行、

不同列的元素 $a_{1j_1}a_{2j_2}\cdots a_{nj_n}$ 乘积的代数和，其中 $j_1j_2\cdots j_n$ 是数字 $1,2,\cdots,n$ 的某一个排列，故共有 $n!$ 项.每项前的符号按下列规定：当 $j_1j_2\cdots j_n$ 为偶排列时取正号，当 $j_1j_2\cdots j_n$ 为奇排列时取负号，即

$$D=\begin{vmatrix} a_{11} & a_{12} & \cdots & a_{1n} \\ a_{21} & a_{22} & \cdots & a_{2n} \\ \vdots & \vdots & & \vdots \\ a_{n1} & a_{n2} & \cdots & a_{nn} \end{vmatrix}=\sum_{j_1j_2\cdots j_n}(-1)^{\tau(j_1j_2\cdots j_n)}a_{1j_1}a_{2j_2}\cdots a_{nj_n}$$

其中，$\sum\limits_{j_1j_2\cdots j_n}$ 表示对 $1,2,\cdots,n$ 这 n 个数组成的所有排列 $j_1j_2\cdots j_n$ 取和.

当 $n=1$ 时，即为一阶行列式，规定 $|a|=a$；当 $n=2,3$ 时，即为二阶、三阶行列式.

5.1.2 行列式的性质

(1)行列式转置后其值保持不变，即 $D=D^{\mathrm{T}}$.

(2)若行列式有两行(列)相同，则此行列式为零.

(3)行列式 D 中第 i 行元素都乘以 k，其值等于 kD，即

$$\begin{vmatrix} a_{11} & a_{12} & \cdots & a_{1n} \\ \vdots & \vdots & & \vdots \\ ka_{i1} & ka_{i2} & \cdots & ka_{in} \\ \vdots & \vdots & & \vdots \\ a_{n1} & a_{n2} & \cdots & a_{nn} \end{vmatrix}=k\begin{vmatrix} a_{11} & a_{12} & \cdots & a_{1n} \\ \vdots & \vdots & & \vdots \\ a_{i1} & a_{i2} & \cdots & a_{in} \\ \vdots & \vdots & & \vdots \\ a_{n1} & a_{n2} & \cdots & a_{nn} \end{vmatrix}.$$

(4)若行列式有两行(列)的对应元素成比例，则此行列式等于零.

(5)若行列式有一行(列)的元素全部为零，则此行列式等于零.

(6)行列式 D 中第 i 行每个元素都是两元素之和，在此行列式等于两个行列式之和，即

$$\begin{vmatrix} a_{11} & a_{12} & \cdots & a_{1n} \\ \vdots & \vdots & & \vdots \\ a_{i1}+b_{i1} & a_{i2}+b_{i2} & \cdots & a_{in}+b_{in} \\ \vdots & \vdots & & \vdots \\ a_{n1} & a_{n2} & \cdots & a_{nn} \end{vmatrix}$$

$$=\begin{vmatrix} a_{11} & a_{12} & \cdots & a_{1n} \\ \vdots & \vdots & & \vdots \\ a_{i1} & a_{i2} & \cdots & a_{in} \\ \vdots & \vdots & & \vdots \\ a_{n1} & a_{n2} & \cdots & a_{nn} \end{vmatrix}+\begin{vmatrix} a_{11} & a_{12} & \cdots & a_{1n} \\ \vdots & \vdots & & \vdots \\ b_{i1} & b_{i2} & \cdots & b_{in} \\ \vdots & \vdots & & \vdots \\ a_{n1} & a_{n2} & \cdots & a_{nn} \end{vmatrix}.$$

(7)行列式中，把某行的各元素分别乘非零常数 k，再加到另一行的对应元素上，行列式的值不变（简称对行列式作倍加行变换，行列式的值不变），即

$$\begin{vmatrix} a_{11} & a_{12} & a_{1n} \\ a_{i1} & a_{i2} & a_{in} \\ a_{j1} & a_{j2} & a_{jn} \\ a_{n1} & a_{n2} & a_{nn} \end{vmatrix}=\begin{vmatrix} a_{11} & a_{12} & a_{1n} \\ a_{i1} & a_{i2} & a_{in} \\ ka_{i1}+a_{j1} & ka_{i2}+a_{j2} & ka_{in}+a_{jn} \\ a_{n1} & a_{n2} & a_{nn} \end{vmatrix}.$$

(8)行列式的两行对换，行列式的值反号，即

$$\begin{vmatrix} a_{11} & a_{12} & \cdots & a_{1n} \\ \vdots & \vdots & & \vdots \\ a_{i1} & a_{i2} & \cdots & a_{in} \\ \vdots & \vdots & & \vdots \\ a_{j1} & a_{j2} & \cdots & a_{jn} \\ \vdots & \vdots & & \vdots \\ a_{n1} & a_{n2} & \cdots & a_{nn} \end{vmatrix}=-\begin{vmatrix} a_{11} & a_{12} & \cdots & a_{1n} \\ \vdots & \vdots & & \vdots \\ a_{j1} & a_{j2} & \cdots & a_{jn} \\ \vdots & \vdots & & \vdots \\ a_{i1} & a_{i2} & \cdots & a_{in} \\ \vdots & \vdots & & \vdots \\ a_{n1} & a_{n2} & \cdots & a_{nn} \end{vmatrix}.$$

例 5.1.1 计算行列式

$$D_4=\begin{vmatrix} -2 & 5 & -1 & 3 \\ 1 & -9 & 13 & 7 \\ 3 & -1 & 5 & -5 \\ 2 & 8 & -7 & -10 \end{vmatrix}.$$

解：$D_4 \xlongequal{r_2 \leftrightarrow r_1} -\begin{vmatrix} 1 & -9 & 13 & 7 \\ -2 & 5 & -1 & 3 \\ 3 & -1 & 5 & -5 \\ 2 & 8 & -7 & -10 \end{vmatrix} \xrightarrow[r_4-2r_1]{\substack{r_2+2r_1 \\ r_3-3r_1}}$

$$
=-\begin{vmatrix} 1 & -9 & 13 & 7 \\ 0 & -13 & 25 & 17 \\ 0 & 26 & -34 & -26 \\ 0 & 26 & -33 & -24 \end{vmatrix}
\xlongequal[r_4+2r_2]{r_3-r_4} -\begin{vmatrix} 1 & -9 & 13 & 7 \\ 0 & -13 & 25 & 17 \\ 0 & 0 & -1 & -2 \\ 0 & 0 & 17 & 10 \end{vmatrix}
$$

$$
\xrightarrow{r_4+17r_3} -\begin{vmatrix} 1 & -9 & 13 & 7 \\ 0 & -13 & 25 & 17 \\ 0 & 0 & -1 & -2 \\ 0 & 0 & 0 & -24 \end{vmatrix}
$$

$$
=-1\times(-13)\times(-1)\times(-24)=312.
$$

例 5.1.2 计算行列式 $D_4=\begin{vmatrix} 1 & 1 & 2 & 3 \\ 1 & 2-x^2 & 2 & 3 \\ 2 & 3 & 1 & 5 \\ 2 & 3 & 1 & 9-x^2 \end{vmatrix}$.

解: 对行列式 D_4,当 $2-x^2=1$,即 $x=\pm 1$ 时,D_4 中第 1,2 行对应元素相等,从而 $D_4=0$,这表明 D_4 有因子 $(x-1)(x+1)$;而当 $9-x^2=5$,即 $x=\pm 2$ 时,D_4 中第 3,4 行对应元素相等,于是 $D_4=0$,这表明 D_4 有因子 $(x-2)(x+2)$.

根据行列式定义可知,D_4 为 x 的 4 次多项式,因此

$$
D_4=k(x-1)(x+1)(x-2)(x+2)
$$

其中 k 为待定常数.取 $x=0$,则上式右边为 $4k$,而左边为

$$
D_4=\begin{vmatrix} 1 & 1 & 2 & 3 \\ 1 & 2 & 2 & 3 \\ 2 & 3 & 1 & 5 \\ 2 & 3 & 1 & 9 \end{vmatrix}
\xrightarrow[\substack{r_3-2r_1 \\ r_3-r_2}]{\substack{r_4-r_3 \\ r_2-r_1}}
\begin{vmatrix} 1 & 1 & 2 & 3 \\ 0 & 1 & 0 & 0 \\ 0 & 0 & -3 & -1 \\ 0 & 0 & 0 & 4 \end{vmatrix}=-12
$$

从而求得 $-12=4k$,于是 $k=-3$,因此

$$
D_4=-3(x-1)(x+1)(x-2)(x+2).
$$

5.2 克莱姆法则

若 n 元线性方程组

$$\begin{cases} a_{11}x_1+a_{12}x_2+\cdots+a_{1n}x_n=b_1 \\ a_{21}x_1+a_{22}x_2+\cdots+a_{2n}x_n=b_2 \\ \cdots\cdots \\ a_{n1}x_1+a_{n2}x_2+\cdots+a_{nn}x_n=b_n \end{cases}$$

的系数行列式

$$D=\begin{vmatrix} a_{11} & a_{12} & \cdots & a_{1n} \\ a_{21} & a_{22} & \cdots & a_{2n} \\ \vdots & \vdots & & \vdots \\ a_{n1} & a_{n2} & \cdots & a_{nn} \end{vmatrix}\neq 0,$$

则方程有唯一解

$$x_1=\frac{D_1}{D},x_2=\frac{D_2}{D},x_3=\frac{D_3}{D},\cdots,x_n=\frac{D_n}{D}.$$

其中，$D_j=\begin{vmatrix} a_{11} & \cdots & a_{1,j-1} & b_1 & a_{1,j+1} & \cdots \\ a_{21} & \cdots & a_{2,j-1} & b_2 & a_{2,j+1} & \cdots \\ \vdots & & \vdots & \vdots & \vdots & \\ a_{n1} & \cdots & a_{n,j-1} & b_n & a_{n,j+1} & \cdots \end{vmatrix}$.

推论 5.2.1 若齐次线性方程组

$$\begin{cases} a_{11}x_1+a_{12}x_2+\cdots+a_{1n}x_n=0 \\ a_{21}x_1+a_{22}x_2+\cdots+a_{2n}x_n=0 \\ \cdots\cdots \\ a_{n1}x_1+a_{n2}x_2+\cdots+a_{nn}x_n=0 \end{cases}$$

的系数行列式 $D=|a_{ij}|\neq 0$，则方程组只有零解.

推论 5.2.2 若齐次线性方程组

$$\begin{cases} a_{11}x_1+a_{12}x_2+\cdots+a_{1n}x_n=0 \\ a_{21}x_1+a_{22}x_2+\cdots+a_{2n}x_n=0 \\ \cdots\cdots \\ a_{n1}x_1+a_{n2}x_2+\cdots+a_{nn}x_n=0 \end{cases}$$

有非零解，则系数行列式 $|D|=0$.

例 5.2.1 解线性方程组

$$\begin{cases}2x_1-2x_2+6x_4=-2,\\2x_1-x_2+2x_3+4x_4=-2,\\3x_1-x_2+4x_3+4x_4=-3,\\5x_1-3x_2+x_3+20x_4=-2.\end{cases}$$

解:由于

$$|D|=\begin{vmatrix}2&-2&0&6\\2&-1&2&4\\3&-1&4&4\\5&-3&1&20\end{vmatrix}=\begin{vmatrix}2&0&0&0\\2&1&2&-2\\3&2&4&-5\\5&2&1&5\end{vmatrix}$$

$$=2\begin{vmatrix}1&2&-2\\2&4&-5\\2&1&5\end{vmatrix}=2\begin{vmatrix}1&0&0\\2&0&-1\\2&-3&9\end{vmatrix}=-6.$$

又

$$|D_1|=\begin{vmatrix}-2&-2&0&6\\-2&-1&2&4\\-3&-1&4&4\\-2&-3&1&20\end{vmatrix}=-6,|D_2|=\begin{vmatrix}2&-2&0&6\\2&-2&2&4\\3&-3&4&4\\5&-2&1&20\end{vmatrix}=-12,$$

$$|D_3|=\begin{vmatrix}2&-2&-2&6\\2&-1&-2&4\\3&-1&-3&4\\5&-3&-2&20\end{vmatrix}=6,|D_2|=\begin{vmatrix}2&-2&0&-2\\2&-1&2&-2\\3&-1&4&-3\\5&-3&1&-2\end{vmatrix}=0.$$

于是由克莱姆法则，得

$$x_1=\frac{|D_1|}{D}=1,x_2=\frac{|D_2|}{D}=2,x_3=\frac{|D_3|}{D}=-1,x_4=\frac{|D_4|}{D}=0.$$

例 5.2.2 解线性方程组

$$\begin{cases}2x_1-2x_2+6x_4=-2,\\2x_1-x_2+2x_3+4x_4=-2,\\3x_1-x_2+4x_3+4x_4=-3,\\5x_1-3x_2+x_3+20x_4=-2.\end{cases}$$

解: 由于

$$D=\begin{vmatrix}2&-2&0&6\\2&-1&2&4\\3&-1&4&4\\5&-3&1&20\end{vmatrix}=\begin{vmatrix}2&0&0&0\\2&1&2&-2\\3&2&4&-5\\5&2&1&5\end{vmatrix}$$

$$=2\begin{vmatrix}1&2&-2\\2&4&-5\\2&1&5\end{vmatrix}=2\begin{vmatrix}1&0&0\\2&0&-1\\2&-3&9\end{vmatrix}=-6,$$

又

$$D_1=\begin{vmatrix}-2&-2&0&6\\-2&-1&2&4\\-3&-1&4&4\\-2&-3&1&20\end{vmatrix}=-6,D_2=\begin{vmatrix}2&-2&0&6\\2&-2&2&4\\3&-3&4&4\\5&-2&1&20\end{vmatrix}=-12,$$

$$D_3=\begin{vmatrix}2&-2&-2&6\\2&-1&-2&4\\3&-1&-3&4\\5&-3&-2&20\end{vmatrix}=6,D_4=\begin{vmatrix}2&-2&0&-2\\2&-1&2&-2\\3&-1&4&-3\\5&-3&1&-2\end{vmatrix}=0,$$

由克莱姆法则得

$$x_1=\frac{D_1}{D}=1,x_2=\frac{D_2}{D}=2,x_3=\frac{D_3}{D}=-1,x_4=\frac{D_4}{D}=0.$$

克莱姆法则解决了方程个数与未知量个数相等且系数行列式不等于零的线性方程组的求解问题,在线性方程组的理论研究上具有十分重要的意义.但是当 n 元线性方程组中未知量的个数 n 较大时,应用克莱姆法则解方程组,计算量还是较大的.因此,需要寻求更简单的方法.

例 5.2.3 试利用“行列式与体积”,给出二元线性方程组的克莱姆法则的几何解释.

解: 为了几何解释的方便起见,设 $x_1,x_2>0$.考虑向量 $\boldsymbol{x}_1\boldsymbol{\alpha}_1,\boldsymbol{x}_2\boldsymbol{\alpha}_2$ 和向量 $\boldsymbol{b},\boldsymbol{x}_2\boldsymbol{\alpha}_2$ 生成的两个平行四边形(图 5-2-1).

这两个平行四边形有相同的向量 $\boldsymbol{x}_2\boldsymbol{\alpha}_2$ 为底边,也有相同的高 h,它们的顶点位于同一条直线 $\boldsymbol{x}_1\boldsymbol{\alpha}_1+\wp(\alpha_2)$ 上,其中 $\wp(\alpha_2)$ 为由 α_2 张成的 R_2 的子空间,所以它们有相同的面积,即

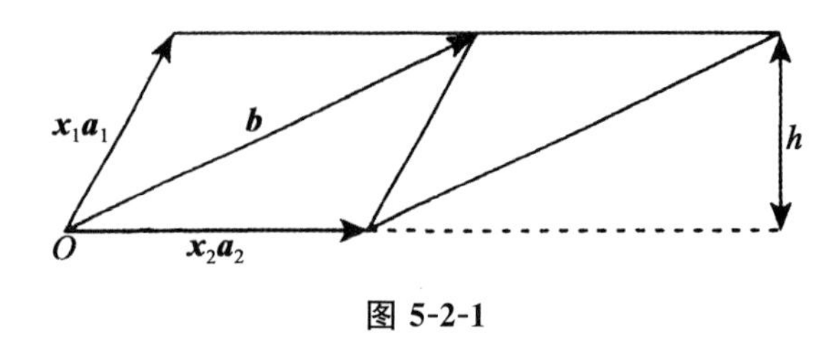

图 5-2-1

$$S(\boldsymbol{x}_1\boldsymbol{\alpha}_1,\boldsymbol{x}_2\boldsymbol{\alpha}_2)=S(\boldsymbol{b},\boldsymbol{x}_2\boldsymbol{\alpha}_2)$$

由此可知

$$S(\boldsymbol{x}_1\boldsymbol{\alpha}_1,\boldsymbol{x}_2\boldsymbol{\alpha}_2)=|\det(\boldsymbol{x}_1\boldsymbol{\alpha}_1,\boldsymbol{x}_2\boldsymbol{\alpha}_2)|,$$
$$S(\boldsymbol{b},\boldsymbol{x}_2\boldsymbol{\alpha}_2)=|\det(\boldsymbol{b},\boldsymbol{x}_2\boldsymbol{\alpha}_2)|,$$

由上式得

$$|\det(\boldsymbol{x}_1\boldsymbol{\alpha}_1,\boldsymbol{x}_2\boldsymbol{\alpha}_2)|=|\det(\boldsymbol{b},\boldsymbol{x}_2\boldsymbol{\alpha}_2)|,$$

进而得到

$$\det(\boldsymbol{b},\boldsymbol{x}_2\boldsymbol{\alpha}_2)=\det(\boldsymbol{x}_1\boldsymbol{\alpha}_1+\boldsymbol{x}_2\boldsymbol{\alpha}_2,\boldsymbol{x}_2\boldsymbol{\alpha}_2)=\det(\boldsymbol{x}_1\boldsymbol{\alpha}_1,\boldsymbol{x}_2\boldsymbol{\alpha}_2).$$

故不妨设

$$\det(\boldsymbol{x}_1\boldsymbol{\alpha}_1,\boldsymbol{x}_2\boldsymbol{\alpha}_2)>0,\det(\boldsymbol{b},\boldsymbol{x}_2\boldsymbol{\alpha}_2)>0,$$

由此得到

$$|(\boldsymbol{x}_1\boldsymbol{\alpha}_1,\boldsymbol{x}_2\boldsymbol{\alpha}_2)|=|(\boldsymbol{b},\boldsymbol{x}_2\boldsymbol{\alpha}_2)|,$$

从而有

$$x_1x_2|(\alpha_1,\alpha_2)|=x_2|(\boldsymbol{b},\alpha_2)|.$$

因此,有

$$x_1|(\alpha_1,\alpha_2)|=|(\boldsymbol{b},\alpha_2)|,$$

即

$$x_1=\frac{|(\boldsymbol{b},\alpha_2)|}{(\alpha_1,\alpha_2)}=\frac{|A\overleftarrow{1b}|}{|A|}.$$

同理,可以求出 x_2,于是我们利用面积函数解释了二元线性方程组的克莱姆法则.

5.3 行列式的一些应用

5.3.1 数字型行列式

例 5.3.1 $\begin{vmatrix} b+c & c+a & a+b \\ a & b & c \\ a^2 & b^2 & c^2 \end{vmatrix} =$ ________.

分析 把第 2 行加至第 1 行，提取公因式，即为范德蒙行列式

$$\begin{vmatrix} b+c & c+a & a+b \\ a & b & c \\ a^2 & b^2 & c^2 \end{vmatrix} = \begin{vmatrix} a+b+c & a+b+c & a+b+c \\ a & b & c \\ a^2 & b^2 & c^2 \end{vmatrix}$$

$$=(a+b+c)\begin{vmatrix} 1 & 1 & 1 \\ a & b & c \\ a^2 & b^2 & c^2 \end{vmatrix}$$

$$=(a+b+c)(b-a)(c-a)(c-b).$$

例 5.3.2 计算 n 阶行列式

$$D_n = \begin{vmatrix} 1+a_1 & a_2 & \cdots & a_n \\ a_1 & 1+a_2 & \cdots & a_n \\ \vdots & \vdots & & \vdots \\ a_1 & a_2 & \cdots & 1+a_n \end{vmatrix}.$$

解法 1(行和相等)

$$D_n \xlongequal[(i=2,\cdots,n)]{c_1+c_i} \left(1+\sum_{i=1}^{n}a_i\right)\begin{vmatrix} 1 & a_2 & \cdots & a_n \\ 1 & 1+a_2 & \cdots & a_n \\ \vdots & \vdots & & \vdots \\ 1 & a_2 & \cdots & 1+a_n \end{vmatrix}$$

$$\xlongequal[(i=2,\cdots,n)]{c_i+(-a_i)c_1} \left(1+\sum_{i=1}^{n}a_i\right)\begin{vmatrix} 1 & 0 & \cdots & 0 \\ 1 & 1 & \cdots & 0 \\ \vdots & \vdots & & \vdots \\ 1 & 0 & \cdots & 1 \end{vmatrix} = 1+\sum_{i=1}^{n}a_i.$$

解法 2(化为简形)

$$D_n \xlongequal[(i=2,\cdots,n)]{r_i+(-1)r_1} \begin{vmatrix} 1+a_1 & a_2 & \cdots & a_n \\ -1 & 1 & \cdots & 0 \\ \vdots & \vdots & & \vdots \\ -1 & 0 & \cdots & 1 \end{vmatrix}$$

$$\xlongequal[(i=2,\cdots,n)]{c_1+c_i} \begin{vmatrix} 1+\sum\limits_{i=1}^{n} a_i & a_2 & \cdots & a_n \\ 0 & 1 & \cdots & 0 \\ \vdots & \vdots & & \vdots \\ 0 & 0 & \cdots & 1 \end{vmatrix} = 1+\sum_{i=1}^{n} a_i .$$

解法 3(拆列分配展开递推)

$$D_n = \begin{vmatrix} 1+a_1 & a_2 & \cdots & a_n \\ a_1 & 1+a_2 & \cdots & a_n \\ \vdots & \vdots & & \vdots \\ a_1 & a_2 & \cdots & 1+a_n \end{vmatrix}$$

$$= \begin{vmatrix} 1+a_1 & a_2 & \cdots & 0 \\ a_1 & 1+a_2 & \cdots & 0 \\ \vdots & \vdots & & \vdots \\ a_1 & a_2 & \cdots & 1 \end{vmatrix} + a_n \begin{vmatrix} 1+a_1 & a_2 & \cdots & 1 \\ a_1 & 1+a_2 & \cdots & 1 \\ \vdots & \vdots & & \vdots \\ a_1 & a_2 & \cdots & 1 \end{vmatrix}$$

$$= D_{n-1} + a_n ,$$

从而得到递推关系

$$D_n = a_n + D_{n-1} = a_n + a_{n-1} + D_{n-2}$$

$$= \cdots = a_n + a_{n-1} + \cdots + a_2 + D_1 = 1 + \sum_{i=1}^{n} a_i .$$

解法 4(加边升阶)

$$D_n = \begin{vmatrix} 1 & a_1 & a_2 & \cdots & a_n \\ 0 & 1+a_1 & a_2 & \cdots & a_n \\ 0 & a_1 & 1+a_2 & \cdots & a_n \\ \vdots & \vdots & \vdots & & \vdots \\ 0 & v & a_2 & \cdots & 1+a_n \end{vmatrix}$$

$$\xlongequal[(i=2,\cdots,n+1)]{r_i+(-1)r_1}\begin{vmatrix} 1 & a_1 & a_2 & \cdots & a_n \\ -1 & 1 & 0 & \cdots & 0 \\ -1 & 0 & 1 & \cdots & 0 \\ \vdots & \vdots & \vdots & & \vdots \\ -1 & 0 & 0 & \cdots & 1 \end{vmatrix}=1+\sum_{i=1}^{n}a_i.$$

解法 5(利用特征值)由于

$$A=\begin{vmatrix} 1+a_1 & a_2 & \cdots & a_n \\ a_1 & 1+a_2 & \cdots & a_n \\ \vdots & \vdots & & \vdots \\ a_1 & a_2 & \cdots & 1+a_n \end{vmatrix}=E+B,$$

其中,$B=\begin{vmatrix} a_1 & a_2 & \cdots & a_n \\ a_1 & a_2 & \cdots & a_n \\ \vdots & \vdots & & \vdots \\ a_1 & a_2 & \cdots & a_n \end{vmatrix}$.若 $a_1,a_2,\cdots,a_n$ 全为零,则 $A=E$,于是 $D_n=|A|=1$;若 $a_1,a_2,\cdots,a_n$ 不全为零,则 $r(B)=1$,其特征值为 $\mu_1=\sum\limits_{k=1}^{n}a_k,\mu_2=\cdots=\mu_n=0$,因此,$A$ 的特征值为 $\lambda_1=1+\sum\limits_{k=1}^{n}a_k,\lambda_2=\cdots=\lambda_n=1$,因此 $D_n=|A|=1+\sum\limits_{i=k}^{n}a_k$.

5.3.2 抽象型行列式

抽象型行列式一般不给出具体元素,它往往涉及与行列式相关联的方阵、伴随阵、逆矩阵、分块矩阵,以及 n 维向量等的运算.因此,解决该类问题时应灵活运用矩阵的有关性质.

例 5.3.3 已知 $\boldsymbol{A}$ 是 3 阶矩阵,$\boldsymbol{\alpha}_1,\boldsymbol{\alpha}_2,\boldsymbol{\alpha}_3$ 是 3 维线性无关的列向量.且 $\boldsymbol{A\alpha}_1=\boldsymbol{\alpha}_1+2\boldsymbol{\alpha}_3,\boldsymbol{A\alpha}_2=\boldsymbol{\alpha}_2+2\boldsymbol{\alpha}_3,\boldsymbol{A\alpha}_3=2\boldsymbol{\alpha}_1+2\boldsymbol{\alpha}_2-\boldsymbol{\alpha}_3$,则行列式 $A=$________.

解法 1(利用行列式性质)由题设可知

$$\boldsymbol{A}(\boldsymbol{\alpha}_1,\boldsymbol{\alpha}_2,\boldsymbol{\alpha}_3)=(\boldsymbol{\alpha}_1+2\boldsymbol{\alpha}_3,\boldsymbol{\alpha}_2+2\boldsymbol{\alpha}_3,2\boldsymbol{\alpha}_1+2\boldsymbol{\alpha}_2-\boldsymbol{\alpha}_3)$$

两边取行列式,有

$$
\begin{aligned}
|\boldsymbol{A}|\cdot|\boldsymbol{\alpha}_1,\boldsymbol{\alpha}_2,\boldsymbol{\alpha}_3| &= |\boldsymbol{\alpha}_1+2\boldsymbol{\alpha}_3,\boldsymbol{\alpha}_2+2\boldsymbol{\alpha}_3,2\boldsymbol{\alpha}_1+2\boldsymbol{\alpha}_2-\boldsymbol{\alpha}_3| \\
&= |\boldsymbol{\alpha}_1+2\boldsymbol{\alpha}_3,\boldsymbol{\alpha}_2+2\boldsymbol{\alpha}_3,-9\boldsymbol{\alpha}_3| \\
&= -9|\boldsymbol{\alpha}_1+2\boldsymbol{\alpha}_3,\boldsymbol{\alpha}_2+2\boldsymbol{\alpha}_3,\boldsymbol{\alpha}_3| \\
&= -9|\boldsymbol{\alpha}_1,\boldsymbol{\alpha}_2,\boldsymbol{\alpha}_3|.
\end{aligned}
$$

由于 $\boldsymbol{\alpha}_1,\boldsymbol{\alpha}_2,\boldsymbol{\alpha}_3$ 是 3 维线性无关的列向量,因此行列式 $|\boldsymbol{\alpha}_1,\boldsymbol{\alpha}_2,\boldsymbol{\alpha}_3|\neq 0$.于是 $|\boldsymbol{A}|=-9$.

解法 2(利用相似性)由题设可知

$$
\begin{aligned}
\boldsymbol{A}(\boldsymbol{\alpha}_1,\boldsymbol{\alpha}_2,\boldsymbol{\alpha}_3) &= (\boldsymbol{\alpha}_1+2\boldsymbol{\alpha}_3,\boldsymbol{\alpha}_2+2\boldsymbol{\alpha}_3,2\boldsymbol{\alpha}_1+2\boldsymbol{\alpha}_2-\boldsymbol{\alpha}_3) \\
&= (\boldsymbol{\alpha}_1,\boldsymbol{\alpha}_2,\boldsymbol{\alpha}_3)\begin{bmatrix}1 & 0 & 2\\ 0 & 1 & 2\\ 2 & 2 & -1\end{bmatrix}.
\end{aligned}
$$

令 $\boldsymbol{P}=(\boldsymbol{\alpha}_1,\boldsymbol{\alpha}_2,\boldsymbol{\alpha}_3)$,由于 $\boldsymbol{\alpha}_1,\boldsymbol{\alpha}_2,\boldsymbol{\alpha}_3$ 线性无关,因此 $\boldsymbol{P}$ 为可逆矩阵,从而

$$
\boldsymbol{P}^{-1}\boldsymbol{A}\boldsymbol{P}=\begin{bmatrix}1 & 0 & 2\\ 0 & 1 & 2\\ 2 & 2 & -1\end{bmatrix},
$$

于是

$$
|\boldsymbol{A}|=\begin{vmatrix}1 & 0 & 2\\ 0 & 1 & 2\\ 2 & 2 & -1\end{vmatrix}=-9.
$$

解法 3(利用特征值)由题设可知

$$
\boldsymbol{A}(\boldsymbol{\alpha}_1+\boldsymbol{\alpha}_2+\boldsymbol{\alpha}_3)=3(\boldsymbol{\alpha}_1+\boldsymbol{\alpha}_2+\boldsymbol{\alpha}_3),\boldsymbol{A}(\boldsymbol{\alpha}_1-\boldsymbol{\alpha}_2)=\boldsymbol{\alpha}_1-\boldsymbol{\alpha}_2,
$$

$$
\boldsymbol{A}(\boldsymbol{\alpha}_1+\boldsymbol{\alpha}_2-2\boldsymbol{\alpha}_3)=-3(\boldsymbol{\alpha}_1+\boldsymbol{\alpha}_2-2\boldsymbol{\alpha}_3),
$$

由于 $\boldsymbol{\alpha}_1,\boldsymbol{\alpha}_2,\boldsymbol{\alpha}_3$ 线性无关,因此

$$
\boldsymbol{\alpha}_1+\boldsymbol{\alpha}_2+\boldsymbol{\alpha}_3\neq 0,\boldsymbol{\alpha}_1-\boldsymbol{\alpha}_2\neq 0,\boldsymbol{\alpha}_1+\boldsymbol{\alpha}_2-2\boldsymbol{\alpha}_3\neq 0,
$$

所以矩阵 $\boldsymbol{A}$ 的特征值是 $3,1,-3$,于是 $|\boldsymbol{A}|=3\cdot 1\cdot(-3)=-9$.

例 5.3.4 设 $\boldsymbol{A},\boldsymbol{B},\boldsymbol{C},\boldsymbol{D}$ 为 n 阶方阵,且 $\boldsymbol{AC}=\boldsymbol{CA}$,则 $\begin{vmatrix}\boldsymbol{A} & \boldsymbol{B}\\ \boldsymbol{C} & \boldsymbol{D}\end{vmatrix}=|\boldsymbol{AD}-\boldsymbol{CB}|$.

证明:当 $|\boldsymbol{A}|\neq 0$ 时,由于

$$
\begin{pmatrix}\boldsymbol{E} & \boldsymbol{O}\\ -\boldsymbol{CA}^{-1} & \boldsymbol{E}\end{pmatrix}\begin{pmatrix}\boldsymbol{A} & \boldsymbol{B}\\ \boldsymbol{C} & \boldsymbol{D}\end{pmatrix}=\begin{pmatrix}\boldsymbol{A} & \boldsymbol{B}\\ \boldsymbol{O} & \boldsymbol{D}-\boldsymbol{CA}^{-1}\boldsymbol{B}\end{pmatrix},
$$

因此

$$\begin{vmatrix} \boldsymbol{A} & \boldsymbol{B} \\ \boldsymbol{C} & \boldsymbol{D} \end{vmatrix} = |\boldsymbol{A}| \cdot |\boldsymbol{D}-\boldsymbol{C}\boldsymbol{A}^{-1}\boldsymbol{B}| = |\boldsymbol{A}\boldsymbol{D}-\boldsymbol{A}\boldsymbol{C}\boldsymbol{A}^{-1}\boldsymbol{B}| = |\boldsymbol{A}\boldsymbol{D}-\boldsymbol{C}\boldsymbol{B}|;$$

当 $|\boldsymbol{A}|=0$ 时,令 $\boldsymbol{A}_1=\boldsymbol{A}+x\boldsymbol{E}$,由于存在 $\varepsilon>0$,使得当 $0<x<\varepsilon$ 时,$|\boldsymbol{A}_1|\neq 0$,且由 $\boldsymbol{AC}=\boldsymbol{CA}$ 可知,$\boldsymbol{A}_1\boldsymbol{C}=\boldsymbol{C}\boldsymbol{A}_1$,因此

$$\begin{vmatrix} \boldsymbol{A}_1 & \boldsymbol{B} \\ \boldsymbol{C} & \boldsymbol{D} \end{vmatrix} = |\boldsymbol{A}_1\boldsymbol{D}-\boldsymbol{C}\boldsymbol{B}| = |(\boldsymbol{A}+x\boldsymbol{E})\boldsymbol{D}-\boldsymbol{C}\boldsymbol{B}|.$$

注 这里处理问题时,$|\boldsymbol{A}|\neq 0$ 时,使用了“打洞”技巧;$|\boldsymbol{A}|=0$ 时使用的方法称为“摄动法”.

例 5.3.5 设 $\boldsymbol{A},\boldsymbol{B}$ 为 n 阶方阵,证明:$\boldsymbol{D}=\begin{vmatrix} \boldsymbol{A} & \boldsymbol{JBJ} \\ \boldsymbol{B} & \boldsymbol{JAJ} \end{vmatrix}=|\boldsymbol{A}-\boldsymbol{JB}|\cdot|\boldsymbol{A}+\boldsymbol{JB}|$,其中 $\boldsymbol{J}=\begin{pmatrix} & & & 1 \\ & & 1 & \\ & \iddots & & \\ 1 & & & \end{pmatrix}$.

证明:由题可知,$\boldsymbol{J}$ 是可逆阵,且 $\boldsymbol{J}^{-1}=\boldsymbol{J}$.由于

$$\begin{bmatrix} \boldsymbol{A} & \boldsymbol{JBJ} \\ \boldsymbol{B} & \boldsymbol{JAJ} \end{bmatrix} \to \begin{bmatrix} \boldsymbol{A} & \boldsymbol{JBJ} \\ \boldsymbol{B}+\boldsymbol{JA} & \boldsymbol{JAJ}+\boldsymbol{BJ} \end{bmatrix} \to \begin{bmatrix} \boldsymbol{A}-\boldsymbol{JB} & \boldsymbol{JBJ} \\ \boldsymbol{O} & \boldsymbol{JAJ}+\boldsymbol{BJ} \end{bmatrix},$$

再由 Laplace 定理,可知

$$\begin{aligned} \begin{bmatrix} \boldsymbol{A} & \boldsymbol{JBJ} \\ \boldsymbol{B} & \boldsymbol{JAJ} \end{bmatrix} &= |\boldsymbol{A}-\boldsymbol{JB}| \cdot |\boldsymbol{JAJ}+\boldsymbol{BJ}| \\ &= |\boldsymbol{A}-\boldsymbol{JB}| \cdot |\boldsymbol{J}| \cdot |\boldsymbol{AJ}+\boldsymbol{JBJ}| \\ &= |\boldsymbol{A}-\boldsymbol{JB}| \cdot |\boldsymbol{J}| \cdot |\boldsymbol{A}+\boldsymbol{JB}| \cdot |\boldsymbol{J}| \\ &= |\boldsymbol{AJ}-\boldsymbol{B}| \cdot |\boldsymbol{A}+\boldsymbol{JB}|. \end{aligned}$$

5.3.3 低阶行列式的计算

低阶行列式的计算主要是利用行列式的性质把普通行列式化为特殊行列式(如上、下三角行列式),以及行列式按行或列展开,有时是先利用行列式的性质把某一行或列元素化为尽可能多的零,然后再使用行列式按行或列展开进行计算.

例 5.3.6 计算行列式 $D=\begin{vmatrix} 2 & -5 & 1 & 2 \\ -3 & 7 & -1 & 4 \\ 5 & -9 & 2 & 7 \\ 4 & -6 & 1 & 2 \end{vmatrix}$.

解:

$$D \xlongequal{c_1 \leftrightarrow c_3} -\begin{vmatrix} 1 & -5 & 2 & 2 \\ -1 & 7 & -3 & 4 \\ 2 & -9 & 5 & 7 \\ 1 & -6 & 4 & 2 \end{vmatrix} \xlongequal[\substack{r_3+r_1\times(-2) \\ r_4-r_1}]{r_2+r_1}$$

$$-\begin{vmatrix} 1 & -5 & 2 & 2 \\ 0 & 2 & -1 & 6 \\ 0 & 1 & 1 & 3 \\ 0 & -1 & 2 & 0 \end{vmatrix} = -\begin{vmatrix} 1 & 0 & 0 & 0 \\ 0 & 2 & -1 & 6 \\ 0 & 1 & 1 & 3 \\ 0 & -1 & 2 & 0 \end{vmatrix}$$

$$\xlongequal[r_3+r_4]{r_2+2r_4} -\begin{vmatrix} 1 & 0 & 0 & 0 \\ 0 & 0 & 3 & 6 \\ 0 & 0 & 3 & 3 \\ 0 & -1 & 2 & 0 \end{vmatrix} \xlongequal{r_2 \leftrightarrow r_4} \begin{vmatrix} 1 & 0 & 0 & 0 \\ 0 & -1 & 2 & 0 \\ 0 & 0 & 3 & 3 \\ 0 & 0 & 3 & 6 \end{vmatrix}$$

$$\xlongequal{r_4-r_3} \begin{vmatrix} 1 & 0 & 0 & 0 \\ 0 & -1 & 2 & 0 \\ 0 & 0 & 3 & 3 \\ 0 & 0 & 0 & 3 \end{vmatrix} = -9.$$

例 5.3.7 计算行列式 $D=\begin{vmatrix} 1 & -1 & 1 & x-1 \\ 1 & -1 & x+1 & -1 \\ 1 & x-1 & 1 & -1 \\ x+1 & -1 & 1 & -1 \end{vmatrix}$.

解法 1 $D \xlongequal[\text{第 1 列}]{\text{各列加到}} \begin{vmatrix} x & -1 & 1 & x-1 \\ x & -1 & x+1 & -1 \\ x & x-1 & 1 & -1 \\ x & -1 & 1 & -1 \end{vmatrix}$

$$= x\begin{vmatrix} 1 & -1 & 1 & x-1 \\ 1 & -1 & x+1 & -1 \\ 1 & x-1 & 1 & -1 \\ 1 & -1 & 1 & -1 \end{vmatrix}$$

$$\xrightarrow[c_4+c_1]{\substack{c_2+c_1\\ c_3-c_1}} x\begin{vmatrix}1&0&0&x\\1&0&x&0\\1&x&0&0\\1&0&0&0\end{vmatrix}=x^4.$$

解法 2 $D=\begin{vmatrix}1&-1&1&x-1\\1&-1&x+1&-1\\1&x-1&1&-1\\x+1&-1&1&-1\end{vmatrix}$

$$=\begin{vmatrix}0+1&-1&1&x-1\\0+1&-1&x+1&-1\\0+1&x-1&1&-1\\x+1&-1&1&-1\end{vmatrix}$$

$$=\begin{vmatrix}0&-1&1&x-1\\0&-1&x+1&-1\\0&x-1&1&-1\\x&-1&1&-1\end{vmatrix}+\begin{vmatrix}1&-1&1&x-1\\1&-1&x+1&-1\\1&x-1&1&-1\\1&-1&1&-1\end{vmatrix}$$

$$=(-1)^{4+1}x\begin{vmatrix}-1&1&x-1\\-1&x+1&-1\\x-1&1&-1\end{vmatrix}+\begin{vmatrix}1&0&0&x\\1&0&x&0\\1&x&0&0\\1&0&0&0\end{vmatrix}$$

$$=-x\begin{vmatrix}0-1&1&x-1\\0-1&x+1&-1\\x-1&1&-1\end{vmatrix}+x^3$$

$$=-x\begin{vmatrix}0&1&x-1\\0&x+1&-1\\x-1&1&-1\end{vmatrix}+x\begin{vmatrix}1&1&x-1\\1&x+1&-1\\x-1&1&-1\end{vmatrix}+x^3$$

$$=-x^2\begin{vmatrix}1 & x-1\\ x+1 & -1\end{vmatrix}+x\begin{vmatrix}1 & 0 & x\\ 1 & x & 0\\ 1 & 0 & 0\end{vmatrix}+x^3$$

$$=-x^2(-1-x^2+1)-x^3+x^3=x^4.$$

例 5.3.8 设 $F(x)=\begin{vmatrix}x-a_{11} & -a_{12} & -a_{31} & -a_{41}\\ -a_{21} & x-a_{22} & -a_{32} & -a_{42}\\ -a_{31} & -a_{32} & x-a_{33} & -a_{43}\\ -a_{41} & -a_{42} & -a_{43} & x-a_{44}\end{vmatrix}$，求(1)$x^4$ 的系数;(2)x^3 的系数;(3)常数项.

解:(1)含 x^4 的项必为$(x-a_{11})(x-a_{22})(x-a_{33})(x-a_{44})$,因此 x^4 的系数为 1.

(2)含 x^3 的项为

$-a_{11}(x-a_{22})(x-a_{33})(x-a_{44})-a_{22}(x-a_{11})(x-a_{33})(x-a_{44})-a_{33}(x-a_{11})(x-a_{22})(x-a_{44})-a_{44}(x-a_{11})(x-a_{22})(x-a_{33})$,因此 x^3 的系数为$-(a_{11}+a_{22}+a_{33}+a_{44})$.

(3)常数项为 $x=0$ 时的 $F(x)$的值,即

$$F(0)=\begin{vmatrix}-a_{11} & -a_{12} & -a_{31} & -a_{41}\\ -a_{21} & -a_{22} & -a_{32} & -a_{42}\\ -a_{31} & -a_{32} & -a_{33} & -a_{43}\\ -a_{41} & -a_{42} & -a_{43} & -a_{44}\end{vmatrix}=\begin{vmatrix}a_{11} & a_{12} & a_{31} & a_{41}\\ a_{21} & a_{22} & a_{32} & a_{42}\\ a_{31} & a_{32} & a_{33} & a_{43}\\ a_{41} & a_{42} & a_{43} & a_{44}\end{vmatrix}.$$

5.3.4 n 阶行列式的计算

n 阶行列式的常用计算方法有:使用行列式性质把行列式转化为三角行列式、升阶法、拆项法、归纳法、递推法等.

例 5.3.9 计算行列式 $D_n=\begin{vmatrix}1+a_1 & 1 & \cdots & 1\\ 1 & 1+a_2 & \cdots & 1\\ \vdots & \vdots & & \vdots\\ 1 & 1 & \cdots & 1+a_n\end{vmatrix}$(其中 $a_i\neq0,i=1,2,\cdots,n$).

解法 1(升阶法)

$$D_n=\begin{vmatrix}1+a_1&1&\cdots&1\\1&1+a_2&\cdots&1\\\vdots&\vdots&&\vdots\\1&1&\cdots&1+a_n\end{vmatrix}=\begin{vmatrix}1&1&1&\cdots&1\\0&1+a_1&1&\cdots&1\\0&1&1+a_2&\cdots&1\\\vdots&\vdots&\vdots&&\vdots\\0&1&1&\cdots&1+a_n\end{vmatrix}$$

$$=\begin{vmatrix}1&1&1&\cdots&1\\-1&a_1&0&\cdots&0\\-1&0&a_2&\cdots&0\\\vdots&\vdots&\vdots&&\vdots\\-1&0&0&\cdots&a_n\end{vmatrix}=\begin{vmatrix}1+\sum\limits_{i=1}^{n}\frac{1}{a_i}&1&1&\cdots&1\\0&a_1&0&\cdots&0\\0&0&a_2&\cdots&0\\\vdots&\vdots&\vdots&&\vdots\\0&0&0&\cdots&a_n\end{vmatrix}$$

$$=a_1a_2\cdots a_n\left(1+\sum_{i=1}^{n}\frac{1}{a_i}\right).$$

解法 2(拆项与递推法)

$$D_n=\begin{vmatrix}1+a_1&1&\cdots&1+0\\1&1+a_2&\cdots&1+0\\\vdots&\vdots&&\vdots\\1&1&\cdots&1+a_n\end{vmatrix}=\begin{vmatrix}1+a_1&1&\cdots&0\\1&1+a_2&\cdots&0\\\vdots&\vdots&&\vdots\\1&1&\cdots&a_n\end{vmatrix}$$

$$+\begin{vmatrix}1+a_1&1&\cdots&1\\1&1+a_2&\cdots&1\\\vdots&\vdots&&\vdots\\1&1&\cdots&1\end{vmatrix}$$

$$=a_nD_{n-1}+\begin{vmatrix}a_1&0&\cdots&1\\0&a_2&\cdots&1\\\vdots&\vdots&&\vdots\\0&0&\cdots&1\end{vmatrix}=a_nD_{n-1}+a_1a_2\cdots a_{n-1},$$

根据上面的递推关系式,有

$$D_{n-1}=a_na_{n-1}D_{n-2}+\frac{a_1a_2\cdots a_n}{a_n}+\frac{a_1a_2\cdots a_n}{a_{n-1}}$$

$$=a_na_{n-1}\cdots a_2(1+a_1)+\frac{a_1a_2\cdots a_n}{a_n}+\frac{a_1a_2\cdots a_n}{a_{n-1}}+\cdots+\frac{a_1a_2\cdots a_n}{a_2}$$

$$=a_1a_2\cdots a_n\left(1+\sum_{i=1}^{n}\frac{1}{a_i}\right).$$

例 5.3.10 计算三对角行列式 D_n 的值

$$D_n=\begin{vmatrix}\alpha+\beta & \alpha & 0 & \cdots & 0 & 0\\ \beta & \alpha+\beta & \alpha & \cdots & 0 & 0\\ 0 & \beta & \alpha+\beta & \cdots & 0 & 0\\ \vdots & \vdots & \vdots & & \vdots & \vdots\\ 0 & 0 & 0 & \cdots & \alpha+\beta & \alpha\\ 0 & 0 & 0 & \cdots & \beta & \alpha+\beta\end{vmatrix}.$$

解:按第 1 列展开得

$$D_n=(\alpha+\beta)D_{n-1}-\beta\begin{vmatrix}\alpha & 0 & 0 & \cdots & 0 & 0\\ \beta & \alpha+\beta & \alpha & \cdots & 0 & 0\\ 0 & \beta & \alpha+\beta & \cdots & 0 & 0\\ \vdots & \vdots & \vdots & & \vdots & \vdots\\ 0 & 0 & 0 & \cdots & \alpha+\beta & \alpha\\ 0 & 0 & 0 & \cdots & \beta & \alpha+\beta\end{vmatrix}$$

$$=(\alpha+\beta)D_{n-1}-\alpha\beta D_{n-2}(n\geqslant 3),$$

从而得到递推关系式

$$D_n=(\alpha+\beta)D_{n-1}-\alpha\beta D_{n-2}.$$

若 $\alpha=\beta$,可直接计算得 $D_n=(n+1)\alpha^n$.现假设 $\alpha\neq\beta$,由于

$$D_1=\alpha+\beta=\frac{\alpha^2-\beta^2}{\alpha-\beta},$$

$$D_2=\begin{vmatrix}\alpha+\beta & \alpha\\ \beta & \alpha+\beta\end{vmatrix}=\alpha^2+\alpha\beta+\beta^2=\frac{\alpha^3-\beta^3}{\alpha-\beta},$$

$$D_3=\begin{vmatrix}\alpha+\beta & \alpha & 0\\ \beta & \alpha+\beta & \alpha\\ 0 & \beta & \alpha+\beta\end{vmatrix}=(\alpha+\beta)(\alpha^2+\beta^2)=\frac{\alpha^4-\beta^4}{\alpha-\beta},$$

由此不妨设 $D_{n-1}=\dfrac{\alpha^n-\beta^n}{\alpha-\beta}$,于是

$$\begin{aligned}D_n&=(\alpha+\beta)D_{n-1}-\alpha\beta D_{n-2}\\&=(\alpha+\beta)\frac{\alpha^n-\beta^n}{\alpha-\beta}-\alpha\beta\frac{\alpha^{n-1}-\beta^{n-1}}{\alpha-\beta}=\frac{\alpha^{n+1}-\beta^{n+1}}{\alpha-\beta},\end{aligned}$$

于是根据数学归纳法即知

$$D_n=\frac{\alpha^{n+1}-\beta^{n+1}}{\alpha-\beta}.$$

5.3.5 几类特殊的行列式解析

5.3.5.1 两条线性行列式的计算

对于形如⧅⧅⧄⧄⊠的所谓两条线型行列式,可直接展开降阶.

例 5.3.11 计算 n 阶行列式

$$D_n=\begin{vmatrix} a_1 & b_1 & & & \\ & a_2 & b_2 & & \\ & & \ddots & \ddots & \\ & & & a_{n-1} & b_{n-1} \\ b_n & & & & a_n \end{vmatrix}.$$

解:将行列式 D_n 按第 1 列展开得

$$D_n=a_1\begin{vmatrix} a_2 & b_2 & & \\ & \ddots & \ddots & \\ & & a_{n-1} & b_{n-1} \\ & & & a_n \end{vmatrix}+b_n(-1)^{1+n}\begin{vmatrix} b_1 & & & \\ a_2 & b_2 & & \\ & \ddots & \ddots & \\ & & a_{n-1} & b_{n-1} \end{vmatrix}$$

$$=a_1a_2\cdots a_n+(-1)^{1+n}b_1b_2\cdots b_n.$$

例 5.3.12 计算 $2n$ 阶行列式

$$D_{2n}=\begin{vmatrix} a_n & & & & & & & b_n \\ & a_{n-1} & & & & & b_{n-1} & \\ & & \ddots & & & \iddots & & \\ & & & a_1 & b_1 & & & \\ & & & c_1 & d_1 & & & \\ & & \iddots & & & \ddots & & \\ & c_{n-1} & & & & & d_{n-1} & \\ c_n & & & & & & & d_n \end{vmatrix}.$$

解法 1 将行列式 D_n 按第 1 行展开

$$D_{2n}=a_n\begin{vmatrix} a_{n-1} & & & & & b_{n-1} & 0 \\ & \ddots & & & \iddots & & \\ & & a_1 & b_1 & & & \\ & & c_1 & d_1 & & & \\ & \iddots & & & \ddots & & \\ c_{n-1} & & & & & d_{n-1} & \\ 0 & & & & & & d_n \end{vmatrix}$$

$$+b_n(-1)^{1+2n}\begin{vmatrix} 0 & a_{n-1} & & & & & b_{n-1} \\ & & \ddots & & & \iddots & \\ & & & a_1 & b_1 & & \\ & & & c_1 & d_1 & & \\ & & \iddots & & & \ddots & \\ & c_{n-1} & & & & & d_{n-1} \\ c_n & & & & & & 0 \end{vmatrix}$$

$$=a_nd_n\begin{vmatrix} a_{n-1} & & & & & b_{n-1} \\ & \ddots & & & \iddots & \\ & & a_1 & b_1 & & \\ & & c_1 & d_1 & & \\ & \iddots & & & \ddots & \\ c_{n-1} & & & & & d_{n-1} \end{vmatrix}$$

$$-b_nc_n(-1)^{(2n-1)+1}\begin{vmatrix} a_{n-1} & & & & & b_{n-1} \\ & \ddots & & & \iddots & \\ & & a_1 & b_1 & & \\ & & c_1 & d_1 & & \\ & \iddots & & & \ddots & \\ c_{n-1} & & & & & d_{n-1} \end{vmatrix}$$

$$=(a_nd_n-b_nc_n)D_{2(n-1)}.$$

由此可得

$$D_{2n}=(a_nd_n-b_nc_n)D_{2(n-1)}=(a_nd_n-b_nc_n)(a_{n-1}d_{n-1}-b_{n-1}c_{n-1})D_{2(n-2)}$$

$$=\cdots$$

$$=(a_nd_n-b_nc_n)(a_{n-1}d_{n-1}-b_{n-1}c_{n-1})\cdots(a_2d_2-b_2c_2)D_2$$

$$=(a_nd_n-b_nc_n)(a_{n-1}d_{n-1}-b_{n-1}c_{n-1})\cdots(a_2d_2-b_2c_2)(a_1d_1-b_1c_1)$$

$$=\prod_{i=1}^{n}(a_id_i-b_ic_i).$$

解法 2 利用拉普拉斯定理计算.将行列式 D_{2n} 按第 1 行和 $2n$ 行展开

$$D_{2n}=\begin{vmatrix} a_n & b_n \\ c_n & d_n \end{vmatrix}(-1)^{1+2n+1+2n}\begin{vmatrix} a_{n-1} & & & & & b_{n-1} \\ & \ddots & & & \iddots & \\ & & a_1 & b_1 & & \\ & & c_1 & d_1 & & \\ & \iddots & & & \ddots & \\ c_{n-1} & & & & & d_{n-1} \end{vmatrix}$$

$$=(a_nd_n-b_nc_n)D_{2(n-1)}.$$

其余步骤同解法 1.

5.3.5.2 相邻行(列)元素差 1(或倍数 k)的行列式的计算

对于相邻两行(列)元素差 1 的 n 阶行列式可以如下计算:自第 1 行(列)开始,前行(列)减去后行(列);或自第 n 行(列)开始,后行(列)减去前行(列),即可得到大量元素为 1 或 -1 的行列式,再进一步化简即可得到含有大量的零元素的行列式.

对于相邻两行(列)元素相差倍数 k 的行列式,采用前行(列)减去后行(列)的 $-k$ 倍,或后行(列)减去前行(列)的 $-k$ 倍的步骤,即可得到含有大量零元素的行列式.

例 5.3.13 计算元素满足 $a_{ij}=|i-j|$ 的 n 阶行列式 D_n.

解:根据题设写出 n 阶行列式

$$D_n=\begin{vmatrix} 0 & 1 & 2 & \cdots & n-2 & n-1 \\ 1 & 0 & 1 & \cdots & n-3 & n-2 \\ 2 & 1 & 0 & \cdots & n-4 & n-3 \\ \vdots & \vdots & \vdots & & \vdots & \vdots \\ n-2 & n-3 & n-4 & \cdots & 0 & 1 \\ n-1 & n-2 & n-3 & \cdots & 1 & 0 \end{vmatrix}$$

显然该行列式是相邻两行(列)元素差 1 的行列式,于是采用前行(列)减去后行(列)的方法计算,得

$$D_n \xrightarrow[\substack{\vdots \\ r_{n=1}-r_n}]{\substack{r_1-r_2 \\ r_2-r_3}} \begin{vmatrix} -1 & 1 & 2 & \cdots & n-2 & n-1 \\ -1 & -1 & 1 & \cdots & n-3 & n-2 \\ -1 & -1 & 0 & \cdots & n-4 & n-3 \\ \vdots & \vdots & \vdots & & \vdots & \vdots \\ -1 & -1 & n-4 & \cdots & 0 & 1 \\ n-1 & n-2 & n-3 & \cdots & 1 & 0 \end{vmatrix}$$

$$\xrightarrow[\substack{\vdots \\ c_n+c_1}]{\substack{c_2+c_1 \\ c_3+c_1}} \begin{vmatrix} -1 & 0 & 0 & \cdots & 0 & 0 \\ -1 & -2 & 0 & \cdots & 0 & 0 \\ -1 & -2 & -2 & \cdots & 0 & 0 \\ \vdots & \vdots & \vdots & & \vdots & \vdots \\ -1 & -2 & -2 & \cdots & -2 & 0 \\ n-1 & 2n-3 & 2n-4 & \cdots & n & n-1 \end{vmatrix}$$

$$=(-1)^{n-1}2^{n-2}(n-1).$$

例 5.3.14 计算 n 阶行列式

$$D_n=\begin{vmatrix} 1 & 2 & 3 & \cdots & n-1 & n \\ 2 & 3 & 4 & \cdots & n & 1 \\ 3 & 4 & 5 & \cdots & 1 & 2 \\ \vdots & \vdots & \vdots & & \vdots & \vdots \\ n & 1 & 2 & \cdots & n-2 & n-1 \end{vmatrix}.$$

解:从第 $n-1$ 行开始,直至第 1 行,每行乘(-1)加到下一行得

$$D_n=\begin{vmatrix} 1 & 2 & 3 & \cdots & n-1 & n \\ 1 & 1 & 1 & \cdots & 1 & 1-n \\ 1 & 1 & 1 & \cdots & 1-n & 1 \\ \vdots & \vdots & \vdots & & \vdots & \vdots \\ 1 & 1-n & 1 & \cdots & 1 & 1 \end{vmatrix}$$

$$\xrightarrow[\substack{\vdots \\ c_1+c_n}]{\substack{c_1+c_2 \\ c_1+c_3}} \begin{vmatrix} \frac{n(n+1)}{2} & 2 & 3 & \cdots & n-1 & n \\ 0 & 1 & 1 & \cdots & 1 & 1-n \\ 0 & 1 & 1 & \cdots & 1-n & 1 \\ \vdots & \vdots & \vdots & & \vdots & \vdots \\ 0 & 1-n & 1 & \cdots & 1 & 1 \end{vmatrix}$$

$$
=\frac{n(n+1)}{2}\begin{vmatrix} 1 & 1 & \cdots & 1 & 1-n \\ 1 & 1 & \cdots & 1-n & 1 \\ \vdots & \vdots & & \vdots & \vdots \\ 1 & 1-n & \cdots & 1 & 1 \\ 1-n & 1 & \cdots & 1 & 1 \end{vmatrix}
$$

$$
\xrightarrow[\substack{\vdots \\ c_{n-1}+c_{n-2}}]{\substack{c_{n-1}+c_1 \\ c_{n-1}+c_2}}\frac{n(n+1)}{2}\begin{vmatrix} 1 & 1 & & 1 & -1 \\ 1 & 1 & \cdots & 1-n & -1 \\ \vdots & \vdots & & \vdots & \vdots \\ 1 & 1-n & \cdots & 1 & -1 \\ 1-n & 1 & \cdots & 1 & -1 \end{vmatrix}
$$

$$
\frac{n(n+1)}{2}\begin{vmatrix} 1 & 1 & & 1 & -1 \\ 1 & 1 & \cdots & 1-n & -1 \\ \vdots & \vdots & & \vdots & \vdots \\ 1 & 1-n & \cdots & 1 & -1 \\ 1-n & 1 & \cdots & 1 & -1 \end{vmatrix}
$$

$$
\xrightarrow[\substack{\vdots \\ r_{n-1}-r_1}]{\substack{r_2-r_1 \\ r_3-r_1}}\frac{n(n+1)}{2}\begin{vmatrix} 1 & 1 & \cdots & 1 & -1 \\ 0 & 0 & \cdots & -n & 0 \\ \vdots & \vdots & & \vdots & \vdots \\ 0 & -n & \cdots & 0 & 0 \\ -n & 0 & \cdots & 0 & 0 \end{vmatrix}_{n-1}
$$

$$
=\frac{n(n+1)}{2}\cdot(-1)^{\frac{n(n+1)}{2}}(-1)(-n)^{n-2}
$$

$$
=(-1)^{\frac{n(n+1)}{2}}\frac{n^{n-1}(n+1)}{2}.
$$

5.3.5.3 Vandermonde 行列式的计算

Vandermonde 行列式具有逐行元素方幂递增的特点.因此遇到具有逐行(或列)元素方幂递增或递减的所谓 Vandermonde 行列式时,可以考虑将其转化为 Vandermonde 行列式并利用相应的结果求值.

例 5.3.15　计算 $n+1$ 阶行列式

$$D_{n+1}=\begin{vmatrix} a^n & (a-1)^n & \cdots & (a-n)^n \\ a^{n-1} & (a-1)^{n-1} & \cdots & (a-n)^{n-1} \\ \vdots & \vdots & & \vdots \\ a & a-1 & \cdots & a-n \\ 1 & 1 & \cdots & 1 \end{vmatrix}.$$

分析:发现该行列式具有逐行元素方幂递减的特点.如果把 $n+1$ 行依次与前面各行交换到第 1 行,新的第 $n+1$ 行再依次与前面各行交换到第 2 行,依次类推,则经过$\dfrac{n(n+1)}{2}$次行交换后便可得到 $n+1$ 次行,交换后得到 $n+1$ 阶 Vandermonde 行列式.

解:按照上述分析,得

$$\begin{aligned} D_{n+1} &= (-1)^{\frac{n(n+1)}{2}}\begin{vmatrix} 1 & 1 & \cdots & 1 \\ a & a-1 & \cdots & a-n \\ \vdots & \vdots & & \vdots \\ a^{n-1} & (a-1)^{n-1} & \cdots & (a-n)^{n-1} \\ a^n & (a-1)^n & \cdots & (a-n)^n \end{vmatrix} \\ &= (-1)^{\frac{n(n+1)}{2}}\prod_{n+1\geqslant i>j\geqslant 1}[(a-i+1)-(a-j+1)] \\ &= (-1)^{\frac{n(n+1)}{2}}\prod_{n+1\geqslant i>j\geqslant 1}(j-i)=\prod_{n+1\geqslant i>j\geqslant 1}(i-j). \end{aligned}$$

例 5.3.16　计算 4 阶行列式

$$D=\begin{vmatrix} 1 & 1 & 1 & 1 \\ a & b & c & d \\ a^2 & b^2 & c^2 & d^2 \\ a^4 & b^4 & c^4 & d^4 \end{vmatrix}.$$

分析:发现显然,D 不是 Vandermonde 行列式,但具有该行列式的特点.因此,可考虑构造 5 阶的 Vandermonde 行列式,再利用 Vandermonde 行列式的结果,间接地求出 D 的值.

解:构造 5 阶 Vandermonde 行列式

$$D_5=\begin{vmatrix} 1 & 1 & 1 & 1 & 1 \\ a & b & c & d & x \\ a^2 & b^2 & c^2 & d^2 & x^2 \\ a^3 & b^3 & c^3 & d^3 & x^3 \\ a^4 & b^4 & c^4 & d^4 & x^4 \end{vmatrix}.$$

将行列式按第 5 列展开，得

$$D_5=A_{15}+xA_{25}+x^2A_{35}+x^3A_{45}+x^4A_{55},$$

其中，x^3 的系数为

$$A_{45}=(-1)^{4+5}D=-D.$$

最后利用 Vandermonde 行列式的结果，得

$$\begin{aligned}D_5&=(b-a)(c-a)(d-a)(x-a)(c-b)(d-b)(x-b)(d-c)(x-c)(x-d)\\&=(b-a)(c-a)(d-a)(c-b)(d-b)(d-c)[x^4-(a+b+c+d)x^3+\cdots],\end{aligned}$$

其中，x^3 的系数为

$$-(b-a)(c-a)(d-a)(c-b)(d-b)(d-c)(a+b+c+d),$$

从而

$$D=(b-a)(c-a)(d-a)(c-b)(d-b)(d-c)(a+b+c+d).$$

5.3.5.4 克莱姆(Cramer)法则的应用

例 5.3.17 λ 取何值时，齐次方程组

$$\begin{cases}(\lambda-2)x_1+2x_2-2x_3=0\\2x_1+(\lambda+1)x_2-4x_3=0\\-2x_1-4x_2+(\lambda+1)x_3=0\end{cases}$$

有非零解.

解：由克拉姆法则，齐次方程组有非零解，当且仅当其系数矩阵 $\boldsymbol{D}_\lambda$ 的行列式

$$|\boldsymbol{D}_\lambda|=\begin{vmatrix}\lambda-2&2&-2\\2&\lambda+1&-4\\-2&-4&\lambda+1\end{vmatrix}=0,$$

由于

$$|A_\lambda|\xlongequal{r_3+r_2}\begin{vmatrix}\lambda-2&2&-2\\2&\lambda+1&-4\\0&\lambda-3&\lambda-3\end{vmatrix}\xlongequal{c_2-c_3}\begin{vmatrix}\lambda-2&4&-2\\2&\lambda+5&-4\\0&0&\lambda-3\end{vmatrix}$$

$$=(\lambda-3)\begin{vmatrix}\lambda-2&4\\2&\lambda+5\end{vmatrix}=(\lambda-3)^2(\lambda+6),$$

因此，当 $\lambda=3$ 或 $\lambda=-6$ 时，所给齐次方程组有非零解.

例 5.3.18 设 $D=\begin{vmatrix} a_{11} & a_{12} & \cdots & a_{1n} \\ a_{21} & a_{22} & \cdots & a_{2n} \\ \vdots & \vdots & & \vdots \\ a_{n1} & a_{n2} & \cdots & a_{nn} \end{vmatrix}$,证明 $\Delta=\begin{vmatrix} A_{11} & A_{12} & \cdots & A_{1n} \\ A_{21} & A_{22} & \cdots & A_{2n} \\ \vdots & \vdots & & \vdots \\ A_{n1} & A_{n2} & \cdots & A_{nn} \end{vmatrix}=D^{n-1}$,其中 A_{ij} 为 D 重元素 a_{ij} 的代数余子式.

证明:对 D 与 Δ 作行列式的乘法,有

$$D\Delta=D\Delta'=\begin{vmatrix} a_{11} & a_{12} & \cdots & a_{1n} \\ a_{21} & a_{22} & \cdots & a_{2n} \\ \vdots & \vdots & & \vdots \\ a_{n1} & a_{n2} & \cdots & a_{nn} \end{vmatrix}\begin{vmatrix} A_{11} & A_{12} & \cdots & A_{1n} \\ A_{21} & A_{22} & \cdots & A_{2n} \\ \vdots & \vdots & & \vdots \\ A_{n1} & A_{n2} & \cdots & A_{nn} \end{vmatrix}$$

$$=\begin{vmatrix} D & 0 & \cdots & 0 \\ 0 & D & \cdots & 0 \\ \vdots & \vdots & & \vdots \\ 0 & 0 & \cdots & D \end{vmatrix}=D^n.$$

当 $D\neq0$ 时,$\Delta=D^{n-1}$;

当 $D=0$ 时,$\Delta=0$.

对此,假设 $\Delta\neq0$,则以 Δ 为系数行列式的齐次线性方程组

$$\begin{cases} A_{11}x_1+A_{12}x_2+\cdots+A_{1n}x_n=0 \\ A_{21}x_1+A_{22}x_2+\cdots+A_{2n}x_n=0 \\ \qquad\qquad\cdots\cdots \\ A_{n1}x_1+A_{n2}x_2+\cdots+A_{nn}x_n=0 \end{cases}$$

只有零解.但由于 $D=0$,因此 D 的每一行元素都是这个齐次线性方程组的解.这只有 D 的每个元素 a_{ij} 都是零,于是每个 $A_{ij}=0$.这与 $\Delta\neq0$ 是矛盾的.故 $\Delta=0$.

综上可知,$\Delta=D^{n-1}$.

例 5.3.19 证明:方程组

$$\begin{cases} x_1+x_2+\cdots+x_n=0 \\ x_1^2+x_2^2+\cdots+x_n^2=0 \\ \qquad\qquad\cdots\cdots \\ x_1^n+x_2^n+\cdots+x_n^n=0 \end{cases} \tag{5-3-1}$$

在复数域内只有零解：$x_1=x_2=\cdots=x_n=0$.

证明：对 n 用数学归纳法.

当 $n=1$ 时，结论显然成立.

现假设未知量个数不大于 $n-1$ 时结论成立，证明对 n 个未知数时成立.如果方程组的解 $x_1,x_2,\cdots,x_n$ 全不为零，可令前 m 个为其两两互异的全体，其个数分别 $k_1,k_2,\cdots,k_m$，于是 $k_1+k_2+\cdots+k_m=n$，从而方程组(5-3-1)变为

$$\begin{cases}k_1x_1+k_2x_2+\cdots+k_mx_m=0,\\ k_1x_1^2+k_2x_2^2+\cdots+k_1x_m^2=0,\\ \cdots\cdots\\ k_1x_1^n+k_2x_2^n+\cdots+k_mx_m^n=0.\end{cases}\tag{5-3-2}$$

显然方程组(5-3-2)可看成是 m 个未知数 $k_1,k_2,\cdots,k_m$ 的齐次线性方程组，而前 m 个方程的系数行列式为

$$\begin{vmatrix}x_1 & x_2 & \cdots & x_m\\ x_1^2 & x_2^2 & \cdots & x_m^2\\ \vdots & \vdots & & \vdots\\ x_1^m & x_2^m & \cdots & x_m^m\end{vmatrix}=x_1x_2\cdots x_m\begin{vmatrix}1 & 1 & \cdots & 1\\ x_1 & x_2 & \cdots & x_m\\ \vdots & \vdots & & \vdots\\ x_1^{m-1} & x_2^{m-1} & \cdots & x_m^{m-1}\end{vmatrix}\neq 0.$$

这样就必得 $k_1=k_2=\cdots=k_m=0$.这显然是不成立的.

因此，方程组(5-3-1)的任一解 $x_1,x_2,\cdots,x_m$ 中必有一个为零，不妨取 $x_n=0$，则方程组变为

$$\begin{cases}x_1+x_2+\cdots+x_{n-1}=0,\\ x_1^2+x_2^2+\cdots+x_{n-1}^2=0,\\ \cdots\cdots\\ x_1^{n-1}+x_2^{n-1}+\cdots+x_{n-1}^{n-1}=0,\\ x_1^n+x_2^n+\cdots+x_{n-1}^n=0.\end{cases}$$

由前 $n-1$ 个方程利用归纳假设可知，必有 $x_1=x_2=\cdots=x_n=0$，即方程组(5-3-1)只有零解.

5.4 矩阵的概念和运算

5.4.1 矩阵的概念

数域 F 上 $m\times n$ 个数 $a_{ij}(i=1,2,\cdots,m;j=1,2,\cdots,n)$ 排成的 m 行 n 列数表

$$\begin{bmatrix} a_{11} & a_{12} & \cdots & a_{1n} \\ a_{21} & a_{22} & \cdots & a_{2n} \\ \vdots & \vdots & & \vdots \\ a_{m1} & a_{m2} & \cdots & a_{mn} \end{bmatrix}$$

称为一个 m 行 n 列矩阵，或称为 $m\times n$ 阶矩阵，简记为 $(a_{ij})_{m\times n}$ 或 (a_{ij}). 其中，$a_{ij}(i=1,2,\cdots,m;j=1,2,\cdots,n)$ 称为这个矩阵中第 i 行、第 j 列的元素.当 F 是实数域时，称为实矩阵；当 F 是复数域时，称为复矩阵.

矩阵通常用大写英文字母 $\boldsymbol{A},\boldsymbol{B},\boldsymbol{C}$ 表示.例如，矩阵用 $\boldsymbol{A}$ 来表示，可记为

$$\boldsymbol{A}=\boldsymbol{A}_{m\times n}=(a_{ij})_{m\times n}=,(a_{ij})$$

5.4.2 矩阵的基本运算

5.4.2.1 矩阵加法

对任意正整数 m,n，任意数域 F，$F^{m\times n}$ 中任意两个矩阵 $\boldsymbol{A}=(a_{ij})_{m\times n}$ 和 $\boldsymbol{B}=(b_{ij})_{m\times n}$ 可以相加，得到的和 $\boldsymbol{A}+\boldsymbol{B}$ 式 $m\times n$ 矩阵，它的第 (i,j) 元等于 $\boldsymbol{A},\boldsymbol{B}$ 的第 (i,j) 元之和 $a_{ij}+b_{ij}$.也就是说：

$$(a_{ij})_{m\times n}+(b_{ij})_{m\times n}=(a_{ij}+b_{ij})_{m\times n}.$$

显然，只有同型的两个矩阵才能相加，且可视为其对应的行(或列)相加.

5.4.2.2 数乘矩阵

对任意正整数 m,n,任意数域 F,$F^{m\times n}$ 中任意两个矩阵 $\boldsymbol{A}=(a_{ij})_{m\times n}$ 和 F 中任意一个数 λ 相乘,得到一个 $m\times n$ 矩阵 $\lambda\boldsymbol{A}$,它的第 (i,j) 元等于 λa_{ij}.也就是说:

$$\lambda(a_{ij})_{m\times n}=(\lambda a_{ij})_{m\times n}.$$

矩阵的加法与数乘运算满足下列运算规律:

a. 交换律:$\boldsymbol{A}+\boldsymbol{B}=\boldsymbol{B}+\boldsymbol{A}$;

b. 结合律:$(\boldsymbol{A}+\boldsymbol{B})+\boldsymbol{C}=\boldsymbol{A}+(\boldsymbol{B}+\boldsymbol{C})$;

c. 分配率:$(\lambda+\mu)\boldsymbol{A}=\lambda\boldsymbol{A}+\mu\boldsymbol{A}$.

以上 $\boldsymbol{A},\boldsymbol{B},\boldsymbol{C}$ 都是 $m\times n$ 矩阵,k,l 为数.

5.4.2.3 矩阵乘法

设矩阵 $\boldsymbol{A}=(a_{ik})_{m\times s}$,$\boldsymbol{B}=(b_{kj})_{s\times n}$,令 $\boldsymbol{C}=(c_{ij})_{m\times n}$,其中 c_{ij} 是 $\boldsymbol{A}$ 第 i 行与 $\boldsymbol{B}$ 第 j 列对应元素乘积之和,即

$$c_{ij}=a_{i1}b_{1j}+a_{i2}b_{2j}+\cdots+a_{is}b_{sj}=\sum_{k=1}^{s}a_{ik}b_{kj},$$

$$i=i,2,\cdots,m;j=1,2,\cdots,n$$

则称矩阵 $\boldsymbol{C}$ 为矩阵 $\boldsymbol{A}$ 与 $\boldsymbol{B}$ 的乘积,记作 $\boldsymbol{C}=\boldsymbol{AB}$.

矩阵乘法满足下列运算规律:

a. 结合律:$(\boldsymbol{AB})\boldsymbol{C}=\boldsymbol{A}(\boldsymbol{BC})$;

b. 分配率:$(\boldsymbol{A}+\boldsymbol{B})\boldsymbol{C}=\boldsymbol{AC}+\boldsymbol{BC}$,$\boldsymbol{A}(\boldsymbol{B}+\boldsymbol{C})=\boldsymbol{AB}+\boldsymbol{AC}$;

c. 数与乘积的结合律:$k(\boldsymbol{AB})=(k\boldsymbol{A})\boldsymbol{B}=\boldsymbol{A}(k\boldsymbol{B})$.

5.4.2.4 方阵的幂

对方阵 $\boldsymbol{A}$,定义 $\boldsymbol{A}^k=\underbrace{\boldsymbol{A}\cdot\boldsymbol{A}\cdots\boldsymbol{A}}_{k\text{个A相乘}}$,称 $\boldsymbol{A}^k$ 为 $\boldsymbol{A}$ 的 k 次幂.特别的,若存在整数 m,使 $\boldsymbol{A}^m=0$,则称 $\boldsymbol{A}$ 为幂零矩阵.

方阵的幂满足下列运算规律:

$\boldsymbol{A}^k\boldsymbol{A}^m=\boldsymbol{A}^{k+m}$,$(\boldsymbol{A}^k)^m=\boldsymbol{A}^{\mathrm{km}}$,$k,m$ 为正整数.

以下需要注意几点：

(1)设 $\boldsymbol{E}_m$ 和 $\boldsymbol{E}_n$ 分别为 m 阶和 n 阶单位矩阵，$\boldsymbol{A}$ 为 $m\times n$ 矩阵，则

$$\boldsymbol{E}_m\boldsymbol{A}=\boldsymbol{A}\boldsymbol{E}_n=\boldsymbol{A}.$$

(2)设 $\boldsymbol{A},\boldsymbol{B}$ 均为 n 阶方阵，则 $|\boldsymbol{AB}|=|\boldsymbol{A}|\cdot|\boldsymbol{B}|$，特别的，$|k\boldsymbol{A}|=k^n|\boldsymbol{A}|$.

(3)通常情况下，$\boldsymbol{AB}=0\nRightarrow\boldsymbol{A}=0$ 或 $\boldsymbol{B}=0$；$\boldsymbol{A}^2=0\nRightarrow\boldsymbol{A}=0$，因此 $\boldsymbol{AB}=\boldsymbol{AC}\nRightarrow\boldsymbol{B}=\boldsymbol{C}$；$|\boldsymbol{AB}|=0\Leftrightarrow|\boldsymbol{A}|=0$ 或 $|\boldsymbol{B}|=0$，这里 $\boldsymbol{A},\boldsymbol{B}$ 为方阵.

(4)$\boldsymbol{AB}=\boldsymbol{BA}$ 一般不成立，因此 $(\boldsymbol{A}+\boldsymbol{B})^2=\boldsymbol{A}^2+2\boldsymbol{AB}+\boldsymbol{B}^2$，$(\boldsymbol{A}-\boldsymbol{B})^2=\boldsymbol{A}^2-2\boldsymbol{AB}+\boldsymbol{B}^2$，$\boldsymbol{A}^2-\boldsymbol{B}^2=(\boldsymbol{A}+\boldsymbol{B})(\boldsymbol{A}-\boldsymbol{B})$ 等一般也不成立(当 $\boldsymbol{A},\boldsymbol{B}$ 可交换时，即 $\boldsymbol{AB}=\boldsymbol{BA}$，上述公式成立).

(5)$(\boldsymbol{AB})^{\mathrm{T}}=\boldsymbol{B}^{\mathrm{T}}\boldsymbol{A}^{\mathrm{T}}$，由此易证对任意矩阵 $\boldsymbol{A}$，$\boldsymbol{A}^{\mathrm{T}}\boldsymbol{A}$ 与 $\boldsymbol{A}\boldsymbol{A}^{\mathrm{T}}$ 均为对称矩阵.

例 5.4.1 设 $\boldsymbol{A}=\begin{bmatrix}2&1&3\\-1&5&4\end{bmatrix}$，$\boldsymbol{B}=\begin{bmatrix}3&1\\-4&2\\0&7\end{bmatrix}$，$\boldsymbol{X}=\begin{bmatrix}x_1\\x_2\end{bmatrix}$，求 $\boldsymbol{AB}$ 与 $\boldsymbol{BA}$.

解：

$$\boldsymbol{AB}=\begin{bmatrix}2&1&3\\-1&5&4\end{bmatrix}\begin{bmatrix}3&1\\-4&2\\0&7\end{bmatrix}$$

$$=\begin{bmatrix}2\times3+1\times(-4)+3\times0 & 2\times1+1\times2+3\times7\\(-1)\times3+5\times(-4)+4\times0 & (-1)\times1+5\times2+4\times7\end{bmatrix}$$

$$=\begin{bmatrix}2&25\\-23&37\end{bmatrix}.$$

$$\boldsymbol{BA}=\begin{bmatrix}3&1\\-4&2\\0&7\end{bmatrix}\begin{bmatrix}2&1&3\\-1&5&4\end{bmatrix}=\begin{bmatrix}5&8&13\\-10&6&-4\\-7&35&28\end{bmatrix}.$$

由此可见，$\boldsymbol{AB}$ 与 $\boldsymbol{BA}$ 一般不相等.

5.5 逆 矩 阵

5.5.1 逆矩阵的定义

对于一个 n 阶矩阵 $\boldsymbol{A}$，如果有一个 n 阶矩阵 $\boldsymbol{B}$，使得 $\boldsymbol{AB}=\boldsymbol{BA}=\boldsymbol{E}$，则称 $\boldsymbol{A}$ 为可逆的(或非奇异的)，而 $\boldsymbol{B}$ 是 $\boldsymbol{A}$ 的逆矩阵.

首先，从逆矩阵的定义可以看出，$\boldsymbol{A}$ 与 $\boldsymbol{B}$ 可交换，因此可逆矩阵 $\boldsymbol{A}$ 一定是方阵，逆矩阵 $\boldsymbol{B}$ 也是同阶方阵；其次，如果矩阵 $\boldsymbol{A}$ 可逆，则它的逆矩阵一定是唯一的.因为设 $\boldsymbol{B},\boldsymbol{B}_1$ 都是 $\boldsymbol{A}$ 的逆矩阵，从而有 $\boldsymbol{B}=\boldsymbol{BE}=\boldsymbol{B}(\boldsymbol{AB}_1)=(\boldsymbol{BA})\boldsymbol{B}_1=\boldsymbol{EB}_1=\boldsymbol{B}_1$.

5.5.2 矩阵可逆的充分必要条件

设 $\boldsymbol{A}=(a_{ij})\in F^{n\times n}$，$n\geqslant 2$，则 $\boldsymbol{A}$ 可逆的充分必要条件是 $|\boldsymbol{A}|\neq 0$(即 $\boldsymbol{A}$ 非退化)；并且当 $\boldsymbol{A}$ 可逆时，有 $\boldsymbol{A}^{-1}=\dfrac{1}{|\boldsymbol{A}|}\boldsymbol{A}^*$.

A 可逆的充分必要条件是 A^* 可逆.

注意：①可逆矩阵一定是方阵，但并不是所有方阵都有逆矩阵.

②方阵 $\boldsymbol{A}$ 可逆的充分必要条件是 $\boldsymbol{A}$ 非奇异(非退化)，即 $|\boldsymbol{A}|\neq 0$.

③若 $\boldsymbol{A}$ 为 n 阶矩阵，如果存在 n 即矩阵 $\boldsymbol{B}$，使得 $\boldsymbol{AB}=\boldsymbol{E}$，则 $\boldsymbol{BA}=\boldsymbol{E}$.即在计算或证明时，只要有 $\boldsymbol{AB}=\boldsymbol{E}$ 或 $\boldsymbol{BA}=\boldsymbol{E}$，即可证出 $\boldsymbol{A},\boldsymbol{B}$ 互为逆矩阵的结论.

5.5.3 具体矩阵逆矩阵的求解

求元素为具体数字的逆矩阵时，常采用如下一些方法：

方法一，伴随矩阵法：$\boldsymbol{A}^{-1}=\dfrac{1}{|\boldsymbol{A}|}\boldsymbol{A}^*$.

注意：①此方法适于求解阶数较低(一般不超过 3 阶)或元素的代数

余子式易于计算的矩阵的逆矩阵.注意 $\boldsymbol{A}^*=(\boldsymbol{A}_{ji})_{n\times n}$ 元素的位置及符号.特别对于2阶方阵 $\boldsymbol{A}=\begin{pmatrix}a_{11} & a_{12}\\ a_{21} & a_{22}\end{pmatrix}$,其伴随矩阵 $\boldsymbol{A}^*=\begin{pmatrix}a_{22} & -a_{12}\\ -a_{21} & a_{11}\end{pmatrix}$,即伴随矩阵具有"主对角元互换,次对角元变号"的规律.

②分块矩阵 $\begin{pmatrix}\boldsymbol{A} & \boldsymbol{B}\\ \boldsymbol{C} & \boldsymbol{D}\end{pmatrix}$ 不能按上述规律求伴随矩阵.

方法二,初等变换法:$(\boldsymbol{A}\mid\boldsymbol{E})\xrightarrow{\text{行}}(\boldsymbol{E}\mid\boldsymbol{A}^{-1})$.

注意:①对于阶数较高($n\geqslant3$)的矩阵,通常采用初等行变换法求逆矩阵.在用上述方法求逆矩阵时,只允许施行初等行变换.

②也可利用 $\begin{pmatrix}\boldsymbol{A}\\ \boldsymbol{E}\end{pmatrix}\xrightarrow{\text{列}}\begin{pmatrix}\boldsymbol{E}\\ \boldsymbol{A}^{-1}\end{pmatrix}$ 求得 $\boldsymbol{A}$ 的逆矩阵.

③当矩阵 $\boldsymbol{A}$ 可逆时,可利用

$$(\boldsymbol{A}\mid\boldsymbol{B})\xrightarrow{\text{行}}(\boldsymbol{E}\mid\boldsymbol{A}^{-1}\boldsymbol{B}),\quad\begin{pmatrix}\boldsymbol{A}\\ \boldsymbol{C}\end{pmatrix}\xrightarrow{\text{列}}\begin{pmatrix}\boldsymbol{C}\\ \boldsymbol{C}\boldsymbol{A}^{-1}\end{pmatrix},$$

求得 $\boldsymbol{A}^{-1}\boldsymbol{B}$ 和 $\boldsymbol{C}\boldsymbol{A}^{-1}$.这一方法的优点是不需求出 $\boldsymbol{A}$ 的逆矩阵,也不需要进行矩阵乘法,仅通过初等变换便可求出 $\boldsymbol{A}^{-1}\boldsymbol{B}$ 和 $\boldsymbol{C}\boldsymbol{A}^{-1}$.

方法三,分块对角矩阵求逆:对于分块对角(或次对角)矩阵求逆可套用公式

$$\begin{pmatrix}\boldsymbol{A}_1 & & & \\ & \boldsymbol{A}_2 & & \\ & & \ddots & \\ & & & \boldsymbol{A}_s\end{pmatrix}^{-1}=\begin{pmatrix}\boldsymbol{A}_1^{-1} & & & \\ & \boldsymbol{A}_2^{-1} & & \\ & & \ddots & \\ & & & \boldsymbol{A}_s^{-1}\end{pmatrix},$$

$$\begin{pmatrix} & & & \boldsymbol{A}_1\\ & & \boldsymbol{A}_2 & \\ & \iddots & & \\ \boldsymbol{A}_s & & & \end{pmatrix}^{-1}=\begin{pmatrix} & & & \boldsymbol{A}_s^{-1}\\ & & \iddots & \\ & \boldsymbol{A}_2^{-1} & & \\ \boldsymbol{A}_1^{-1} & & & \end{pmatrix},$$

其中,$\boldsymbol{A}_i(i=1,2,\cdots,s)$.

例 5.5.1 (1)设 $\boldsymbol{A}=\begin{pmatrix}3 & 0 & 0\\ 1 & 4 & 0\\ 0 & 0 & 3\end{pmatrix}$,则 $(\boldsymbol{A}-2\boldsymbol{E})^{-1}=$________.

(2)已知三阶矩阵 $\boldsymbol{A}$ 的逆矩阵为 $\boldsymbol{A}^{-1}=\begin{pmatrix}1 & 1 & 1\\ 1 & 2 & 1\\ 1 & 1 & 3\end{pmatrix}$,则 $\boldsymbol{A}$ 的伴随矩

阵 A^* 的逆矩阵为________.

解:(1)$A-2E=\begin{pmatrix}3&0&0\\1&4&0\\0&0&3\end{pmatrix}-3\begin{pmatrix}1&0&0\\0&1&0\\0&0&1\end{pmatrix}=\begin{pmatrix}1&0&0\\1&2&0\\0&0&1\end{pmatrix}$.

方法一,初等变换法

$$\left(\begin{array}{ccc|ccc}1&0&0&1&0&0\\1&2&0&0&1&0\\0&0&1&0&0&1\end{array}\right)\to\left(\begin{array}{ccc|ccc}1&0&0&1&0&0\\0&2&0&-1&1&0\\0&0&1&0&0&1\end{array}\right)$$

$$\to\left(\begin{array}{ccc|ccc}1&0&0&1&0&0\\0&1&0&-\frac{1}{2}&\frac{1}{2}&0\\0&0&1&0&0&1\end{array}\right),$$

因此

$$(A-2E)^{-1}=\begin{pmatrix}1&0&0\\-\frac{1}{2}&\frac{1}{2}&0\\0&0&1\end{pmatrix}.$$

方法二,分块矩阵法

$$\begin{pmatrix}A&0\\C&B\end{pmatrix}^{-1}=\begin{pmatrix}A^{-1}&0\\-B^{-1}CA^{-1}&B^{-1}\end{pmatrix},$$

由于

$$A-2E=\left[\begin{array}{cc|c}1&0&0\\1&2&0\\\hline 0&0&1\end{array}\right],$$

因此

$$(A-2E)^{-1}=\begin{pmatrix}1&0&0\\-\frac{1}{2}&\frac{1}{2}&0\\0&0&1\end{pmatrix}.$$

(2)由 $AA^*=|A|E$,得

$$A^*=|A|A^{-1},(A^*)^{-1}=\frac{1}{|A|}A,$$

又因为$(A^{-1})^{-1}=A$,因此由

$$(A^{-1} \mid E)=\begin{pmatrix}1&1&1&\vdots&1&0&0\\1&2&1&\vdots&0&1&0\\1&1&3&\vdots&0&0&1\end{pmatrix}\to\begin{pmatrix}1&1&1&\vdots&1&0&0\\0&1&0&\vdots&-1&1&0\\0&0&2&\vdots&-1&0&1\end{pmatrix}$$

$$\to\begin{pmatrix}1&0&0&\vdots&2&-1&0\\0&1&0&\vdots&-\frac{1}{2}&1&0\\0&0&11&\vdots&-\frac{1}{2}&0&\frac{1}{2}\end{pmatrix}$$

$$\to\begin{pmatrix}1&0&0&\vdots&\frac{5}{2}&-1&-\frac{1}{2}\\0&1&0&\vdots&-1&1&0\\0&0&11&\vdots&-\frac{1}{2}&0&\frac{1}{2}\end{pmatrix}$$

可知

$$A=\begin{pmatrix}\frac{5}{2}&-1&-\frac{1}{2}\\-1&1&0\\-\frac{1}{2}&0&\frac{1}{2}\end{pmatrix}.$$

因此

$$(A^{*})^{-1}=\frac{1}{|A|}A=\begin{pmatrix}5&-2&-1\\-2&2&0\\-1&0&1\end{pmatrix}.$$

5.5.4 抽象矩阵逆矩阵的求解

对于元素未具体给出的所谓抽象矩阵 A，判断其可逆及求逆矩阵常利用结论：设 A 为 n 阶方阵，若存在 n 阶方阵 B，使得 $AB=E$（或 $BA=E$），则 A 可逆，且 $A^{-1}=B$.

注意：对于既需要证明 A 可逆又要求出 A^{-1} 的题目，利用上述结论可将两个问题一并解决，即不必先证 $|A|\neq 0$ 也可说明 A 可逆.

例 5.5.2 设方阵 A 满足 $A^{3}-A^{2}+2A-E=O$，证明 A 及 $E-A$ 均可逆，并求 A^{-1} 和 $(E-A)^{-1}$.

分析：本题是典型的抽象矩阵的求解，根据上面的结论，应找到矩阵 $\boldsymbol{B}$ 和 $\boldsymbol{C}$ 使得 $\boldsymbol{AB}=\boldsymbol{E}$ 及 $(\boldsymbol{E}-\boldsymbol{A})\boldsymbol{C}=\boldsymbol{E}$，从而求得 $\boldsymbol{A}^{-1}=\boldsymbol{B}$，$(\boldsymbol{E}-\boldsymbol{A})^{-1}=\boldsymbol{C}$. 矩阵 $\boldsymbol{B}$ 和 $\boldsymbol{C}$ 的获得可以通过观察得到，也可采用待定系数法.本题中矩阵 $\boldsymbol{B}$ 易于通过观察法得到，对于矩阵 $\boldsymbol{C}$，可设 $(\boldsymbol{E}-\boldsymbol{A})(-\boldsymbol{A}^2+a\boldsymbol{A}+b\boldsymbol{E})=c\boldsymbol{E}$，展开得

$$\boldsymbol{A}^3-(a+1)\boldsymbol{A}^2+(a-b)\boldsymbol{A}+(b-c)\boldsymbol{E}=\boldsymbol{O},$$

与所给等式比较得 $a+1=1$，$a-b=2$，$b-c=-1$，于是 $a=0$，$b=-2$，$c=1$，即有

$$(\boldsymbol{E}-\boldsymbol{A})-(\boldsymbol{A}^2-2\boldsymbol{E})=-\boldsymbol{E},$$

从而 $(\boldsymbol{E}-\boldsymbol{A})(\boldsymbol{A}^2+2\boldsymbol{E})=\boldsymbol{E}$，因此 $\boldsymbol{C}=\boldsymbol{A}^2+2\boldsymbol{E}$.

证明：由关系式 $\boldsymbol{A}^3-\boldsymbol{A}^2+2\boldsymbol{A}-\boldsymbol{E}=\boldsymbol{O}$，可得

$$\boldsymbol{A}(\boldsymbol{A}^2-\boldsymbol{A}+2\boldsymbol{E})=\boldsymbol{E},(\boldsymbol{E}-\boldsymbol{A})(\boldsymbol{A}^2+2\boldsymbol{E})=\boldsymbol{E},$$

因此 $\boldsymbol{A}$ 与 $\boldsymbol{E}-\boldsymbol{A}$ 均可逆，并且 $\boldsymbol{A}^{-1}=\boldsymbol{A}^2-\boldsymbol{A}+2\boldsymbol{E}$，$(\boldsymbol{E}-\boldsymbol{A})^{-1}=\boldsymbol{A}^2+2\boldsymbol{E}$.

例 5.5.3 已知 $\boldsymbol{A}^3=2\boldsymbol{E}$，$\boldsymbol{B}=\boldsymbol{A}^2-2\boldsymbol{A}+2\boldsymbol{E}$，证明 $\boldsymbol{B}$ 可逆，并求出其逆.

证明：由 $\boldsymbol{A}^3=2\boldsymbol{E}$，$\boldsymbol{B}=\boldsymbol{A}^2-2\boldsymbol{A}+2\boldsymbol{E}$，得

$$\boldsymbol{B}=\boldsymbol{A}^2-2\boldsymbol{A}+2\boldsymbol{E}=\boldsymbol{A}^2-2\boldsymbol{A}+\boldsymbol{A}^3=\boldsymbol{A}(\boldsymbol{A}+2\boldsymbol{E})(\boldsymbol{A}-\boldsymbol{E}),$$

又由 $\boldsymbol{A}^3=2\boldsymbol{E}$，得

$$\boldsymbol{A}\left(\frac{1}{2}\boldsymbol{A}^2\right)=\boldsymbol{E},(\boldsymbol{A}+2\boldsymbol{E})\left[\frac{1}{10}(\boldsymbol{A}^2-2\boldsymbol{A}+2\boldsymbol{E})\right]$$
$$=\boldsymbol{E},(\boldsymbol{A}-\boldsymbol{E})(\boldsymbol{A}^2+\boldsymbol{A}+\boldsymbol{E})=\boldsymbol{E},$$

因此矩阵 $\boldsymbol{A}$，$\boldsymbol{A}+2\boldsymbol{E}$ 与 $\boldsymbol{A}-\boldsymbol{E}$ 均可逆，且

$$\boldsymbol{A}^{-1}=\frac{1}{2}\boldsymbol{A}^2,(\boldsymbol{A}+2\boldsymbol{E})^{-1}=\frac{1}{10}(\boldsymbol{A}^2-2\boldsymbol{A}+2\boldsymbol{E}),$$
$$(\boldsymbol{A}-\boldsymbol{E})^{-1}=\boldsymbol{A}^2+\boldsymbol{A}+\boldsymbol{E},$$

从而 $\boldsymbol{B}$ 可逆，且

$$\begin{aligned}\boldsymbol{B}^{-1}&=(\boldsymbol{A}-\boldsymbol{E})^{-1}(\boldsymbol{A}+2\boldsymbol{E})^{-1}\boldsymbol{A}^{-1}\\&=(\boldsymbol{A}^2+\boldsymbol{A}+\boldsymbol{E})\cdot\frac{1}{10}(\boldsymbol{A}^2-2\boldsymbol{A}+2\boldsymbol{E})\cdot\frac{1}{2}\boldsymbol{A}^2\\&=\frac{1}{20}(\boldsymbol{A}^6-\boldsymbol{A}^2+3\boldsymbol{A}^4+2\boldsymbol{A}^3+4\boldsymbol{A}^2)\\&=\frac{1}{10}(\boldsymbol{A}^2+2\boldsymbol{A}+4\boldsymbol{E}).\end{aligned}$$

5.6 矩阵的秩和初等变换

5.6.1 矩阵的秩

$m\times n$ 矩阵 $\boldsymbol{A}$ 的所有非零子式的最高阶数称为矩阵 $\boldsymbol{A}$ 的秩，记为 rank$\boldsymbol{A}$ 或 $r(\boldsymbol{A})$.零矩阵的秩定义为零.

有关矩阵的秩的重要公式与结论：

(1)$r(\boldsymbol{A})=r(\boldsymbol{A}^{\mathrm{T}})=r(\boldsymbol{A}^{\mathrm{T}}\boldsymbol{A})$.

(2)若 $\boldsymbol{A}\neq 0$，则 $r(\boldsymbol{A})\geqslant 1$.

(3)$r(\boldsymbol{A}\pm\boldsymbol{B})\leqslant r(\boldsymbol{A})+r(\boldsymbol{B})$.

(4)$r(\boldsymbol{AB})\leqslant \min\{r(\boldsymbol{A}),r(\boldsymbol{B})\}$.

(5)若 $\boldsymbol{A}$ 可逆，则 $r(\boldsymbol{AB})=r(\boldsymbol{B})$；若 $\boldsymbol{B}$ 可逆，则 $r(\boldsymbol{AB})=r(\boldsymbol{A})$.

(6)设 $\boldsymbol{A}$ 为 $m\times n$ 矩阵，$\boldsymbol{B}$ 为 $n\times s$ 矩阵，若 $\boldsymbol{AB}=0$，则 $r(\boldsymbol{A})+r(\boldsymbol{B})\leqslant n$.

例 5.6.1 设 $\boldsymbol{A}=\begin{pmatrix}0&1&2&3\\1&4&7&10\\-1&0&1&b\\a&2&3&4\end{pmatrix}$，其中 a,b 是参数，讨论 $r(\boldsymbol{A})$.

解：
$$\boldsymbol{A}=\begin{pmatrix}0&1&2&3\\1&4&7&10\\-1&0&1&b\\a&2&3&4\end{pmatrix}\xrightarrow{c_1\leftrightarrow c_2}\begin{pmatrix}1&0&2&3\\4&1&7&10\\0&-1&1&b\\2&a&3&4\end{pmatrix}$$
$$\xrightarrow[r_4+r_1\times(-2)]{r_2+r_1\times(-4)}\begin{pmatrix}1&0&2&3\\0&1&-1&-2\\0&1&-1&b\\0&a&-1&-2\end{pmatrix}$$
$$\xrightarrow[r_4+r_2\times(-1)]{r_3+r_2\times(-1)}\begin{pmatrix}1&0&2&3\\0&1&-1&-2\\0&0&0&b+2\\0&a-1&0&0\end{pmatrix},$$

当 $a\neq 1,b\neq -2$ 时，$r(\boldsymbol{A})=r(\boldsymbol{B})=4$；

当 $a=1,b=-2$ 时，$r(\boldsymbol{A})=r(\boldsymbol{B})=2$；

当 $a=1,b\neq -2$ 或 $b=-2,a\neq 1$ 时，$r(\boldsymbol{A})=r(\boldsymbol{B})=3$.

例 5.6.2 已知矩阵

$$\boldsymbol{A}=\begin{pmatrix}1&1&1&1&1\\2&0&-3&2&1\\1&3&6&1&2\\4&2&6&4&3\end{pmatrix},$$

试求该矩阵的秩，并写出该矩阵的一个最高阶非零子式.

$$\textbf{解:}\boldsymbol{A}=\begin{pmatrix}1&1&1&1&1\\2&0&-3&2&1\\1&3&6&1&2\\4&2&6&4&3\end{pmatrix}\sim\sim\begin{pmatrix}1&1&1&1&1\\0&-2&-5&0&-1\\0&2&5&0&1\\0&-2&2&0&-1\end{pmatrix}$$

$$\sim\sim\begin{pmatrix}1&1&1&1&1\\0&-2&-5&0&-1\\0&0&0&0&0\\0&0&7&0&0\end{pmatrix}\sim\sim\begin{pmatrix}1&1&1&1&1\\0&-2&-5&0&-1\\0&0&7&0&0\\0&0&0&0&0\end{pmatrix}$$

$=B$，

所以 $R(\boldsymbol{A})=R(\boldsymbol{B})=3$.

由 $R(\boldsymbol{A})=3$ 可知，原矩阵 $\boldsymbol{A}$ 的最高阶非零子式的阶数为 3，矩阵 $\boldsymbol{A}$ 的非零子式共有 40 个，要从中找出一个并不是一件简单的事，但由矩阵 $\boldsymbol{B}$ 可知，由矩阵 $\boldsymbol{A}$ 的第 1,2,3 列元素按原位置排列而构成的矩阵为

$$\boldsymbol{A}_1=\begin{pmatrix}1&1&1\\2&0&-3\\1&3&6\\4&2&6\end{pmatrix},$$

将其变为阶梯形

$$\boldsymbol{A}_1\sim\begin{pmatrix}1&1&1\\0&-2&-5\\0&0&7\\0&0&0\end{pmatrix},$$

则 $R(\boldsymbol{A}_1)=3$，所以，矩阵 $\boldsymbol{A}_1$ 一定有三阶非零子式，并且一共有 4 个三阶子式，从中找出一个非零子式，经检验可知，其第 1,2,3 行构成的非零

子式$\begin{vmatrix} 1 & 1 & 1 \\ 2 & 0 & -3 \\ 4 & 2 & 6 \end{vmatrix}=-14\neq 0$是原矩阵$\boldsymbol{A}$的一个最高阶非零子式.

例 5.6.3 求矩阵

$$\boldsymbol{A}=\begin{bmatrix} 1 & -2 & 2 & -1 & 1 \\ 2 & -4 & 8 & 0 & 2 \\ -2 & 4 & -2 & 3 & 3 \\ 3 & -6 & 0 & -6 & 4 \end{bmatrix}$$

的秩.

解:由于

$$\boldsymbol{A}=\begin{bmatrix} 1 & -2 & 2 & -1 & 1 \\ 2 & -4 & 8 & 0 & 2 \\ -2 & 4 & -2 & 3 & 3 \\ 3 & -6 & 0 & -6 & 4 \end{bmatrix}\xrightarrow[r_4+(-3)r_1]{\substack{r_2+(-2)r_1 \\ r_3+2r_1}}$$

$$\begin{bmatrix} 1 & -2 & 2 & -1 & 1 \\ 0 & 0 & 4 & 2 & 0 \\ 0 & 0 & 2 & 1 & 5 \\ 0 & 0 & -6 & -3 & 1 \end{bmatrix}\xrightarrow[r_4+3r_2]{\substack{\frac{1}{2}r_2 \\ r_3+(-r_2)}}$$

$$\begin{bmatrix} 1 & -2 & 2 & -1 & 1 \\ 0 & 0 & 2 & 1 & 0 \\ 0 & 0 & 0 & 0 & 5 \\ 0 & 0 & 0 & 0 & 1 \end{bmatrix}\xrightarrow[r_4+(-r_3)]{\frac{1}{5}r_3}\begin{bmatrix} 1 & -2 & 2 & -1 & 1 \\ 0 & 0 & 2 & 1 & 0 \\ 0 & 0 & 0 & 0 & 1 \\ 0 & 0 & 0 & 0 & 0 \end{bmatrix}$$

所以

$$R(\boldsymbol{A})=3$$

例 5.6.4 求下列矩阵

$$(1)\boldsymbol{A}=\begin{pmatrix} 1 & 0 & 1 & 0 & 0 \\ 1 & 1 & 0 & 0 & 0 \\ 0 & 1 & 1 & 0 & 0 \\ 0 & 0 & 1 & 1 & 0 \\ 0 & 1 & 0 & 1 & 1 \end{pmatrix};(2)\boldsymbol{B}=\begin{pmatrix} 1 & 2 & 3 & 4 & 5 & 6 \\ 2 & 3 & 4 & 5 & 6 & 7 \\ 3 & 4 & 5 & 6 & 7 & 8 \\ 4 & 5 & 6 & 7 & 8 & 9 \\ 5 & 6 & 7 & 8 & 9 & 10 \end{pmatrix}.$$

解:(1)$\boldsymbol{A}=\begin{pmatrix}1&0&1&0&0\\1&1&0&0&0\\0&1&1&0&0\\0&0&1&1&0\\0&1&0&1&1\end{pmatrix}\xrightarrow{r_2-r_1}\begin{pmatrix}1&0&1&0&0\\0&1&-1&0&0\\0&1&1&0&0\\0&0&1&1&0\\0&1&0&1&1\end{pmatrix}$

$$\xrightarrow[r_3-r_2]{r_5-r_2}\begin{pmatrix}1&0&1&0&0\\0&1&-1&0&0\\0&0&2&0&0\\0&0&1&1&0\\0&0&1&1&1\end{pmatrix}\longrightarrow\begin{pmatrix}1&0&1&0&0\\0&1&0&0&0\\0&0&1&0&0\\0&0&0&1&0\\0&0&0&1&1\end{pmatrix},$$

因此 $R(\boldsymbol{A})=5$.

(2)$\boldsymbol{B}=\begin{pmatrix}1&2&3&4&5&6\\2&3&4&5&6&7\\3&4&5&6&7&8\\4&5&6&7&8&9\\5&6&7&8&9&10\end{pmatrix}\xrightarrow[\text{一行依次减去前一行}]{\text{从最后一行开始,后}}$

$$\begin{pmatrix}1&2&3&4&5&6\\1&1&1&1&1&1\\1&1&1&1&1&1\\1&1&1&1&1&1\\1&1&1&1&1&1\end{pmatrix}\longrightarrow\begin{pmatrix}1&2&3&4&5&6\\1&1&1&1&1&1\\0&0&0&0&0&0\\0&0&0&0&0&0\\0&0&0&0&0&0\end{pmatrix}.$$

因此 $R(\boldsymbol{B})=2$.

例 5.6.5 设矩阵

$$\boldsymbol{A}=\begin{bmatrix}1&-1&-1&2\\3&\mu&-1&2\\5&3&\mu&6\end{bmatrix},$$

已知 $R(\boldsymbol{A})=2$,求 λ 和 μ 的值.

解: $\boldsymbol{A}=\begin{bmatrix}1&-1&-1&2\\3&\mu&-1&2\\5&3&\mu&6\end{bmatrix}\xrightarrow[r_3-5r_1]{r_2-3r_1}\begin{bmatrix}1&1&-1&2\\0&\lambda+3&-4&4\\0&8&\mu-5&-4\end{bmatrix}$

$$\xrightarrow{r_3-r_2}\begin{bmatrix}1&-1&1&2\\0&\lambda+3&-4&4\\0&5-\lambda&\mu-1&0\end{bmatrix},$$

由于 $R(\boldsymbol{A})=2$，所以

$$\begin{cases}5-\lambda=0,\\ \mu-1=0,\end{cases}$$

则可得

$$\lambda=5,\mu=1.$$

5.6.2 矩阵的初等变换

5.6.2.1 初等对换矩阵

把 n 阶单位矩阵 $\boldsymbol{E}$ 的第 i,j 行(列)互换得到的矩阵，记为 $\boldsymbol{E}(i,j)$，即

$$\boldsymbol{E}(i,j)=\begin{pmatrix}1 &&&&&&&&&\\ &\ddots&&&&&&&&\\ &&1&&&&&&&\\ &&&0&&\cdots&&1&&\\ &&&&1&&&&&\\ &&&\ddots&&\vdots&&\vdots&&\\ &&&&&&1&&&\\ &&&1&&\cdots&&0&&\\ &&&&&&&&1&\\ &&&&&&&&&\ddots\\ &&&&&&&&&&1\end{pmatrix}\begin{matrix}\\ \\ \\ 第\,i\,行\\ \\ \\ \\ \\ 第\,j\,行\\ \\ \\ \end{matrix},$$

则由行列式的性质可知，$|\boldsymbol{E}(i,j)|=-1$，$[\boldsymbol{E}(i,j)]^{-1}=E(i,j)$.

5.6.2.2 初等倍乘矩阵

已知第 i 行的 $\boldsymbol{E}(i(k))=\begin{pmatrix}1&&&&\\&\ddots&&&\\&&k&&\\&&&\ddots&\\&&&&1\end{pmatrix}$，则由行列式的性质可知：$|\boldsymbol{E}(i(k))|=k\neq0$，$[\boldsymbol{E}(i(k))]^{-1}=\boldsymbol{E}\left(i\left(\frac{1}{k}\right)\right)$，$[\boldsymbol{E}(i(k))]^{\mathrm{T}}=\boldsymbol{E}(i(k))$.

5.6.2.3 初等倍加矩阵

把 n 阶单位矩阵 $\boldsymbol{E}$ 的第 j 行(第 i 列)乘以数 k 加到第 i 行(第 j 列)得到的矩阵,记为 $\boldsymbol{E}(i,j(k))$,即

$$\boldsymbol{E}(i,j(k))=\begin{pmatrix}1 & & & & & & \\ & \ddots & & & & & \\ & & 1 & \cdots & k & & \\ & & & \ddots & \vdots & & \\ & & & & 1 & & \\ & & & & & \ddots & \\ & & & & & & 1\end{pmatrix}\begin{matrix} \\ \\ 第\ i\ 行 \\ \\ 第\ j\ 行 \\ \\ \\ \end{matrix},$$

则由行列式的性质可知,$|\boldsymbol{E}(ij(k))|=1$,$[\boldsymbol{E}(ij(k))]^{-1}=\boldsymbol{E}(ij(-k))$,$[\boldsymbol{E}(ij(k))]^{\mathrm{T}}=\boldsymbol{E}(ji(k))$.

例 5.6.6 求与矩阵 $\boldsymbol{A}=\begin{pmatrix}2 & -1 & 3 & 1\\ 4 & 2 & 5 & 4\\ 2 & 0 & 2 & 6\end{pmatrix}$ 行等价的简化阶梯阵.

分析:此类问题一般是先把矩阵 $\boldsymbol{A}$ 化为阶梯形矩阵,然后再把阶梯形矩阵化为简化阶梯阵.

解:$\boldsymbol{A}=\begin{pmatrix}2 & -1 & 3 & 1\\ 4 & 2 & 5 & 4\\ 2 & 0 & 2 & 6\end{pmatrix}\xleftrightarrow[r_3-r_1]{r_2-2r_1}\begin{pmatrix}2 & -1 & 3 & 1\\ 0 & 4 & -1 & 2\\ 0 & 1 & -1 & 5\end{pmatrix}$

$$\xleftrightarrow{r_2-4r_3}\begin{pmatrix}2 & -1 & 3 & 1\\ 0 & 0 & 3 & -18\\ 0 & 1 & -1 & 5\end{pmatrix}$$

$$\xleftrightarrow{r_2\leftrightarrow r_3}\begin{pmatrix}2 & -1 & 3 & 1\\ 0 & 1 & -1 & 5\\ 0 & 0 & 3 & -18\end{pmatrix}$$

$$\xleftrightarrow[\frac{1}{3}r_3]{r_1+r_2}\begin{pmatrix}2 & 0 & 2 & 6\\ 0 & 1 & -1 & 5\\ 0 & 0 & 1 & -6\end{pmatrix}\xleftrightarrow[r_2+r_3]{r_1-2r_3}\begin{pmatrix}2 & 0 & 0 & 18\\ 0 & 1 & 0 & -1\\ 0 & 0 & 1 & -6\end{pmatrix}$$

$$\xleftrightarrow{\frac{1}{2}r_1}\begin{pmatrix}1 & 0 & 0 & 9\\ 0 & 1 & 0 & -1\\ 0 & 0 & 1 & -6\end{pmatrix}.$$

例 5.6.7 设三级方阵

$$A=\begin{pmatrix}a_{11}&a_{12}&a_{13}\\a_{21}&a_{22}&a_{23}\\a_{31}&a_{32}&a_{33}\end{pmatrix},B=\begin{pmatrix}a_{11}&a_{12}&a_{13}\\a_{31}+a_{11}&a_{32}+a_{12}&a_{33}+a_{13}\\a_{21}&a_{22}&a_{23}\end{pmatrix},$$

$$P_1=\begin{pmatrix}1&0&0\\0&0&1\\0&1&0\end{pmatrix},P_2=\begin{pmatrix}1&0&0\\0&0&1\\1&1&0\end{pmatrix}$$

则必有________.

(A) $AP_1P_2=B$　　　　(B) $AP_2P_1=B$

(C) $P_1P_2A=B$　　　　(D) $P_2P_1A=B$

解:矩阵左乘 P 表示交换矩阵的第二行与第三行,矩阵左乘 P_2 表示矩阵的第一行加到第三行,再利用观察法可知 $P_1P_2A=B$.故选 C.

对于初等矩阵有如下定理:

设 A 是一个 $m\times n$ 矩阵,则对 A 作一次初等行变换后得到的矩阵等于用一个 m 阶响应的初等矩阵左乘 A 所得的积,矩阵 A 作一次初等列变换后得到的矩阵等于用一个 n 阶响应的初等矩阵右乘以 A 所得的积.

例 5.6.8 一个行列式为 1 的 n 阶方阵能否写成若干个行列式为 1 的初等矩阵之积?若能,给出证明;若不能,举出反例.

解:显然行列式为 1 的 n 阶方阵 A 必是可逆矩阵,那么它经过有限次初等变换可化为单位矩阵,由于初等行变换的逆仍是初等行变换,因此方阵 A 可写成

$$A=P_1P_2\cdots P_l$$

其中,$P_i(i=1,2,\cdots,l)$ 均为初等行变换矩阵.注意到第三类的初等行变换的行列式都为 1,若对于某个 $P_j(1\leqslant j\leqslant l)$,它是第一类的.为简单起见,先讨论 3 阶的第一类初等行变换矩阵的形式:

$$\begin{pmatrix}0&1&0\\1&0&0\\0&0&1\end{pmatrix}.$$

对矩阵进行如下的一系列第三类初等变换:

$$\begin{pmatrix}0&1&0\\1&0&0\\0&0&1\end{pmatrix}\to\begin{pmatrix}-1&1&0\\1&0&0\\0&0&1\end{pmatrix}\to\begin{pmatrix}-1&1&0\\0&1&0\\0&0&1\end{pmatrix}\to\begin{pmatrix}-1&0&0\\0&1&0\\0&0&1\end{pmatrix},$$

由上可发现，矩阵的行列式为-1，下面将矩阵乘以-1，以使其行列式变为1，并将这个系数$a_j=-1$乘到矩阵的最前方，于是矩阵变为

$$\begin{pmatrix}1 & 0 & 0\\0 & -1 & 0\\0 & 0 & -1\end{pmatrix}$$

对该矩阵继续进行第三类初等行变换，得

$$\begin{pmatrix}1 & 0 & 0\\0 & -1 & 0\\0 & 0 & -1\end{pmatrix}\to\begin{pmatrix}1 & 0 & 0\\0 & -1 & 0\\0 & 1 & -1\end{pmatrix}\to\begin{pmatrix}1 & 0 & 0\\0 & 0 & -1\\0 & 1 & -1\end{pmatrix}$$

$$\to\begin{pmatrix}1 & 0 & 0\\0 & 0 & -1\\0 & 1 & 0\end{pmatrix}\to\begin{pmatrix}1 & 0 & 0\\0 & 1 & -1\\0 & 1 & 0\end{pmatrix}\to\begin{pmatrix}1 & 0 & 0\\0 & 1 & -1\\0 & 0 & 1\end{pmatrix}\to\begin{pmatrix}1 & 0 & 0\\0 & 1 & 0\\0 & 0 & 1\end{pmatrix}=I_3.$$

由于第三类初等行变换的逆仍是初等行变换，于是第一类初等行变换可以写成a_j乘以一系列第三类初等行变换的乘积.同理，对于n阶第一类初等行变换矩阵$\boldsymbol{P}_j=\boldsymbol{P}_{ks}(1\leqslant k,s\leqslant n)$，它也可以写成$a_j$乘以一系列第三类初等行变换的乘积.

若对于某个$\boldsymbol{P}_j(1\leqslant j\leqslant l)$，它是第二类的，为简单起见，先进行2阶的第二类初等行变换矩阵的形式：

$$\begin{pmatrix}a & 0\\0 & 1\end{pmatrix}.$$

其中，a为某个非零常数.对复数a总可以写成$a=c^2$(从复数的极坐标表示易得)的形式，将上面矩阵乘以$a_j=\frac{1}{c}$，得

$$\begin{pmatrix}c & 0\\0 & \frac{1}{c}\end{pmatrix}.$$

注意对矩阵$\begin{pmatrix}a & 0\\0 & b\end{pmatrix}$(其中$a,b$都不为零)，可以通过以下第三类初等变换：

$$\begin{pmatrix}a & 0\\0 & b\end{pmatrix}\to\begin{pmatrix}a & 0\\1 & b\end{pmatrix}\to\begin{pmatrix}0 & -ab\\1 & b\end{pmatrix}\to\begin{pmatrix}1 & b-ab\\1 & b\end{pmatrix}\to\begin{pmatrix}1 & b-ab\\0 & ab\end{pmatrix}\to\begin{pmatrix}1 & 0\\0 & ab\end{pmatrix}.$$

类似于上式，对矩阵$\begin{pmatrix}c & 0\\0 & \frac{1}{c}\end{pmatrix}$进行第三类初等行变换：

$$\begin{pmatrix} c & 0 \\ 0 & \frac{1}{c} \end{pmatrix} \to \begin{pmatrix} c & 0 \\ 1 & \frac{1}{c} \end{pmatrix} \to \begin{pmatrix} c & -1 \\ 1 & \frac{1}{c} \end{pmatrix} \to \begin{pmatrix} 0 & -1 \\ 1 & 0 \end{pmatrix} \to \begin{pmatrix} 1 & -1 \\ 1 & 0 \end{pmatrix}$$

$$\to \begin{pmatrix} 1 & -1 \\ 0 & 1 \end{pmatrix} \to \begin{pmatrix} 1 & 0 \\ 0 & 1 \end{pmatrix} = I_2.$$

综上可以看出,矩阵$\begin{pmatrix} c & 0 \\ 0 & \frac{1}{c} \end{pmatrix}$可表示为第三类初等矩阵之积.

同理,对于 n 阶的第二类初等行变换

$$\begin{pmatrix} a & 0 & \cdots & 0 \\ 0 & 1 & \cdots & \vdots \\ \vdots & \vdots & & 0 \\ 0 & 0 & 0 & 1 \end{pmatrix},$$

记 $a=c^n$,并对矩阵乘以 $a_j=\frac{1}{c}$,则

$$\begin{pmatrix} c^{n-1} & 0 & \cdots & 0 \\ 0 & \frac{1}{c} & \cdots & \vdots \\ \vdots & \vdots & & 0 \\ 0 & 0 & 0 & \frac{1}{c} \end{pmatrix}.$$

显然,它的行列式为 1.现对矩阵的第一、二行作第三类初等行变换,可将左上角的二阶矩阵$\begin{pmatrix} c^{n-1} & 0 \\ 0 & \frac{1}{c} \end{pmatrix}$化为$\begin{pmatrix} 1 & 0 \\ 0 & c^{n-2} \end{pmatrix}$,这样可以用一系列第三类初等行变换不断化下去,使得右下角的 $n-1$ 阶矩阵

$$\begin{pmatrix} c^{n-2} & 0 & \cdots & 0 \\ 0 & \frac{1}{c} & \cdots & \vdots \\ \vdots & \vdots & & 0 \\ 0 & 0 & 0 & \frac{1}{c} \end{pmatrix}$$

变为 I_{n-1}.可以发现,第二类初等行变换总可以写成某个常数 a_j 乘以一系列第三类初等行变换的乘积,即

$$A=(a_1a_2\cdots a_l)Q_1Q_2\cdots Q_l=((a_1a_2\cdots a_l)E_n)Q_1Q_2\cdots Q_l.$$

其中，$Q_i(i=1,2,\cdots,l)$为第三类初等行变换，显然$|Q_i|=1(i=1,2,\cdots,l)$.注意到$|A|=1$，令$b=a_1a_2\cdots a_l$.将上式两边同取行列式，便得对角矩阵

$$B=\begin{pmatrix} b & 0 & \cdots & 0 \\ 0 & b & \cdots & 0 \\ \vdots & \vdots & & \vdots \\ 0 & 0 & \cdots & b \end{pmatrix}.$$

显然它的行列式为1.再利用与第二类初等矩阵的证明中相类似的一些列.第三类初等行变换可将左上角的二阶矩阵$\begin{pmatrix} b & 0 \\ 0 & b \end{pmatrix}$化为$\begin{pmatrix} 1 & 0 \\ 0 & b^2 \end{pmatrix}$，这时对右下角的$n-1$阶继续化下去，注意到$b^n=1$，那么$B$总可用一系列第三类初等行变换化为$E_n$，这意味着$B$总可以写成第三类初等行变换的乘积，而第三类初等行变换都是行列式为1的初等矩阵，由$A=BQ_1Q_2\cdots Q_l$，即A可以写成若干个行列式为1的初等矩阵的乘积.证毕.

5.7 分块矩阵及其应用

设A是一个$m\times n$阶矩阵，用$k(0\leqslant k<m)$条横线和$l(0\leqslant l<n)$条竖线将A分割成$(k+1)\times(l+1)$个小矩阵(按原次序排列)组成的矩阵称为矩阵A的分块矩阵.

分块矩阵的运算一般有如下几种：

(1)分块矩阵的加法：$A=(A_{ij})_{m\times n}$与$B=(B_{ij})_{m\times n}$是两个分块矩阵，而且对于所有的指标i与j，矩阵A_{ij}的行数等于矩阵B_{ij}的行数，矩阵A_{ij}的列数等于B_{ij}的列数，则

$$A+B=(A_{ij}+B_{ij})_{m\times n}.$$

(2)设$A=(A_{ij})_{m\times n}$是一个分块矩阵，λ是一常数，则$\lambda A=(\lambda A_{ij})_{m\times n}$.

(3)分块矩阵的乘法：$A=(A_{ij})_{m\times n}$与$B=(B_{ij})_{n\times s}$是两个分块矩阵，对于任意的指标i,j,k，矩阵A_{ik}的列数等于矩阵B_{kj}的行数，即矩阵

$\boldsymbol{A}$ 的列的分块方法与矩阵 $\boldsymbol{B}$ 的行的分块方法相同，且都分成 n 块，则

$$\boldsymbol{AB}=(\boldsymbol{C}_{ij})_{m\times n}，其中\ \boldsymbol{C}_{ij}=\sum_{k=1}^{n}\boldsymbol{A}_{ik}\boldsymbol{B}_{kj}.$$

(4)分块矩阵的转置：设 $\boldsymbol{A}=(\boldsymbol{A}_{ij})_{m\times n}$ 是一个分块矩阵，则 $\boldsymbol{A}^{\mathrm{T}}=(\boldsymbol{B}_{ij})_{n\times m}$，其中 $\boldsymbol{B}_{ij}=\boldsymbol{A}_{ji}^{\mathrm{T}}$.

例 5.7.1 将 $\boldsymbol{A}_{5\times 5}$，$\boldsymbol{B}_{5\times 4}$ 分成 2×2 的分块矩阵，并用分块矩阵计算 $\boldsymbol{AB}$，其中

$$\boldsymbol{A}=\begin{pmatrix}-1&0&2&2&3\\0&-1&-2&0&1\\0&0&3&0&0\\0&0&0&3&0\\0&0&0&0&3\end{pmatrix},\boldsymbol{B}=\begin{pmatrix}1&3&0&-1\\2&1&-1&0\\-1&2&0&0\\3&1&0&0\\2&3&0&0\end{pmatrix}.$$

解：显然，矩阵 $\boldsymbol{A}$ 应分成

$$\boldsymbol{A}=\left[\begin{array}{cc:ccc}-1&0&1&2&3\\0&-1&-2&0&1\\\hdashline 0&0&3&0&0\\0&0&0&3&0\\0&0&0&0&3\end{array}\right]=\begin{bmatrix}-\boldsymbol{E}_2&\boldsymbol{A}_{12}\\\boldsymbol{O}&3\boldsymbol{E}_3\end{bmatrix},$$

其中

$$\boldsymbol{A}_{12}=\begin{pmatrix}1&2&3\\-2&0&1\end{pmatrix}.$$

根据分块矩阵乘法的要求，矩阵 B 的分法应与 A 的分法一致，即

$$\boldsymbol{B}=\left[\begin{array}{cc:cc}1&3&0&-1\\2&1&-1&0\\\hdashline -1&2&0&0\\3&1&0&0\\2&3&0&0\end{array}\right]=\begin{bmatrix}\boldsymbol{B}_{11}&-\boldsymbol{E}_2\\\boldsymbol{B}_{21}&\boldsymbol{O}\end{bmatrix},$$

其中

$$\boldsymbol{B}_{11}=\begin{pmatrix}1&3\\2&1\end{pmatrix},\boldsymbol{B}_{21}=\begin{pmatrix}-1&2\\3&1\\2&3\end{pmatrix}.$$

于是

$$\boldsymbol{AB}=\begin{pmatrix}-\boldsymbol{E}_2 & \boldsymbol{A}_{12}\\ O & 3\boldsymbol{E}_3\end{pmatrix}\begin{pmatrix}\boldsymbol{B}_{11} & -\boldsymbol{E}_2\\ \boldsymbol{B}_{21} & O\end{pmatrix}=\begin{pmatrix}-\boldsymbol{B}_{11}+\boldsymbol{A}_{12}\boldsymbol{B}_{21} & -\boldsymbol{E}_2(-\boldsymbol{E}_2)\\ 3\boldsymbol{E}_3\boldsymbol{B}_{21} & O\end{pmatrix}.$$

因此

$$\boldsymbol{AB}=\begin{pmatrix}10 & 10 & 1 & 0\\ 2 & -2 & 0 & 1\\ -3 & 6 & 0 & 0\\ 9 & 3 & 0 & 0\\ 6 & 9 & 0 & 0\end{pmatrix}.$$

5.8 向量与线性方程组

5.8.1 向量的基本概念

定义 5.8.1 既有大小又有方向的量称为向量，或称矢量，简称矢.

我们用有向线段来表示向量，有向线段的始点和终点分别称为向量的始点和终点，有向线段的方向表示向量的方向，有向线段的长度表示向量的大小.始点是 A，终点是 B 的向量记为$\overrightarrow{AB}$，有时用$\vec{a}$，$\vec{b}$，$\vec{c}$来表示向量，或者用黑体字母 $\boldsymbol{a}$，$\boldsymbol{b}$，$\boldsymbol{c}$ 来表示，如图 5-1-1 所示.

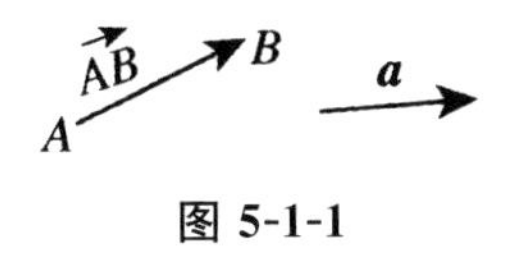

图 5-1-1

定义 5.8.2 如果向量 $\boldsymbol{a}$ 的模等于 0，则称向量 $\boldsymbol{a}$ 为零向量，记为 $\boldsymbol{a}=\boldsymbol{0}$.

它是始点与终点重合的向量，零向量的方向不确定，可以看作是任意的，零向量可以认为与任何向量都平行或垂直.

不是零向量的向量称为非零向量.

定义 5.8.3 如果向量 $\boldsymbol{a}$ 和 $\boldsymbol{b}$ 的模相等且方向相同，则称 $\boldsymbol{a}$ 和 $\boldsymbol{b}$ 是相等向量，或称 $\boldsymbol{a}$ 和 $\boldsymbol{b}$ 相等，记为 $\boldsymbol{a}=\boldsymbol{b}$.

这里需要指出的是，两个向量是否相等与它们的始点无关，只由它们的模和方向决定.所有的零向量都相等.

定义 5.8.4 如果向量 $\boldsymbol{a}$ 和 $\boldsymbol{b}$ 的模相等但方向相反，则称 $\boldsymbol{a}$ 和 $\boldsymbol{b}$ 是相反向量，或称 $\boldsymbol{a}$ 和 $\boldsymbol{b}$ 互为反向量，记为 $\boldsymbol{a}=-\boldsymbol{b}$ 或 $\boldsymbol{b}=-\boldsymbol{a}$.

我们把始点可以任意选取，而只由模和方向决定的向量称为自由向量.那么自由向量可以任意平行移动，移动后的向量仍然是原来的向量.例如，如果$\overrightarrow{AB}$表示向量 $\boldsymbol{a}$，那么$\overrightarrow{AB}$经过平行移动得到的有向线段$\overrightarrow{CD}$仍然表示向量 $\boldsymbol{a}$，则$\overrightarrow{AB}=\overrightarrow{CD}=\boldsymbol{a}$，如图 5-8-1 所示.

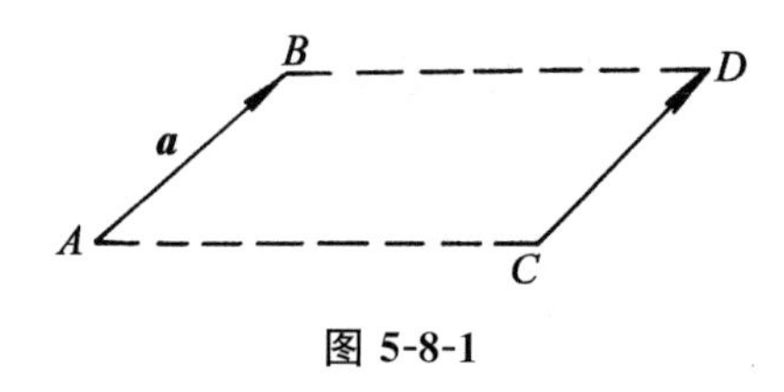

图 5-8-1

所以如果向量 $\boldsymbol{a}$ 和 $\boldsymbol{b}$ 所在的直线平行或重合时，我们称 $\boldsymbol{a}$ 和 $\boldsymbol{b}$ 平行，记为 $\boldsymbol{a}/\!/\boldsymbol{b}$；如果向量 $\boldsymbol{a}$ 所在的直线和另一直线 l 平行或者重合时，我们称向量 $\boldsymbol{a}$ 和直线 l 平行，记为 $\boldsymbol{a}/\!/l$；如果向量 $\boldsymbol{a}$ 所在的直线和平面 α 平行或者在平面 α 上，我们称向量 $\boldsymbol{a}$ 和平面 α 平行，记为 $\boldsymbol{a}/\!/\alpha$.

如果 $\boldsymbol{a}$ 和 $\boldsymbol{b}$ 的夹角等于$\frac{\pi}{2}$，则称 $\boldsymbol{a}$ 和 $\boldsymbol{b}$ 垂直或正交，记为 $\boldsymbol{a}\perp\boldsymbol{b}$.

如果将向量 $\boldsymbol{a}$、$\boldsymbol{b}$ 平移，使它们的起点重合，则表示它们的有向线段的夹角 $\theta(0\leqslant\theta\leqslant\pi)$称为向量 $\boldsymbol{a}$ 和 $\boldsymbol{b}$ 的夹角，记作$(\boldsymbol{a}\,\hat{,}\,\boldsymbol{b})$.

定义 5.8.5 平行于同一直线的一组向量称为共线向量.

零向量与任何共线的向量组共线.很明显，如果将一组共线向量平行移动到共同的始点，则它们在同一直线上.

定义 5.8.6 平行于同一平面的一组向量称为共面向量.

零向量与任何共面的向量组共面.很明显，如果将一组共面向量平行移动归结到共同的始点，则它们在同一平面上.

任何两个向量必共面，一组共线向量一定是共面向量，三个向量中如果有两个向量共线，那么这三个向量一定共面.

5.8.2 向量的线性运算

5.8.2.1 向量的加法

在物理学中,求力的合成与分解用的是平行四边形法则,可以用这个方法进行向量的合成与分解.由此规定向量的加法运算.

定义 5.8.7 已知向量 $\boldsymbol{a}$ 和 $\boldsymbol{b}$,以空间任意一点 A 为始点,作$\overrightarrow{AB}=\boldsymbol{a}$,$\overrightarrow{BC}=\boldsymbol{b}$,那么以 A 为始点,以 C 为终点的向量$\overrightarrow{AC}=\boldsymbol{c}$ 称为向量$\boldsymbol{a}$ 和$\boldsymbol{b}$ 的和,记为

$$\boldsymbol{c}=\boldsymbol{a}+\boldsymbol{b}.$$

由两个向量 $\boldsymbol{a}$ 和 $\boldsymbol{b}$ 求它们的和 $\boldsymbol{a}+\boldsymbol{b}$ 的运算叫作向量的加法.

如图 5-8-2 所示,根据定义 5.8.7 有$\overrightarrow{AC}=\overrightarrow{AB}+\overrightarrow{BC}$,这种求两个向量和的方法称为三角形法则.

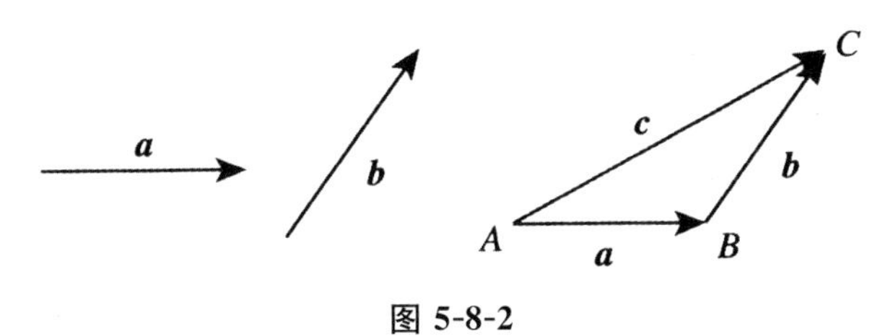

图 5-8-2

取一定点 A,作$\overrightarrow{AB}=\boldsymbol{a}$,$\overrightarrow{AD}=\boldsymbol{b}$,以两个向量$\overrightarrow{AB}$,$\overrightarrow{AD}$为邻边,作平行四边形 $ABCD$,如图 5-8-3 所示,根据向量相等的条件可得对角线$\overrightarrow{AC}=\boldsymbol{a}+\boldsymbol{b}$,这种求两个向量和的方法是平行四边形法则.

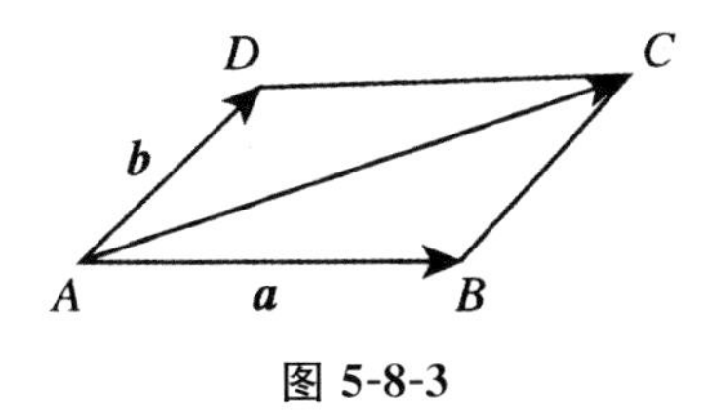

图 5-8-3

定理 5.8.1 向量的加法满足交换律和结合律,有以下的运算规律:

(1)$\boldsymbol{a}+\boldsymbol{b}=\boldsymbol{b}+\boldsymbol{a}$;

(2)$(\boldsymbol{a}+\boldsymbol{b})+\boldsymbol{c}=\boldsymbol{a}+(\boldsymbol{b}+\boldsymbol{c})$;

(3)$\boldsymbol{a}+\boldsymbol{0}=\boldsymbol{a}$；

(4)$\boldsymbol{a}+(-\boldsymbol{a})=\boldsymbol{0}$.

证明：(1)由图 5-8-3 可知，

$$\boldsymbol{a}+\boldsymbol{b}=\overrightarrow{AB}+\overrightarrow{BC}=\overrightarrow{AC},$$
$$\boldsymbol{b}+\boldsymbol{a}=\overrightarrow{AD}+\overrightarrow{DC}=\overrightarrow{AC},$$

所以

$$\boldsymbol{a}+\boldsymbol{b}=\boldsymbol{b}+\boldsymbol{a}.$$

(2)作$\overrightarrow{OA}=\boldsymbol{a}$，$\overrightarrow{AB}=\boldsymbol{b}$，$\overrightarrow{BC}=\boldsymbol{c}$，如图 5-8-4 所示，

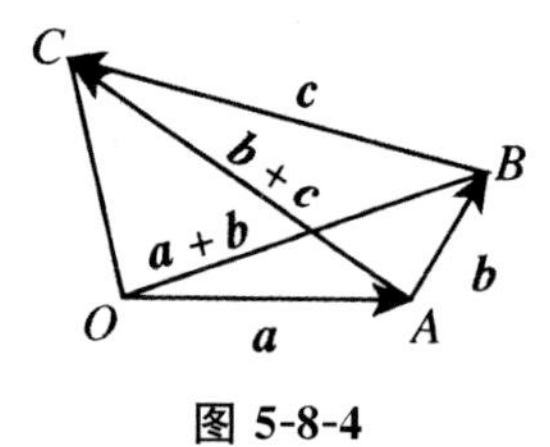

图 5-8-4

根据向量加法的定义有

$$(\boldsymbol{a}+\boldsymbol{b})+\boldsymbol{c}=(\overrightarrow{OA}+\overrightarrow{AB})+\overrightarrow{BC}=\overrightarrow{OB}+\overrightarrow{BC}=\overrightarrow{OC},$$
$$\boldsymbol{a}+(\boldsymbol{b}+\boldsymbol{c})=\overrightarrow{OA}+(\overrightarrow{AB}+\overrightarrow{BC})=\overrightarrow{OA}+\overrightarrow{AC}=\overrightarrow{OC},$$

所以

$$(\boldsymbol{a}+\boldsymbol{b})+\boldsymbol{c}=\boldsymbol{a}+(\boldsymbol{b}+\boldsymbol{c}).$$

(3)作$\overrightarrow{OA}=\boldsymbol{a}$，$\overrightarrow{AA}=\boldsymbol{0}$，则

$$\boldsymbol{a}+\boldsymbol{0}=\overrightarrow{OA}+\overrightarrow{AA}=\overrightarrow{OA}=\boldsymbol{a}.$$

(4)作$\overrightarrow{OA}=\boldsymbol{a}$，则

$$\boldsymbol{a}+(-\boldsymbol{a})=\overrightarrow{OA}+(-\overrightarrow{OA})=\overrightarrow{OA}+\overrightarrow{AO}=\overrightarrow{OO}=\boldsymbol{0}.$$

因为向量加法满足交换律和结合律，所以有限个向量 $\boldsymbol{a}_1,\boldsymbol{a}_2,\cdots,\boldsymbol{a}_n$ 的和记为

$$\boldsymbol{a}_1+\boldsymbol{a}_2+\cdots+\boldsymbol{a}_n.$$

用三角形法则可以推出求有限个向量 $\boldsymbol{a}_1,\boldsymbol{a}_2,\cdots,\boldsymbol{a}_n$ 和的方法.由空间任意一点 O 开始，依次作出$\overrightarrow{OA_1}=\boldsymbol{a}_1$，$\overrightarrow{A_1A_2}=\boldsymbol{a}_2$，$\cdots$，$\overrightarrow{A_{n-1}A_n}=\boldsymbol{a}_n$，可得一折线 $OA_1A_2\cdots A_n$，如图 5-8-5 所示，于是向量$\overrightarrow{OA_n}=\boldsymbol{a}$ 就是 n 个向量 $\boldsymbol{a}_1,\boldsymbol{a}_2,\cdots,\boldsymbol{a}_n$ 的和(图 5-8-5)，即

$$\boldsymbol{a}=\boldsymbol{a}_1+\boldsymbol{a}_2+\cdots+\boldsymbol{a}_n.$$

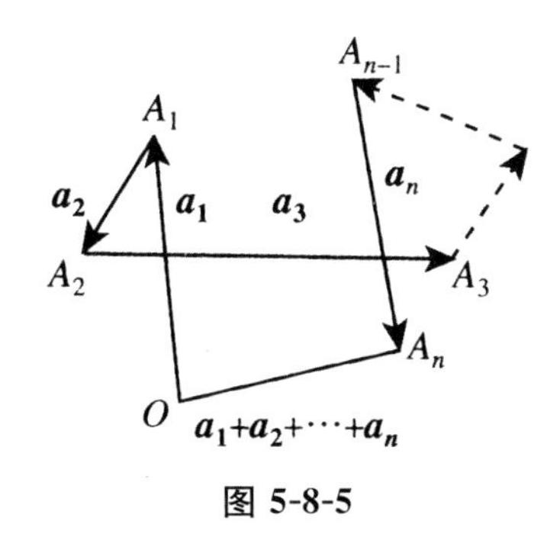

图 5-8-5

这种求和向量的方法是多边形法则.当 A_n 和 O 重合构成一个封闭折线时,它们的和是零向量.

定义 5.8.8 如果向量 $\boldsymbol{b}$ 和 $\boldsymbol{c}$ 的和等于向量 $\boldsymbol{a}$,即 $\boldsymbol{b}+\boldsymbol{c}=\boldsymbol{a}$,那么我们把向量 $\boldsymbol{c}$ 称为向量 $\boldsymbol{a}$ 和 $\boldsymbol{b}$ 的差,记为

$$\boldsymbol{c}=\boldsymbol{a}-\boldsymbol{b}.$$

由两个向量 $\boldsymbol{a}$ 和 $\boldsymbol{b}$ 求它们的差 $\boldsymbol{a}-\boldsymbol{b}$ 的运算称为向量的减法.

因为

$$\overrightarrow{OB}+\overrightarrow{BA}=\overrightarrow{OA},$$

根据向量减法的定义有

$$\overrightarrow{BA}=\overrightarrow{OA}-\overrightarrow{OB}.$$

以任意一点 O 为始点,作向量 $\overrightarrow{OA}=\boldsymbol{a}$, $\overrightarrow{OB}=\boldsymbol{b}$,如图 5-8-6 所示,那么 $\overrightarrow{BA}=\boldsymbol{a}-\boldsymbol{b}$.

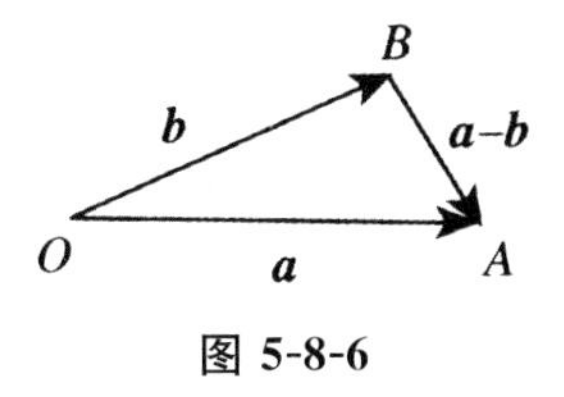

图 5-8-6

利用反向量,可以把向量减法转化为向量加法,如图 5-8-7 所示.

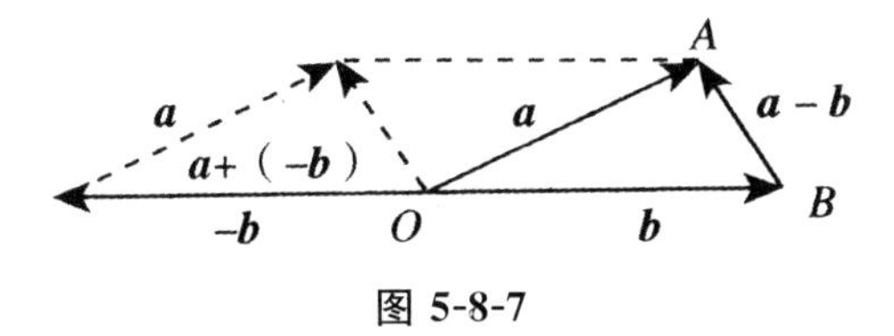

图 5-8-7

例 5.8.1 在平行四边形 $ABCD$ 中,设$\overrightarrow{AB}=\boldsymbol{a}$,$\overrightarrow{AD}=\boldsymbol{b}$,$M$ 是平行四边形对角线的交点,如图 5-8-8 所示,试用向量 $\boldsymbol{a}$,$\boldsymbol{b}$ 表示$\overrightarrow{MA}$,$\overrightarrow{MB}$,$\overrightarrow{MD}$和$\overrightarrow{MC}$.

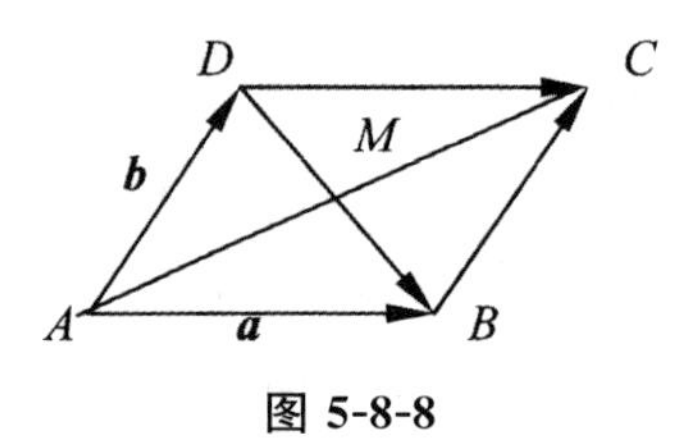

图 5-8-8

解:因为

$$\overrightarrow{AB}=\boldsymbol{a},\overrightarrow{AD}=\boldsymbol{b},$$

所以

$$\overrightarrow{AC}=\boldsymbol{a}+\boldsymbol{b},\overrightarrow{DB}=\boldsymbol{a}-\boldsymbol{b},$$

则

$$\overrightarrow{MA}=-\frac{1}{2}(\boldsymbol{a}+\boldsymbol{b}),\overrightarrow{MC}=\frac{1}{2}(\boldsymbol{a}+\boldsymbol{b}),$$

$$\overrightarrow{MB}=\frac{1}{2}(\boldsymbol{a}-\boldsymbol{b}),\overrightarrow{MD}=-\frac{1}{2}(\boldsymbol{a}-\boldsymbol{b}).$$

例 5.8.2 设两两不共线的三个向量 $\boldsymbol{a}$,$\boldsymbol{b}$,$\boldsymbol{c}$,试证明顺次将它们的终点与始点相连接成一个三角形的充要条件是它们的和为零向量.

证明:必要性.设三个向量 $\boldsymbol{a}$,$\boldsymbol{b}$,$\boldsymbol{c}$ 可以构成 ΔABC,如图 5-8-9 所示,则

$$\overrightarrow{AB}=\boldsymbol{a},\overrightarrow{BC}=\boldsymbol{b},\overrightarrow{CA}=\boldsymbol{c},$$

所以

$$\overrightarrow{AB}+\overrightarrow{BC}+\overrightarrow{CA}=\overrightarrow{AA}=\boldsymbol{0},$$

即

$$\boldsymbol{a}+\boldsymbol{b}+\boldsymbol{c}=\boldsymbol{0}.$$

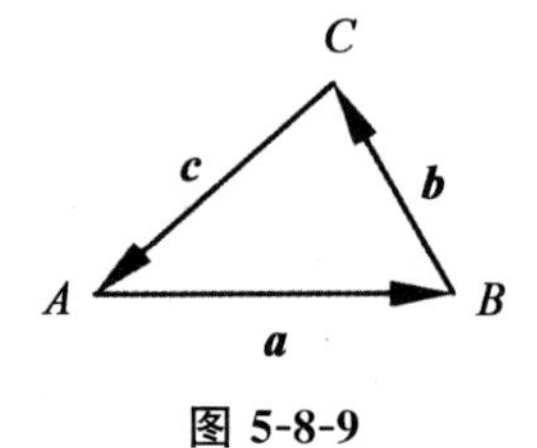

图 5-8-9

充分性.设 $\boldsymbol{a}+\boldsymbol{b}+\boldsymbol{c}=\boldsymbol{0}$,作$\overrightarrow{AB}=\boldsymbol{a}$,$\overrightarrow{BC}=\boldsymbol{b}$,则$\overrightarrow{AC}=\boldsymbol{a}+\boldsymbol{b}$,则

$$\overrightarrow{AC}+\boldsymbol{c}=\boldsymbol{0},$$

可得

$$\boldsymbol{c}=\overrightarrow{CA},$$

所以不共线的三个向量 $\boldsymbol{a}$,$\boldsymbol{b}$,$\boldsymbol{c}$ 可以构成 ΔABC.

5.8.2.2 数乘向量

定义 5.8.9 向量 $\boldsymbol{a}$ 和实数 λ 的乘积是一个向量,记为 $\lambda\boldsymbol{a}$.这种运算称为数量和向量的乘法,简称数乘向量.它的模是 $|\lambda\boldsymbol{a}|=|\lambda||\boldsymbol{a}|$.

由定义可知,当 $\boldsymbol{a}=\boldsymbol{0}$ 或 $\lambda=0$ 时,$\lambda\boldsymbol{a}=\boldsymbol{0}$;当 $\lambda=1$ 时,$1\boldsymbol{a}=\boldsymbol{a}$;当 $\lambda=-1$ 时,$(-1)\boldsymbol{a}=-\boldsymbol{a}$.

当 $\boldsymbol{a}$ 和 λ 都不为 0 时,如果 $\lambda>0$,则 $\lambda\boldsymbol{a}$ 和 $\boldsymbol{a}$ 同向;如果 $\lambda<0$,则 $\lambda\boldsymbol{a}$ 和 $\boldsymbol{a}$ 反向.

定理 5.8.2 对于任意的向量 $\boldsymbol{a}$,$\boldsymbol{b}$ 和任意实数 λ,μ,数量和向量的乘法满足下面的运算规律:

(1)$\lambda(\mu\boldsymbol{a})=(\lambda\mu)\boldsymbol{a}$;

(2)$(\lambda+\mu)\boldsymbol{a}=\lambda\boldsymbol{a}+\mu\boldsymbol{a}$;

(3)$\lambda(\boldsymbol{a}+\boldsymbol{b})=\lambda\boldsymbol{a}+\lambda\boldsymbol{b}$.

证明:(1)当 $\boldsymbol{a}=\boldsymbol{0}$ 或 λ,μ 中至少有一个为 0 时,$\lambda(\mu\boldsymbol{a})=(\lambda\mu)\boldsymbol{a}$ 显然成立.所以只需对 $\boldsymbol{a}\neq 0$ 且 $\lambda\mu\neq 0$ 的情况进行证明.

根据数乘向量的定义有

$$|\lambda(\mu\boldsymbol{a})|=|\lambda||\mu\boldsymbol{a}|=|\lambda||\mu||\boldsymbol{a}|,$$

$$|(\lambda\mu)\boldsymbol{a}|=|\lambda\mu||\boldsymbol{a}|=|\lambda||\mu||\boldsymbol{a}|,$$

即 $\lambda(\mu\boldsymbol{a})$和$(\lambda\mu)\boldsymbol{a}$ 的模相等.

当 λ,μ 同号时,都和 $\boldsymbol{a}$ 的方向相同;当 λ,μ 异号时,都和 $\boldsymbol{a}$ 的方向相反,所以 $\lambda(\mu\boldsymbol{a})$和$(\lambda\mu)\boldsymbol{a}$ 的方向相同,则有

$$\lambda(\mu\boldsymbol{a})=(\lambda\mu)\boldsymbol{a}.$$

(2)当 $\boldsymbol{a}=\boldsymbol{0}$ 或 λ,μ,$\lambda+\mu$ 中至少有一个为 0 时,$(\lambda+\mu)\boldsymbol{a}=\lambda\boldsymbol{a}+\mu\boldsymbol{a}$ 显然成立.所以只需对 $\boldsymbol{a}\neq 0$ 且 $\lambda\mu\neq 0$,$\lambda+\mu\neq 0$ 的情况进行证明.

①若 $\lambda\mu>0$,那么 λ,μ 同号,此时,$(\lambda+\mu)\boldsymbol{a}$ 与 $\lambda\boldsymbol{a}+\mu\boldsymbol{a}$ 方向相同且

$$\begin{aligned}|(\lambda+\mu)\boldsymbol{a}|&=|\lambda+\mu||\boldsymbol{a}|=(|\lambda|+|\mu|)|\boldsymbol{a}|=|\lambda||\boldsymbol{a}|+|\mu||\boldsymbol{a}|\\&=|\lambda\boldsymbol{a}|+|\mu\boldsymbol{a}|=|\lambda\boldsymbol{a}+\mu\boldsymbol{a}|,\end{aligned}$$

所以

$$(\lambda+\mu)\boldsymbol{a}=\lambda\boldsymbol{a}+\mu\boldsymbol{a};$$

②若 $\lambda\mu<0$,那么 λ,μ 异号,根据假设 $\lambda+\mu\neq 0$,可设 $|\lambda|>|\mu|$,此时,$(\lambda+\mu)\boldsymbol{a}$ 与 $\lambda\boldsymbol{a}+\mu\boldsymbol{a}$ 都和 $\lambda\boldsymbol{a}$ 方向相同,所以 $(\lambda+\mu)\boldsymbol{a}$ 与 $\lambda\boldsymbol{a}+\mu\boldsymbol{a}$ 方向相同且

$$|(\lambda+\mu)\boldsymbol{a}|=|\lambda+\mu||\boldsymbol{a}|=(|\lambda|-|\mu|)|\boldsymbol{a}|,$$

$$|\lambda\boldsymbol{a}+\mu\boldsymbol{a}|=|\lambda\boldsymbol{a}|-|\mu\boldsymbol{a}|=|\lambda||\boldsymbol{a}|-|\mu||\boldsymbol{a}|=(|\lambda|-|\mu|)|\boldsymbol{a}|,$$

所以

$$(\lambda+\mu)\boldsymbol{a}=\lambda\boldsymbol{a}+\mu\boldsymbol{a}.$$

(3)当 $\lambda=0$ 或 $\boldsymbol{a},\boldsymbol{b}$ 中至少有一个是零向量时,$\lambda(\boldsymbol{a}+\boldsymbol{b})=\lambda\boldsymbol{a}+\lambda\boldsymbol{b}$ 显然成立.所以只需对 $\lambda\neq 0$ 且 $\boldsymbol{a}\neq\boldsymbol{0},\boldsymbol{b}\neq\boldsymbol{0}$ 的情况进行证明.

①若 $\boldsymbol{a},\boldsymbol{b}$ 共线,当 $\boldsymbol{a},\boldsymbol{b}$ 同向时,令 $t=\dfrac{|\boldsymbol{b}|}{|\boldsymbol{a}|}$.当 $\boldsymbol{a},\boldsymbol{b}$ 反向时,令 $t=-\dfrac{|\boldsymbol{b}|}{|\boldsymbol{a}|}$,则有

$$\boldsymbol{b}=t\boldsymbol{a},$$

所以

$$\begin{aligned}\lambda(\boldsymbol{a}+\boldsymbol{b})&=\lambda(\boldsymbol{a}+\mu\boldsymbol{a})=\lambda[(1+\mu)\boldsymbol{a}]=(\lambda+\lambda\mu)\boldsymbol{a}=\lambda\boldsymbol{a}+(\lambda\mu)\boldsymbol{a}\\&=\lambda\boldsymbol{a}+\lambda(\mu\boldsymbol{a})=\lambda\boldsymbol{a}+\lambda\boldsymbol{b};\end{aligned}$$

②若 $\boldsymbol{a},\boldsymbol{b}$ 不共线,作 $\overrightarrow{OA}=\boldsymbol{a},\overrightarrow{AB}=\boldsymbol{b},\overrightarrow{OA_1}=\lambda\boldsymbol{a},\overrightarrow{A_1B_1}=\lambda\boldsymbol{b}$,如图 5-8-10 所示,可得 $\Delta OAB\sim\Delta OA_1B_1$,相似比是 $|\lambda|$,则

$$\overrightarrow{OB_1}=\lambda\overrightarrow{OB},$$

且

$$\overrightarrow{OB}=\boldsymbol{a}+\boldsymbol{b},\overrightarrow{OB_1}=\lambda\boldsymbol{a}+\lambda\boldsymbol{b},$$

所以

$$\lambda(\boldsymbol{a}+\boldsymbol{b})=\lambda\boldsymbol{a}+\lambda\boldsymbol{b}.$$

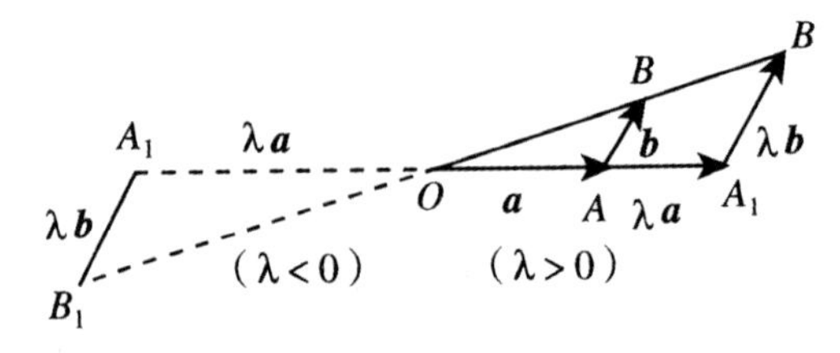

图 5-8-10

定理 5.8.3 向量 $\boldsymbol{a}$ 与向量 $\boldsymbol{b}$ 平行的充要条件是存在不全为 0 的实数 λ_1,λ_2,使 $\lambda_1\boldsymbol{a}+\lambda_2\boldsymbol{b}=\boldsymbol{0}$.

定理 5.8.4 设 $\boldsymbol{b}\neq\boldsymbol{0}$,向量 $\boldsymbol{a}$ 与向量 $\boldsymbol{b}$ 平行的充要条件是存在唯一的实数 λ,使 $\boldsymbol{a}=\lambda\boldsymbol{b}$.

设 $\boldsymbol{a}^0$ 是与非零向量 $\boldsymbol{a}$ 同向的单位向量,显然 $|\boldsymbol{a}^0|=1$,由于 $\boldsymbol{a}^0$ 与 $\boldsymbol{a}$ 同向,且 $\boldsymbol{a}^0\neq\boldsymbol{0}$,所以存在一个正实数 λ,使得 $\boldsymbol{a}=\lambda\boldsymbol{a}^0$.现在我们来确定这个 λ,在 $\boldsymbol{a}=\lambda\boldsymbol{a}^0$ 的两边同时取模:

$$|\boldsymbol{a}|=|\lambda\boldsymbol{a}^0|=\lambda\boldsymbol{a}^0=\lambda\times1=\lambda,$$

所以 $\lambda=|\boldsymbol{a}|$,即得 $|\boldsymbol{a}|\boldsymbol{a}^0=\boldsymbol{a}$.

现在规定,当 $\lambda\neq\boldsymbol{0}$ 时,$\dfrac{\boldsymbol{a}}{\lambda}=\dfrac{1}{\lambda}\boldsymbol{a}$.

由此可得 $\boldsymbol{a}^0=\dfrac{\boldsymbol{a}}{|\boldsymbol{a}|}$,即一非零向量除以自己的模便得到一个与其同向的单位向量.

例 5.8.3 AM 是 ΔABC 的中线,如图 5-8-11 所示,求证 $AM=\dfrac{1}{2}(\overrightarrow{AB}+\overrightarrow{AC})$.

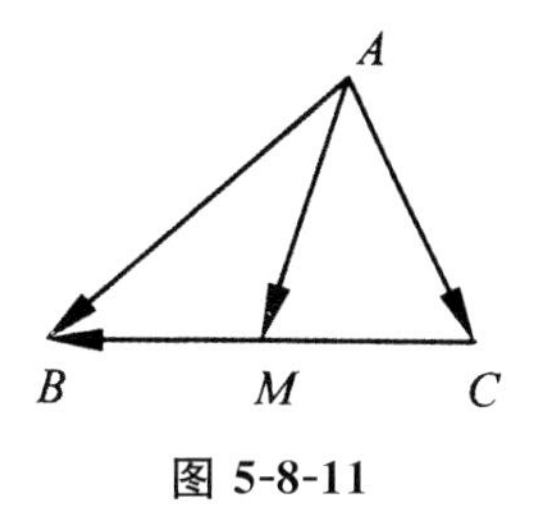

图 5-8-11

证明:由题意可得

$$\overrightarrow{AM}=\overrightarrow{AB}+\overrightarrow{BM}=\overrightarrow{AC}+\overrightarrow{CM},$$

所以

$$2\overrightarrow{AM}=(\overrightarrow{AB}+\overrightarrow{BM})+(\overrightarrow{AC}+\overrightarrow{CM}),$$

因为 M 是 BC 的中点,则

$$\overrightarrow{BM}=-\overrightarrow{CM},$$

所以

$$2\overrightarrow{AM}=\overrightarrow{AB}+\overrightarrow{AC},$$

即

$$AM=\frac{1}{2}(\overrightarrow{AB}+\overrightarrow{AC}).$$

例 5.8.4 证明三角形两腰中点的连线平行于底边,且等于底边的一半.

证明:如图 5-8-12 所示,设在三角形 ΔABC 中,D,E 分别为 AB、AC 的中点,那么则有

$$\overrightarrow{AD}=\frac{1}{2}\overrightarrow{AB},\overrightarrow{AE}=\frac{1}{2}\overrightarrow{AC},$$

则

$$\begin{aligned}\overrightarrow{DE}&=\overrightarrow{AE}-\overrightarrow{AD}\\&=\frac{1}{2}\overrightarrow{AC}-\frac{1}{2}\overrightarrow{AB}=\frac{1}{2}(\overrightarrow{AC}-\overrightarrow{AB})\\&=\frac{1}{2}\overrightarrow{BC},\end{aligned}$$

所以 $DE\parallel BC$,且 $|DE|=\frac{1}{2}|BC|$,得证.

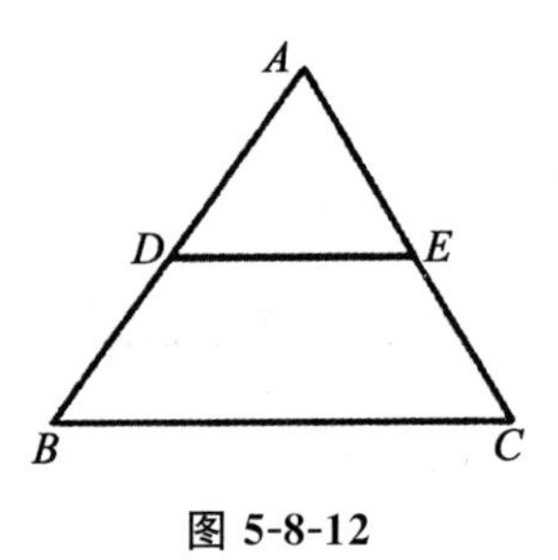

图 5-8-12

例 5.8.5 设 A,B,P 是直线 l 上的三点(B 与 A,P 均不重合),O 是空间中的任一点,$\overrightarrow{AP}=\lambda\overrightarrow{PB}$.

证明:$\overrightarrow{OP}=\dfrac{\overrightarrow{OA}+\lambda\overrightarrow{OB}}{1+\lambda}$.

证明:如图 5-8-13 所示.

因为

$$\overrightarrow{OP}-\overrightarrow{OA}=\lambda(\overrightarrow{OB}-\overrightarrow{OP}),$$

所以

$$(1+\lambda)\overrightarrow{OP}=\overrightarrow{OA}+\lambda\overrightarrow{OB},$$

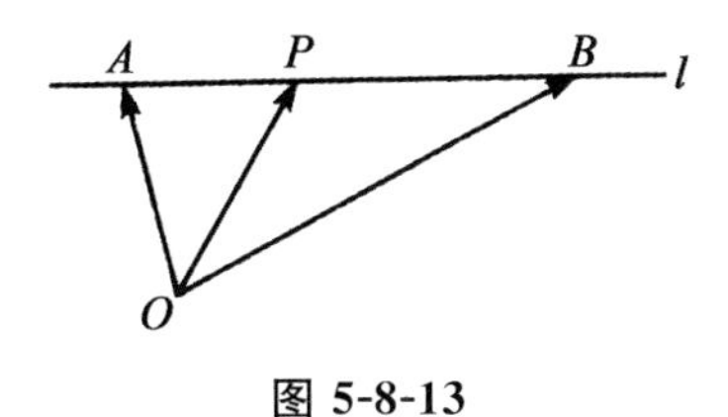

图 5-8-13

由于

$$\lambda\neq -1,$$

所以

$$\overrightarrow{OP}=\frac{\overrightarrow{OA}+\lambda\overrightarrow{OB}}{1+\lambda}.$$

5.8.3 线性方程组的消元法

中学已经学过用加减消元法、代入消元法解二元、三元线性方程组，现在我们推广更一般的情况：m 个方程 n 个未知数的 n 元线性方程组求解问题.

设有 m 个方程 n 个未知数的 n 元线性方程组

$$\begin{cases}a_{11}x_1+a_{12}x_2+\cdots+a_{1n}x_n=b_1\\ a_{21}x_1+a_{22}x_2+\cdots+a_{2n}x_n=b_2\\ \cdots\cdots\\ a_{m1}x_1+a_{m2}x_2+\cdots+a_{mn}x_n=b_m\end{cases}\tag{5-8-1}$$

记 $\boldsymbol{A}=\begin{pmatrix}a_{11}&a_{12}&\cdots&a_{1n}\\ a_{21}&a_{22}&\cdots&a_{2n}\\ \vdots&\vdots&&\vdots\\ a_{m1}&a_{m2}&\cdots&a_{mn}\end{pmatrix}$，$\boldsymbol{X}=\begin{pmatrix}x_1\\ x_2\\ \vdots\\ x_n\end{pmatrix}$，$\boldsymbol{b}=\begin{pmatrix}b_1\\ b_2\\ \vdots\\ b_m\end{pmatrix}$

则方程组(5-8-1)的矩阵形式为

$$\boldsymbol{AX}=\boldsymbol{b}\tag{5-8-2}$$

其中，$\boldsymbol{A}$ 称为方程组(5-8-1)的系数矩阵，$\boldsymbol{b}$ 称为方程组(5-8-1)的常数项矩阵，$\boldsymbol{X}$ 称为 n 元未知数矩阵.

我们把方程组(5-8-1)的系数矩阵 $\boldsymbol{A}$ 与常数项矩阵 $\boldsymbol{b}$ 放在一起构成的矩阵

$$(\boldsymbol{A},\boldsymbol{b})=\begin{pmatrix} a_{11} & a_{12} & \cdots & a_{1n} & b_1 \\ a_{21} & a_{22} & \cdots & a_{2n} & b_2 \\ \vdots & \vdots & & \vdots & \vdots \\ a_{m1} & a_{m2} & \cdots & a_{mn} & b_m \end{pmatrix}$$

称为线性方程组(5-8-1)的增广矩阵.

显然,线性方程组与它的增广矩阵建立了一一对应的关系.

5.8.4 线性方程组解的结构

5.8.4.1 基础解系的概念

设 $\boldsymbol{\eta}_1,\boldsymbol{\eta}_2,\cdots,\boldsymbol{\eta}_s$ 是齐次线性方程组 $\boldsymbol{A}x=0$ 的一组线性无关解,如果方程组 $\boldsymbol{A}x=0$ 的任意一个解均可由 $\boldsymbol{\eta}_1,\boldsymbol{\eta}_2,\cdots,\boldsymbol{\eta}_s$ 线性表出,则称 $\boldsymbol{\eta}_1,\boldsymbol{\eta}_2,\cdots,\boldsymbol{\eta}_s$ 是齐次线性方程组 $\boldsymbol{A}x=0$ 的一个基础解系.

设 $\boldsymbol{A}$ 为 $m\times n$ 矩阵,若 $r(\boldsymbol{A})=r<n$,则齐次线性方程组 $\boldsymbol{A}x=0$ 存在基础解系,且基础解系包含 $n-r$ 个线性无关的解向量,此时方程组的同解可表示为

$$x=k_1\boldsymbol{\eta}_1+k_2\boldsymbol{\eta}_2+\cdots+k_{n-r}\boldsymbol{\eta}_{n-r},$$

其中,$k_1,k_2,\cdots,k_{n-r}$ 为任意常数,$\boldsymbol{\eta}_1,\boldsymbol{\eta}_2,\cdots,\boldsymbol{\eta}_{n-r}$ 为齐次方程组的一个基础解系.

5.8.4.2 线性方程组的性质

齐次线性方程组 $\boldsymbol{A}x=0$ 的解具有如下性质.

性质 5.8.1 齐次线性方程组 $\boldsymbol{A}x=0$ 的两个解向量的和仍为它的解向量.

性质 5.8.2 齐次线性方程组 $\boldsymbol{A}x=0$ 的一个解向量乘以常数 k 仍为它的解向量.

非齐次线性方程组 $\boldsymbol{A}x=b$ 的解具有如下性质.

性质 5.8.3 设 $\boldsymbol{\eta}_1,\boldsymbol{\eta}_2$ 是 $\boldsymbol{A}x=b$ 的解,则 $x=\boldsymbol{\eta}_1-\boldsymbol{\eta}_2$ 是对应的齐次方程组(称为 $\boldsymbol{A}x=b$ 的导出组)$\boldsymbol{A}x=0$ 的解.

性质 5.8.4 若 $\boldsymbol{\eta}$ 是 $\boldsymbol{A}x=b$ 的解，$\boldsymbol{\xi}$ 是 $\boldsymbol{A}x=0$ 的解，则 $x=\boldsymbol{\eta}+\boldsymbol{\xi}$ 是 $\boldsymbol{A}x=b$ 的解.

例 5.8.6 设 $\boldsymbol{A}=\begin{pmatrix}1&0&3&1&2\\2&1&7&4&3\\-1&2&-1&3&0\end{pmatrix}$，则 $\boldsymbol{A}x=0$ 的基础解系中所含解向量的个数是________.

分析：由于 $\boldsymbol{A}x=0$ 的基础解系由 $n-r(\boldsymbol{A})$ 个解向量构成，因此应计算秩 $r(\boldsymbol{A})$.

解：由于

$$\boldsymbol{A}=\begin{pmatrix}1&0&3&1&2\\2&1&7&4&3\\-1&2&-1&3&0\end{pmatrix}\to\begin{pmatrix}1&0&3&1&2\\0&1&1&2&-1\\0&2&2&4&2\end{pmatrix}\to\begin{pmatrix}1&0&3&1&2\\0&1&1&2&-1\\0&0&0&0&4\end{pmatrix}$$

又 $r(\boldsymbol{A})=3$，因此

$$n-r(\boldsymbol{A})=5-3=2$$

所以基础解系中所含解向量个数为 2.

例 5.8.7 齐次方程组

$$\begin{cases}x_1+x_2+3x_4-x_5=0\\2x_2+x_3+2x_4+x_5=0\\x_4+3x_5=0\end{cases}$$

的基础解系是________.

解：系数矩阵 $\boldsymbol{A}=\begin{pmatrix}1&1&0&3&-1\\0&2&1&2&1\\0&0&0&1&3\end{pmatrix}$ 已是阶梯形，于是由秩 $r(\boldsymbol{A})=3$ 可知

$$n-r(\boldsymbol{A})=5-3=2.$$

令 $x_3=1,x_5=0$，解得 $x_4=0,x_2=-\dfrac{1}{2},x_1=\dfrac{1}{2}$；

令 $x_3=0,x_5=1$，解得 $x_4=-3,x_2=\dfrac{5}{2},x_1=\dfrac{15}{2}$.

因此基础解系为

$$\boldsymbol{\eta}_1=\left(\frac{1}{2},-\frac{1}{2},1,0,0\right)^{\mathrm{T}},\boldsymbol{\eta}_2=\left(\frac{15}{2},\frac{5}{2},0,-3,1\right)^{\mathrm{T}}.$$

例 5.8.8 设有线性方程组

$$\begin{cases} x_1+a_1x_2+a_1^2x_3=a_1^3, \\ x_1+a_2x_2+a_2^2x_3=a_2^3, \\ x_1+a_3x_2+a_3^2x_3=a_3^3, \\ x_1+a_4x_2+a_4^2x_3=a_4^3, \end{cases}$$

证明:若 a_1,a_2,a_3,a_4 两两不相等,则此线性方程组无解.

解:原方程组的增广矩阵为

$$\overline{\mathbf{A}}=\begin{pmatrix} 1 & a_1 & a_1^2 & a_1^3 \\ 1 & a_2 & a_2^2 & a_2^3 \\ 1 & a_3 & a_3^2 & a_3^3 \\ 1 & a_4 & a_4^2 & a_4^3 \end{pmatrix},$$

对应的行列式为范德蒙行列式,即

$$|\overline{\mathbf{A}}|=\begin{vmatrix} 1 & a_1 & a_1^2 & a_1^3 \\ 1 & a_2 & a_2^2 & a_2^3 \\ 1 & a_3 & a_3^2 & a_3^3 \\ 1 & a_4 & a_4^2 & a_4^3 \end{vmatrix}$$

$$=(a_4-a_3)(a_4-a_2)(a_4-a_1)(a_3-a_2)(a_3-a_1)(a_2-a_1),$$

由于 a_1,a_2,a_3,a_4 两两不相等,所以 $|\overline{\mathbf{A}}|\neq 0$,$R(\overline{\mathbf{A}})=4$,$R(\mathbf{A})<R(\overline{\mathbf{A}})$,因此,原方程组无解.

5.9 线性代数的应用

5.9.1 工程中简单的线性规划问题

例 5.9.1 某公司某工地租赁甲、乙两种机械来安装 A、B、C 三种构件,这两种机械每天的安装能力见表 5-9-1 所列.工程任务要求安装 250 根 A 构件、300 根 B 构件和 700 根 C 构件,又知机械甲每天的租赁费为 250 元,机械乙每天的租赁费为 350 元,试决定租赁甲、乙机械各多少天,才能使总租赁费最少?

表 5-9-1

	A 构件	B 构件	C 构件
机械甲	5	8	10
机械乙	6	5	12

解:设 x_1、x_2 为机械甲和乙的租赁天数.为满足 A、B、C 三种构件的安装要求,必须满足

$$\begin{cases}5x_1+6x_2\geqslant 250,\\8x_1+5x_2\geqslant 300,\\10x_1+12x_2\geqslant 700,\\x_1\geqslant 0,x_2\geqslant 0.\end{cases}$$

若用 Z 表示总租赁费,则该问题的目标函数可表示为 $\max Z=250x_1+350x_2$.由此,得如下模型

$$\min Z=250x_1+350x_2,$$

$$\text{s.t.}\begin{cases}5x_1+6x_2\geqslant 250,\\8x_1+5x_2\geqslant 300,\\10x_1+12x_2\geqslant 700,\\x_1、x_2\geqslant 0.\end{cases}$$

从应用的角度看,线性规划问题的复杂性并不是因为变量 $x_1,x_2,\cdots,x_n$ 的个数可能成百上千,主要是约束条件需要运用统计分析才能获得,带有较大的经验成分.决策指挥者若能在生产建设中运用好线性规划方法,确实可以节约十分客观的财富.

5.9.2 公路工程中线性方程组的应用

例 5.9.2 如图 5-9-1 所示,某一地区的公路交通网络图,所有道路都是单行道,且道路上不能停车,通行方向用箭头标明,标示的数字为高峰期每小时进出网络的车辆.进入网络的车共有 800 辆等于离开网络的车辆总数,另外,进入每个交叉点的车辆数等于离开该交叉点的车辆数,这两个交通流量平衡的条件都得到满足.

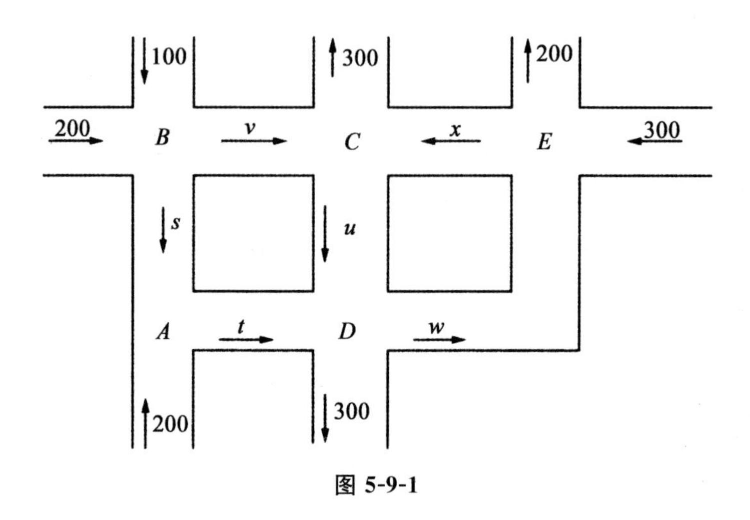

图 5-9-1

若引入每小时通过图示各交通干道的车辆数 s,t,u,v,w 和 x（如 s 就是每小时通过干道 BA 的车辆数等),则从交通流量平衡条件建立起的线性代数方程组,可得到网络交通流量的一些结论.

解:对每一个道路交叉点都可以写出一个流量平衡方程,例如对于 A 点,从图上看,进入车辆数为 $200+s$,而离开车辆数为 t,于是有

对 A 点： $200+s=t$,

对 B 点： $200+100=s+v$,

对 C 点： $v+x=300+u$,

对 D 点： $u+t=300+w$,

对 E 点： $300+w=200+x$.

这样得到一个描述网络交通流量的线性代数方程组

$$\begin{cases} s-t=-200, \\ s+v=300, \\ v+x-u=300, \\ u+t-w=300, \\ -w+x=100. \end{cases}$$

由此可得

$$\begin{cases} s=300-v, \\ t=500-v, \\ u=300+v+x, \\ w=-100+x, \end{cases}$$

其中，v，x 是可取任意值的.事实上，这就是方程组的解，当然也可将解写成

$$\begin{pmatrix} 300-k_1 \\ 500-k_1 \\ -300+k_1+k_2 \\ k_1 \\ -100+k_2 \\ k_2 \end{pmatrix},$$

其中，k_1，k_2 可取任意实数，方程组有无限多个解.

在这里，必须注意的是，方程组的解并非就是原问题的解.对于原问题，必须顾及各变量的实际意义为行驶经过某路段的车辆数，故必须为非负整数，从而由

$$\begin{cases} s=300-k_1\geqslant 0 \\ u=-300+k_1+k_2\geqslant 0 \\ v=k_1\geqslant 0 \\ w=-100+k_2\geqslant 0 \\ x=k_2\geqslant 0 \end{cases}$$

可知 k_1 是不超过 300 的非负整数，k_2 是不小于 100 的正整数，而且 k_1+k_2 不小于 300.所以方程组的无限多个解中只有一部分是问题的解.

从上述讨论可知，若每小时通过 EC 段的车辆太少，不超过 100 辆；或者每小时通过 BC 及 EC 的车辆总数不到 300 辆，则交通平衡将被破坏，在一些路段可能会出现塞车等现象.

6 概率论与数理统计初步

概率论和数理统计是一门随机数学分支,它们是密切联系的同类学科,也是一门应用性很强的学科.各种工程问题和社会、经济问题都与之相关,如工程可靠性度量、金融风险、保险精算、环境保护、可持续发展等领域需要运用概率统计知识.

6.1 随机事件和概率

6.1.1 随机事件

6.1.1.1 随机现象

自然界和人类社会中有很多现象,有一类现象,在一定条件下必然发生,称为确定现象.还有一类现象,称为随机现象(偶然现象).随机现象的特点是:当人们在一定条件之下对它加以观察或进行试验时,观察或试验的结果是多个可能结果中的一个,而出现哪一结果事先无法预知,即呈现出随机性(偶然性).

概率论与数理统计是研究和揭示随机现象统计规律的一门数学学科,随机现象的普遍存在性决定了他们的广泛应用性.

6.1.1.2 随机试验

研究随机现象,首先要对研究对象进行观察试验.在这里,试验包括各种各样的科学试验,也包括对随机现象的观察.例如:

E_1:将一枚硬币投掷一次,观察正反面;

E_2:投掷一枚质量均匀的骰子,观察其点数;

E_3:观察某城市一天中发生的交通事故数;

E_4:随机从一批灯泡中抽取一只,观察其寿命(以小时计);

E_5:向平面直角坐标系中任投一点,观察点的坐标.

上面例子中,试验 E_1 有两种可能结果,出现正面或者出现反面,但在抛掷之前不能确定出现哪一结果,这个试验可以在相同条件下重复进行,称这类试验为随机试验.

定义 6.1.1 若一试验满足下列条件:

(1)可重复性.可在相同的条件下重复进行.

(2)可观察性.每次试验的可能结果不止一个,并且能事先明确试验的所有可能结果.

(3)随机性.进行一次试验之前不确定哪一个结果会出现.

则称试验为随机试验,记为 E.

随机试验是研究随机现象的重要手段.试验是在一定条件下进行的,需要有一个观察的目的,且根据这个目的,经过试验得到很多结果.试验具有可重复性,且结果具有随机性.

6.1.1.3 样本空间

定义 6.1.2 由随机试验 E 的所有可能结果组成的集合称为 E 的样本空间,记为 S,样本空间的元素,即 E 的每个结果,称为样本点,记作 ω.

例 6.1.1 写出试验 $E_k(k=1,2,3,4,5)$的样本空间 S_k:

$S_1=\{H,T\}$,其中 H 表示“投掷出正面”,T 表示“投掷出反面”;

$S_2=\{1,2,3,4,5,6\}$,其中 i 表示“投掷出 i 点”;

$S_3=\{0,1,2,3,\cdots\}$,其中 i 表示“该城市一天中发生 i 起事故”;

$S_4=\{t\,|\,t\geqslant 0\}$,其中 t 表示“随机抽取的灯泡的寿命为 t 小时”;

$S_5=\{(x,y)\,|\,x\in\mathbf{R},y\in\mathbf{R}\}$,其中$(x,y)$表示“任意投掷点的坐标$(x,y)$”.

随机试验 E 一旦确定,其样本空间 S 必确定.

6.1.1.4 随机事件

在随机试验中,可能发生也可能不发生的试验结果称为随机事件.

例 6.1.2 如在投掷一枚骰子的试验中,分别记

"点数是 4"$=\{4\}$为 A;

"点数为偶数"$=\{2,4,6\}$为 B;

"投掷到点数小于 5"$=\{1,2,3,4\}$为 C.

则 A、B、C 均为事件,且其均为样本空间 S 的子集,故对随机事件我们又有如下定义.

定义 6.1.3 试验 E 的样本空间 S 的子集,称为 E 的随机事件,简称事件,常用 A、B、C……表示.

根据事件中所含样本点的多少,事件可分为基本事件与复杂事件.

定义 6.1.4 由一个样本点组成的单点集,称为基本事件.

定义 6.1.5 由两个或两个以上样本点组成的事件称之为复杂事件.

定义 6.1.6 若事件中的某一个样本点为试验结果时,则称该事件发生.

必然事件,即在试验中必定发生的事件,常用 S 表示.这是因为样本空间 S 包含所有的样本点,它是 S 自身的子集,在每次试验中它总是发生的;不可能事件,即在试验中不可能发生的事件,常用 φ 表示.必然事件与不可能事件都是确定的,但为了今后讨论问题方便,不妨将它们视为随机事件的特例.

6.1.1.5 事件的关系及其运算

设试验 E 的样本空间为 S,而 A,B,$A_k(k=1,2,\cdots)$是 S 的子集.

(1)包含关系.若属于 A 的样本点必须属于 B,则称事件 B 包含事件 A,记为 $A\subset B$.由于属于 A 的样本点必须属于 B,故用概率论的语言说:"$A\subset B$"等价于"事件 A 发生必然导致事件 B 发生".事件的包含关系如图 6-1-1 所示.

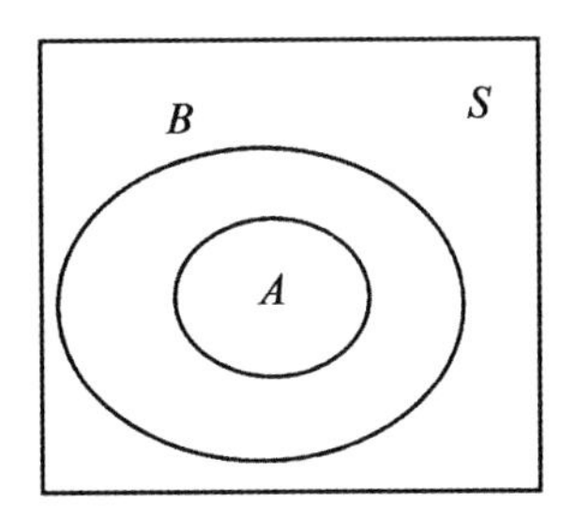

图 6-1-1

对任一事件 A，必将有 $\phi \subset A \subset S$.

(2)相等关系.若 $A \subset B$ 且 $B \subset A$，即 $A=B$，则称事件 A 与事件 B 相等.

从集合论点看，两个事件相等就意味着这两个事件是同一个集合.有时用不同语言描述的事件也可能是同一事件，例如，投掷一枚骰子的试验中，事件 $A=\{$掷到偶数点$\}$ 与事件 $B=\{2,4,6\}$ 是同一事件，判断事件是否相等的依据，就是看这两个事件是否含有相同的样本点.

(3)事件的和事件(事件的并)."由事件 A 与事件 B 中所有的样本点(相同样本点只计一次)组成的新事件"，称为事件 A 与事件 B 的和事件(事件的并)，记作 $A \cup B$.由于 $A \cup B=\{\omega \mid \omega \in A$ 或 $\omega \in B\}$，故用概率论的语言说：事件"$A \cup B$"表示"事件 A 与事件 B 中至少有一个发生的事件".如图 6-1-2 所示.

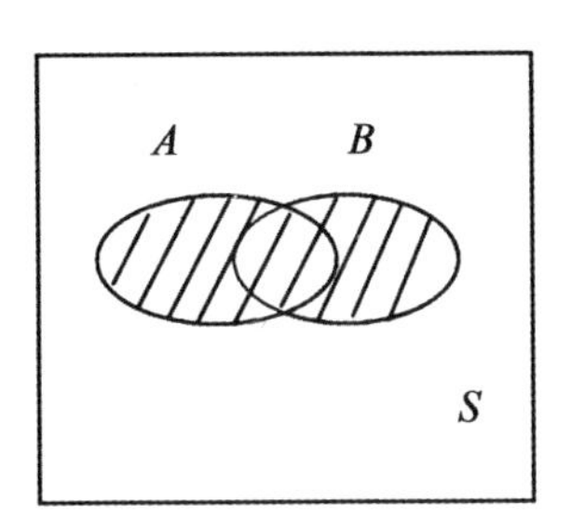

图 6-1-2

推广："n 个事件 $A_1,A_2,\cdots,A_n$ 中至少有一个事件发生"，这一事件称为事件 $A_1,A_2,\cdots,A_n$ 的和事件，记为

$$A_1 \cup A_2 \cup \cdots \cup A_n=\bigcup_{i=1}^{n} A_i .$$

类似的，称

$$A_1 \cup A_2 \cup \cdots \cup A_n \cup \cdots=\bigcup_{i=1}^{\infty} A_i$$

为可数个事件 $A_1, A_2, \cdots, A_n$ 的和事件.

(4)事件的积事件(事件的交)."由事件 A 与事件 B 中公共的样本点组成的新事件",称为 A 与 B 的积事件(事件的交),记作 $A \cap B$,简记为 AB.由于 $A \cap B = \{\omega | \omega \in A$ 且 $\omega \in B\}$,故用概率论的语言说:事件"$A \cap B$"表示"A 与 B 同时发生的事件".如图 6-1-3 所示.

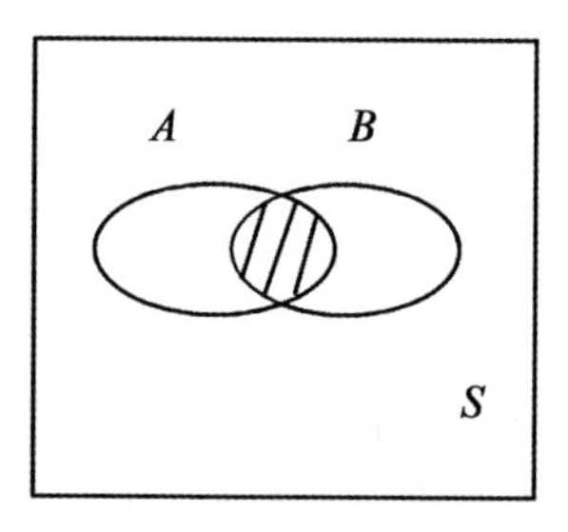

图 6-1-3

推广:"n 个事件 $A_1, A_2, \cdots, A_n$ 同时发生",这一事件称为事件 $A_1, A_2, \cdots, A_n$ 的积事件,记为

$$A_1 \cup A_2 \cup \cdots \cup A_n = \bigcup_{i=1}^{n} A_i.$$

类似的,称

$$A_1 \cup A_2 \cup \cdots \cup A_n \cup \cdots = \bigcup_{i=1}^{\infty} A_i$$

为可列个数事件 $A_1, A_2, \cdots, A_n$ 的积事件.

(5)事件的差."由在事件 A 中而不在事件 B 中的样本点组成新事件",称为事件 A 与事件 B 的差事件,记为 $A-B$.由于 $A-B=\{\omega \mid \omega \in A$ 且 $\omega \notin B\}$,故用概率论语言说:事件"$A-B$"表示"A 发生且 B 不发生的事件".如图 6-1-4～图 6-1-7 所示.

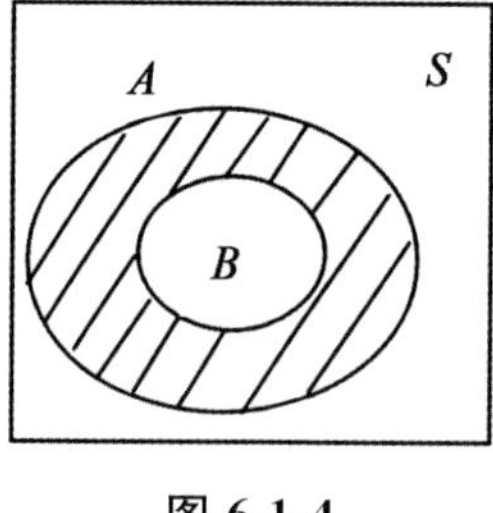

图 6-1-4

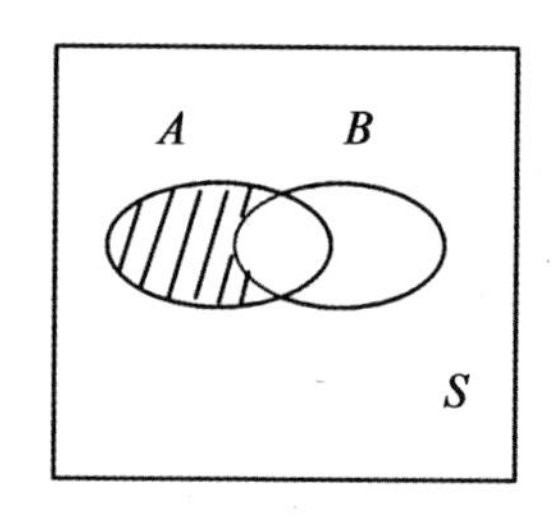

图 6-1-5

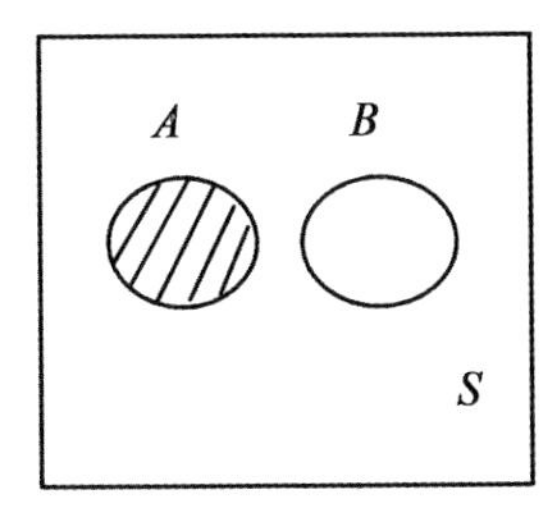

图 6-1-6

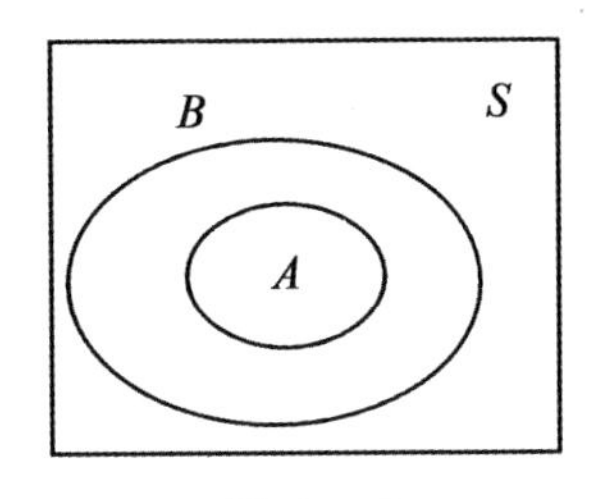

图 6-1-7

(6)互不相容事件(互斥事件).如果事件 A 与事件 B 不同时发生,即 $AB \neq \phi$,则称事件 A 与事件 B 互不相容(互斥),否则称为相容(不互斥).互斥事件是指两个事件,同一样本空间中,全体基本事件两两互斥.如图 6-1-8 所示.

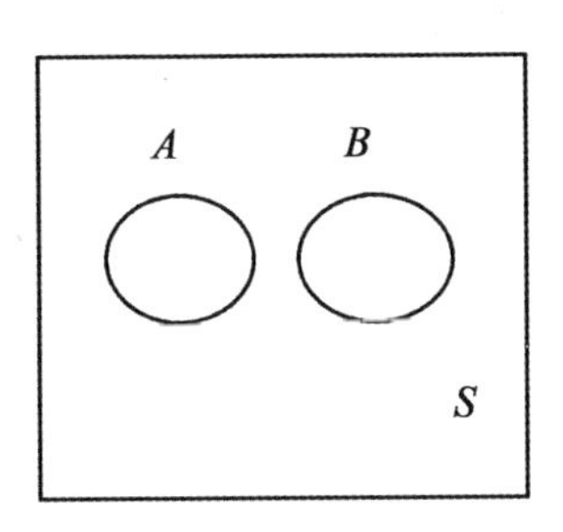

图 6-1-8

如果 n 个事件 $A_1, A_2, \cdots, A_n$ 中任意两个事件不可能同时发生,则称这 n 个事件是两两互不相容的(两两互斥的).

(7)对立事件."事件 A 不发生"这一事件称为事件 A 的对立事件,记为 $\overline{A}$,易见 $\overline{A} = S - A$, $A\overline{A} = \phi$, $A \cup \overline{A} = S$, $\overline{\overline{A}} = A$,即在一次试验中 A 与 $\overline{A}$ 有且仅有一个事件发生.必然事件 S 与不可能事件 ϕ 互为对立事件,即 $\overline{S} = \phi$, $\overline{\phi} = S$.对立的两事件必互不相容,反之未必.如图 6-1-9 所示.

今后常用到的一个重要公式:

$$A - B = A\overline{B} = A - AB(\text{证明略}).$$

在集合论知识的基础上,我们会发现事件间的关系及运算与集合间的关系及运算之间是完全可以互相类比的.下面给出这种类比的对应关系(表 6-1-1).

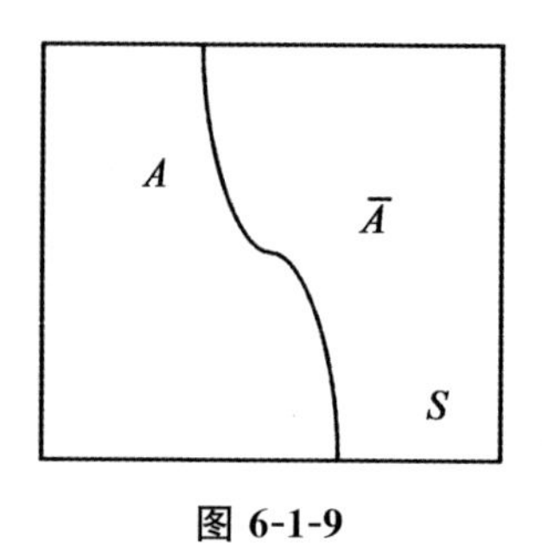

图 6-1-9

表 6-1-1

概率论	集合论
样本空间	合集 $S=\{\omega\}$
事件	子集
事件 A 发生	出现的试验结果 $\omega\in A$
必然事件	S
不可能事件	ϕ
事件 A 发生导致事件 B 发生	$A\subset B$
事件 A 与事件 B 至少有一个发生	$A\cup B$
事件 A 与事件 B 同时发生	$A\cap B$(或 AB)
事件 A 发生而事件 B 不发生	$A-B$
事件 A 与事件 B 互不相容	$AB=\phi$
事件 A 的对立事件	集合 A 的余集

在许多场合,用集合论的表达方式显得简练些,也更容易理解,但对初学概率论的读者来说,重要的是学会用概率论的语言来理解集合间的关系及运算,并能运用它们.

(8)事件的运算性质.类似使用集合论证明集合相等的方法,可证明如下事件的运算性质.

交换律:

$$A\cup B=B\cup A,AB=BA$$

结合律：

$$(A\cup B)\cup C=A\cup(B\cup C),(AB)C=A(BC)$$

分配律：

$$(A\cup B)\cap C=AC\cup BC,$$
$$(A\cap B)\cup C=(A\cup C)\cap(B\cup C)$$

对偶律(德摩根律)：

$$\overline{A\cup B}=\overline{A}\cap\overline{B},\overline{A\cap B}=\overline{A}\cup\overline{B}$$

对偶律可推广到多个事件及可数个事件的情形：

$$\overline{\bigcup_{i=1}^{n}A_i}=\bigcap_{i=1}^{n}\overline{A_i},\overline{\bigcap_{i=1}^{n}A_i}=\bigcup_{i=1}^{n}\overline{A_i};$$
$$\overline{\bigcup_{i=1}^{\infty}A_i}=\bigcap_{i=1}^{\infty}\overline{A_i},\overline{\bigcap_{i=1}^{\infty}A_i}=\bigcup_{i=1}^{\infty}\overline{A_i}.$$

例 6.1.3 一名射手连续向一个目标射击三次，设 A_i 表示“第 i 次射击命中目标”，$i=1,2,3$，则

(1)$A_1\cup A_2$ 表示“前两次射击至少有一次击中”；

(2)$\overline{A_2}$表示“第二次射击未击中目标”；

(3)$\overline{A_1\cup A_2}=\overline{A_1}\ \overline{A_2}$ 表示“前两次射击均未击中目标”；

(4)$\overline{A_1}\cup\overline{A_2}\cup\overline{A_3}$表示“三次射击中，至少有一次未击中目标”；

(5)$A_1A_2\overline{A_3}\cup\overline{A_1}A_2A_3\cup A_1\overline{A_2}A_3$表示“三次射击中，恰有两次命中目标”.

推广：“$A_1,A_2,\cdots,A_n$ 至少有两个发生”可表示为 $\bigcup\limits_{1\leqslant i<j\leqslant n}A_iA_j$，“$A_1,A_2,\cdots,A_n$ 至少有三个发生”可表示为 $\bigcup\limits_{1\leqslant i<j<k\leqslant n}A_iA_jA_k$.

6.1.2 概率

定义 6.1.7 随机事件 A 发生的可能性大小的数值，称为事件 A 发生的概率，记为 $P(A)$.

6.1.2.1 频率

定义 6.1.8 在相同的条件下，进行了 n 次试验，在这 n 次试验中，事件 A 发生的次数 n_A 称为事件 A 发生的频数，比值$\dfrac{n_A}{n}$称为事件 A 发

生的频率,并记为 $f_n(A)$.

由定义,易见频率具有下述基本性质:

(1)$0\leqslant f_n(A)\leqslant 1$.

(2)$f_n(S)=1$.

(3)若 $A_1,A_2,\cdots,A_k$ 是两两互不相容的事件,则

$$f_n(A_1\cup A_2\cup\cdots\cup A_k)=f_n(A_1)+f_n(A_2)+\cdots f_n(A_k).$$

例 6.1.4 考虑"抛硬币"这个试验,我们将一枚硬币抛掷 5 次、50 次、500 次各做 5 遍,得到的数据见表 6-1-2 所列(其中 n_H 表示 H 发生的频数,$f_n(H)$表示 H 发生的频率).

表 6-1-2

实验序号	$n=5$		$n=50$		$n=500$	
	n_H	$f_n(H)$	n_H	$f_n(H)$	n_H	$f_n(H)$
1	2	0.4	22	0.44	251	0.502
2	3	0.6	25	0.5	249	0.498
3	1	0.2	21	0.42	256	0.512
4	5	1	25	0.5	253	0.506
5	1	0.2	24	0.48	251	0.502

当抛掷硬币的次数 n 较少时,正面向上的频率 $f_n(H)$是不稳定的;但是随着抛掷硬币次数 n 的增大,$f_n(H)$呈现出稳定性,$f_n(H)$总是在 0.5 附近摆动.

大量试验证明:当重复试验次数 n 逐渐增大时,频率 $f_n(A)$呈现出稳定性,逐渐稳定于某个常数.因为这种客观规律性——频率的稳定性,是通过大量的统计显示出来的,所以称之为统计规律性.我们可以从频率的稳定性出发,给出概率的统计定义.

6.1.2.2 概率的统计定义

定义 6.1.9 重复进行 n 次试验,当 n 越大时,关心事件 A 的频率 $f_n(A)$会稳定在某个常数附近,称此常数为事件 A 的概率,记为 $P(A)$.

事件 A 的概率 $P(A)$客观存在,取决于事件本身的结构.例如,"投掷骰子试验中"各点数出现的概率与骰子大小无关,与谁投无关,仅与骰

子是质量均匀的六面体这一本身结构有关.

概率的统计定义不可用来计算概率,统计定义直观、具体、容易理解,但理论上不够严格,而且必须建立在大量重复试验的基础之上.

关于"频率稳定性"的确切含义,在很多情况下,当无法确定出 $P(A)$ 时,通常用 $f_n(A)$ 近似地估计概率 $P(A)$.

6.1.3 概率的公理化定义及其性质

6.1.3.1 概率论的公理化定义

定义 6.1.10 设 E 是随机试验,S 是它的样本空间,对于 E 的每一事件 A 赋予一个实数,记为 $P(A)$,称为事件 A 的概率,如果集合函数 $P(\cdot)$ 满足下述三条公理:

公理 1(非负性) 对于每一事件 A,有 $P(A)\geqslant 0$;

公理 2(规范性) 对于必然事件 S,有 $P(S)=1$;

公理 3(可列可加性) 设 $A_1,A_2\cdots$ 是两两互不相容的事件,即对于 $A_iA_j=\phi$, $i\neq j,i,j=1,2,\cdots$ 有

$$P(A_1\cup A_2\cup\cdots)=P(A_1)+P(A_2)+\cdots.$$

概率的公理化定义刻画了概率的本质,概率是集合(事件)的函数,当这个函数能满足上述三条公理,就被称为概率.之前讲解的概率的各种定义经验证均满足概率的公理化定义.

6.1.3.2 概率的性质

性质 6.1.1 $P(\phi)=0$.

证明:取 $A_i=\phi(i=1,2,\cdots)$,则显然这是一列两两互不相容的事件,且 $\bigcup\limits_{i=1}^{\infty}A_i=\phi$,由概率的可列可加性知

$$P(\phi)=P(\bigcup_{i=1}^{\infty}A_i)=\sum_{i=1}^{\infty}P(A_i)=\sum_{i=1}^{\infty}P(\phi).$$

由于 $P(\phi)\geqslant 0$,故必有 $P(\phi)=0$.

性质 6.1.2(有限可加性) 若 $A_1,A_2\cdots A_n$ 是两两互不相容的事件,则

$$P(A_1 \cup A_2 \cup \cdots A_n) = P(A_1) + P(A_2) + \cdots + P(A_n)$$

称为概率的**有限可加性**.

证明:令 $A_{n+1} = A_{n+2} = \cdots = \phi$,即有 $A_i A_j = \phi, i \neq j, i, j = 1, 2, \cdots$. 由上式得

$$\begin{aligned} P(A_1 \cup A_2 \cup \cdots A_n) &= P(\bigcup_{k=1}^{\infty} A_k) = \sum_{k=1}^{\infty} P(A_k) \\ &= \sum_{k=1}^{n} P(A_k) + 0 \\ &= P(A_1) + P(A_2) + \cdots + P(A_n). \end{aligned}$$

得证.

性质 6.1.3 对任一事件 A,有

$$P(\overline{A}) = 1 - P(A).$$

证明:由于 $A\overline{A} = \phi, A \cup \overline{A} = S$,由概率的规范性及有限可加性知

$$1 = P(S) = P(A \cup \overline{A}) = P(A) + P(\overline{A}),$$

由此得 $P(\overline{A}) = 1 - P(A)$.

有些事件直接考虑较为复杂,而考虑其对立事件则相对比较简单,对于此类问题就可以用性质 6.1.3 加以解决,见下面例子.

例 6.1.5 36 只灯泡中 4 只是 60W,其余都是 40W 的,现从中任意取 3 只,求至少取到一只 60W 灯泡的概率.

解:设事件 A="取出的 3 只中至少有一只 60W".则 A 包括三种情况:"取到一只 60W,两只 40W"(记为 A_1);"取到两只 60W,一只 40W"(记为 A_2);"取到三只 60W"(记为 A_3),且 $A = A_1 \cup A_2 \cup A_3$;$A_1, A_2, A_3$ 两两互不相容.而 A 的对立事件只包括一种情况,$\overline{A}$="取出的 3 只全部是 40W".

(1)直接法.由概率的有限可加性及古典概率知

$$\begin{aligned} P(A) &= P(A_1 \cup A_2 \cup A_3) = P(A_1) + P(A_2) + P(A_3) \\ &= \frac{C_4^1 C_{32}^2}{C_{36}^3} + \frac{C_4^2 C_{32}^1}{C_{36}^3} + \frac{C_4^3}{C_{36}^3} = 0.305. \end{aligned}$$

(2)对立事件法.由于 $P(\overline{A}) = \frac{C_{32}^3}{C_{36}^3} = \frac{248}{357} = 0.695$,故 $P(A) = 1 - P(\overline{A}) = 0.305$.

本题在问题的分析及计算量上,方法(2)都优于方法(1).

例 6.1.6　设有 $r(r\leqslant 365)$ 个人，每个人的生日是 365 天的任何一天是等可能的，试求事件“至少有两人同一天生日”的概率.

解：“至少有两人同一天生日”包括的情况比较复杂，我们讨论其对立事件.

设 $A=\{$至少有两人同一天生日$\}$，$\overline{A}=\{$没有人同一天生日$\}$

由古典概率知

$$P(\overline{A})=\frac{A_{365}^{r}}{(365)^{r}}.$$

于是

$$P(A)=1-P(\overline{A})=1-\frac{A_{365}^{r}}{(365)^{r}}$$

美国数学家伯格米尼曾随机地在某号看台上召唤了 22 个球迷，请他们分别写下自己的生日，结果竟发现其中有两个人同一天生日.用上面的公式可以计算此事($r=22$)出现的概率：

$$P(A)=1-0.524=0.476$$

即 22 个球迷中至少有两个人同一天生日的概率为 0.476.更令人吃惊的是，这个概率随着球迷人数的增加而迅速增加，见表 6-1-3 所列.

表 6-1-3

人数 r	20	21	22	30	40	50	60
概率 $P(A)$	0.411	0.444	0.476	0.706	0.891	0.970	0.994

性质 6.1.4(减法公式)　若 $A\Leftrightarrow B$，则

$$P(A-B)=P(A)-P(B).$$

证明：因为 $A\Leftrightarrow B$，所以 $A=B\cup(A-B)$，且 B 与 $A-B$ 互不相容，由有限可加性得

$$P(A)=P(B)+P(A-B),$$

即 $P(A-B)=P(A)-P(B)$.

推论 6.1.1　若 $A\Leftrightarrow B$，则 $P(A)\geqslant P(B)$.

由性质 6.1.4 易证明.

推论 6.1.2　对于任意事件 A，$P(A)\leqslant 1$.

证：由任一事件 $A\subset S$，$P(S)=1$ 知，$0\leqslant P(A)\leqslant 1$，即概率取值介于 0 与 1 之间.

推论 6.1.3 对于任意两个事件 A,B,有

$$P(A-B)=P(A)-P(AB).$$

证明:因为 $A-B=A-AB$,且 $AB\subset A$,所以由性质 6.1.4 得

$$P(A-B)=P(A-AB)=P(A)-P(AB).$$

结论得证(图 6-1-10).

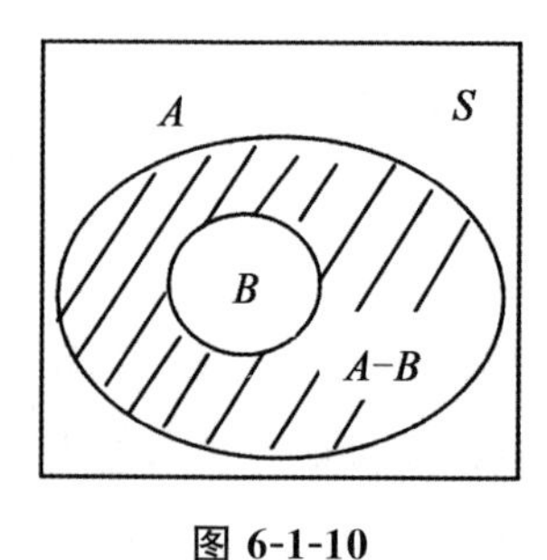

图 6-1-10

性质 6.1.5(加法公式) 对于任意两个事件 A,B,有

$$P(A\cup B)=P(A)+P(B)-P(AB),\tag{6-1-1}$$

则此公式称为概率的加法公式.

证明:因 $A\cup B=A\cup(B-AB)$,参见图 6-1-11,且 $A(B-AB)=\phi$,$AB\subset B$,故由有限可加性及减法公式得

$$\begin{aligned}P(A\cup B)&=P(A)+P(B-AB)\\&=P(A)+P(B)-P(AB).\end{aligned}$$

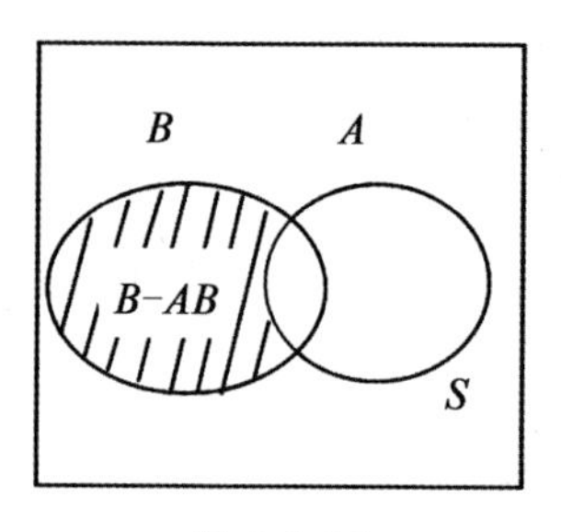

图 6-1-11

结论得证.

特别的,当 $AB=\phi$ 时,有 $P(A\cup B)=P(A)+P(B)$成立.

利用归纳法,式(6-1-1)还能推广到多个事件的情况.例如,设 A_1,

A_2, A_3 为任意三个事件,则有

$$P(A_1 \cup A_2 \cup A_3) = P(A_1) + P(A_2) + P(A_3) - P(A_1A_2) - P(A_1A_3) - P(A_2A_3) + P(A_1A_2A_3).$$

一般对于任意 n 个事件 $A_1, A_2, \cdots, A_n$,可以用归纳法证得

$$P(A_1 \cup A_2 \cup \cdots \cup A_n) = \sum_{i=1}^{n} P(A_i) - \sum_{1 \leqslant i < j \leqslant n} P(A_iA_j) + \sum_{1 \leqslant i < j < k \leqslant n} P(A_iA_jA_k) + \cdots + (-1)^{n-1} P(A_1A_2\cdots A_n).$$

例 6.1.7 10 个灯泡中有 3 个是次品,现从中任取 4 个,求至少有 2 个次品的概率.

解:设 B =“至少取到 2 个次品”,则

A_i =“4 个灯泡中有 i 个次品”,$i = 2, 3$.

显然 $B = A_2 \cup A_3$ 且 $A_2A_3 = \phi$,则加法公式

$$P(B) = P(A_2 \cup A_3) = P(A_2) + P(A_3) = \frac{C_3^2 C_7^2}{C_{10}^4} + \frac{C_3^3 C_7^1}{C_{10}^4} = \frac{3}{10} + \frac{1}{30} = \frac{1}{3}.$$

6.2 条件概率和事件的独立性

6.2.1 条件概率

定义 6.2.1 设 A, B 为事件,$P(B) > 0$,称已知事件 B 发生的条件下 A 发生的概率为条件概率,记为 $P(A|B)$.

定义 6.2.2 设 A, B 为事件,$P(B) > 0$,则称

$$P(A|B) = \frac{P(AB)}{P(B)} \tag{6-2-1}$$

为已知事件 B 发生条件下,事件 A 发生的条件概率.

不难验证,对于给定事件 B,$P(B) > 0$,条件概率 $P(\cdot\,|B)$ 满足概

率的三条公理：

(1)非负性.对任意事件 A，有 $P(A|B)\geqslant 0$.

(2)规范性.$P(\Omega|B)=1$.

(3)可列可加性.对任意可列个两两不相容的事件 $A_1,A_2,\cdots,A_n$，有

$$P(\bigcup_{i=1}^{\infty}A_i|B)=\sum_{i=1}^{\infty}P(A_i|B).$$

由此可知，条件概率也是概率，特别的当 $B=S$ 时，$P(\cdot|B)$就是原来的概率 $P(\cdot)$.此外，由于 $P(\cdot|B)$也是概率，故它也满足概率的其他性质.

在计算条件概率时，有时从试验的结构可直接得到条件概率.有时则需要利用(6-2-1)式来计算条件概率.下面例子中两个问题分别对应这两种情况.

例 6.2.1 一袋中装有 10 个球，其中 3 个黑球，7 个白球，先后两次从袋中各取一球(不放回).

(1)已知第一次取出的是黑球，求第二次取出的仍是黑球的概率；

(2)已知第二次取出的是黑球，求第一次取出的也是黑球的概率.

解：设 A_i="第 i 次取到的是黑球"($i=1,2$).

(1)在已知 A_1 发生，即第一次取到的是黑球的条件下，第二次取球就在剩下的 2 个黑球，7 个白球共 9 个球中任取一个，根据古典概率知

$$P(A_2|A_1)=\frac{2}{9}.$$

(2)在已知 A_2 发生，即第二次取到的是黑球的条件下，第一次取球发生在第二次取球之前，问题的结构不像(1)那么直观，采用公式(6-2-1)计算：

$$P(A_1A_2)=\frac{A_3^2}{A_{10}^2}=\frac{1}{15},P(A_2)=\frac{3}{10}(\text{抽签与次序无关}),$$

故由条件概率公式得

$$P(A_1|A_2)=\frac{P(A_1A_2)}{P(A_2)}=\frac{2}{9}.$$

6.2.2 事件的独立性

独立性是概率论中又一重要概念，利用独立性可以简化概率的计算.

6.2.2.1 两个事件的独立性

定义 6.2.3 如果事件 B 的发生不影响事件 A 的概率,即

$$P(A|B)=P(A) \tag{6-2-2}$$

则称事件 A 对事件 B 是独立的;否则,称为是不独立的.

事实上,如果事件 A 对事件 B 是独立的,则事件 B 对事件 A 也是独立的,即 A 与 B 相互独立.这是因为,如果事件 A 对事件 B 是独立的,即有 $P(A|B)=P(A)$,则由等式

$$P(A)P(B|A)=P(B)P(A|B)$$

可得 $P(B|A)=P(B)$,事件 B 对事件 A 也是独立的.

如果两事件中任意事件的发生不影响另一事件的概率,则称它们是相互独立的.

下述定理也可作为两事件相互独立的等价定义.

定理 6.2.1 两事件 A,B 独立的充分且必要条件是

$$P(AB)=P(A)\cdot P(B) \tag{6-2-3}$$

证明:必要性.这一定理由乘法公式易知,当 A 与 B 独立时

$$P(AB)=P(B)\cdot P(A|B)=P(B)\cdot P(A),$$

命题成立.

充分性.若等式 $P(AB)=P(A)\cdot P(B)$ 成立,则有条件概率公式

$$P(A|B)=\frac{P(AB)}{P(B)}=\frac{P(A)\cdot P(B)}{P(B)}=P(A),$$

即 A 与 B 相互独立.

定理 6.2.2 若事件 A 与事件 B 相互独立,则下列各个事件也相互独立:

(1) $\overline{A}$ 与 B;(2) A 与 $\overline{B}$;(3) $\overline{A}$ 与 $\overline{B}$.

证明:(1)与(2)本质相同,均表明两事件独立情形下,其中一事件与另一事件的对立事件相互独立.仅证(1),(2)与(3)的证明留给读者自行证明.

已知 A 与 B 相互独立,试证 $\overline{A}$ 与 B 相互独立.由条件概率性质可知

$$P(\overline{A}|B)=1-P(A|B)=1-P(A)=P(\overline{A}),$$

故得证.

又可证如下：

$$P(\overline{A}B)=P(B)P(\overline{A}|B)=P(B)[1-P(A|B)]$$
$$=P(B)[1-P(A)]=P(B)\cdot P(\overline{A}),$$

故命题再一次得证.

6.2.2.2 多个事件的相互独立性

对于相互独立的三个事件 A,B,C，要求任何一个事件发生的概率不受其他事件发生与否的影响，因此除要求 A 与 B，B 与 C，A 与 C 独立外，还应要求 A 与 BC，B 与 AC，C 与 AB 独立，其定义如下：

定义 6.2.4 设 A,B,C 是三个事件，如果满足等式

$$\begin{cases}P(AB)=P(A)P(B),\\P(BC)=P(B)P(C),\\P(AC)=P(A)P(C),\\P(ABC)=P(A)P(B)P(C),\end{cases}\tag{6-2-4}$$

则称事件 A,B,C 相互独立.若 A,B,C 仅满足(6-2-4)式前三个等式，则称事件 A,B,C 两两独立.

定义 6.2.5 一般，设 $A_1,A_2,\cdots A_n$ 是 $n(n\geqslant 2)$ 个事件，如果对于其中任意 2 个，任意 3 个，……，任意 n 个事件的积事件的概率，都等于各事件概率之积，则称事件 $A_1,A_2,\cdots A_n$ 相互独立.即对任意 $k(2\leqslant k\leqslant n)$ 及任意 $1\leqslant i_1<i_2<\cdots<i_k\leqslant n$，需满足等式

$$P(A_{i_1}A_{i_2}\cdots A_{i_k})=P(A_{i_1})P(A_{i_2})\cdots P(A_{i_k}).\tag{6-2-5}$$

式(6-2-5)包含的等式总数为

$$C_n^2+C_n^3+\cdots+C_n^n=(1+1)^n-C_n^1-C_n^0=2^n-n-1$$

例 6.2.2 一门火炮向某一目标射击，每发炮弹命中目标的概率为 0.7，求

(1)连射三发都命中的概率；

(2)前三发中至少有一发命中的概率.

解：设 A_i 表示“第 i 发炮弹命中目标”，$i=1,2,3$，显然，A_1,A_2,A_3 相互独立.

(1)三发都命中的概率是

$$P(A_1A_2A_3)=P(A_1)P(A_2)P(A_3)=0.7^3=0.343.$$

(2)至少有一发命中的概率是

$$
\begin{aligned}
P(A_1\cup A_2\cup A_3)&=P(A_1)+P(A_2)+P(A_3)-P(A_1A_2)\\
&\quad -P(A_2A_3)-P(A_3A_1)+P(A_1A_2A_3)\\
&=P(A_1)+P(A_2)+P(A_3)-P(A_1)P(A_2)\\
&\quad -P(A_2)P(A_3)-P(A_3)P(A_1)\\
&\quad +P(A_1)P(A_2)P(A_3)\\
&=0.973.
\end{aligned}
$$

由于 A_1,A_2,A_3 两两互不相容,故上式使用加法公式比较复杂.我们考虑其对立事件,另解(2)如下:

$$
\begin{aligned}
P(A_1\cup A_2\cup A_3)&=1-P(\overline{A_1\cup A_2\cup A_3})\\
&=1-P(\overline{A_1A_2A_3})\\
&=1-P(\overline{A_1})P(\overline{A_2})P(\overline{A_3})\\
&=1-0.3^3=0.973.
\end{aligned}
$$

例 6.2.3 常言道:三个臭皮匠,顶一个诸葛亮,这是对人多办法多,人多智慧高的一种赞誉,你可曾想到,它可以从概率的计算得到证实.

设 A_i 表示"第 i 个臭皮匠独立解决某问题" $i=1,2,3$,B 表示"问题被解决",则 $B=A_1\cup A_2\cup A_3$.由于臭皮匠们的技艺均不高,不妨设

$$P(A_1)=0.45,P(A_2)=0.55,P(A_3)=0.60.$$

用例 6.2.2 使用的方法,可得

$$
\begin{aligned}
P(B)=P(A_1\cup A_2\cup A_3)&=1-P(\overline{A_1})P(\overline{A_2})P(\overline{A_3})\\
&=1-(1-0.45)(1-0.55)(1-0.60)=0.901,
\end{aligned}
$$

即三个并不聪明的"臭皮匠"居然能解出 90%以上的问题,聪明的诸葛亮也不过如此!

例 6.2.4 一个电子元件能正常工作的概率叫作这个元件的可靠性;由若干个电子元件构成的系统能正常工作的概率叫作这个系统的可靠性.系统的可靠性除了与构成系统的各个元件的可靠性有关,还与各个元件之间的联接方式有关.设 p_i 表示"第 i 个元件的可靠性",$i=1,2,3,4$.求图 6-2-1 所表示系统的可靠性.

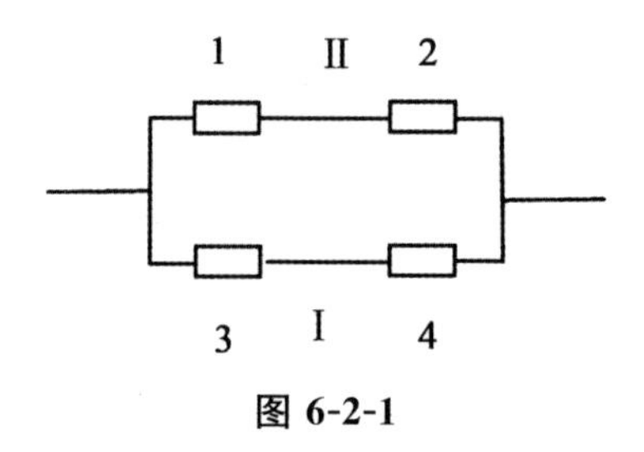

图 6-2-1

解:设 A_i 表示"第 i 个元件正常工作"($i=1,2,3,4$),A 表示"系统正常工作".系统由两条线路Ⅰ和Ⅱ并联组成,当且仅当至少有一条线路中的两个元件均正常工作时,这一系统正常工作,故 $A=A_1A_2\cup A_3A_4$.由事件的独立性可知,系统的可靠性为

$$\begin{aligned}P(A)&=P(A_1A_2\cup A_3A_4)\\&=P(A_1A_2)+P(A_3A_4)-P(A_1A_2A_3A_4)\\&=P(A_1)P(A_2)+P(A_3)P(A_4)-P(A_1)P(A_2)P(A_3)P(A_4)\\&=p_1p_2+p_3p_4-p_1p_2p_3p_4.\end{aligned}$$

6.3 随机变量及其分布

6.3.1 随机变量

定义 6.3.1 设随机试验 E 的样本空间为 $\Omega=\{\omega\}$,如果对于每一个样本点 $\omega\in\Omega$,都可用唯一实数 $X(\omega)$ 与之对应,即用实数 $X(\omega)$ 来表示样本点 ω,则称 $X(\omega)$ 是一个随机变量.

$X(\omega)$ 简记作 X,不同的随机变量可用不同的大写字母 X,Y,Z 或小写的希腊字母 ξ,η,ζ 等表示.

引入随机变量概念后,各种随机事件就可以用随机变量的关系式表达出来.

例 6.3.1 抛一枚均匀硬币,有两种可能的结果:"正面朝上"或"反面朝上",用 1 表示前者,用 0 表示后者,用随机变量 X 表示结果,则此试验的结果是 $\{X=1\}$ 或 $\{X=0\}$.

例 6.3.2 掷一颗骰子观察出现的点数，用随机变量 X 表示出现的点数，则 $\{X=3\}$ 表示事件“出现的点数为 3”，$\{X<3\}$ 表示事件“出现的点数小于 3”，即 $\{X<3\}=\{X=1\}\cup\{X=2\}$.

例 6.3.3 某地铁站每 5min 有一列车通过，用随机变量 X 表示乘客在地铁站的候车时间，则 $X\in[0,5)$，$\{0\leqslant X\leqslant 2\}$ 表示事件“乘客候车时间不超过 2min”.

定义 6.3.2 如果随机变量 X 的取值为有限个或可列个，则称 X 为离散型随机变量；如果 X 可在一个或若干个区间内连续取值，则称 X 为连续型随机变量. 例 6.3.1、6.3.2 中的 X 均为离散型随机变量，例 6.3.3 中的 X 为连续型随机变量.

6.3.2 离散型随机变量

为了全面地描述一个离散型随机变量的统计规律，既要知道它的全部可能取值，又要知道它取每个可能值的概率是多少.

6.3.2.1 离散型随机变量的分布律

定义 6.3.3 设离散型随机变量 X 的全部可能取值为 $x_1,x_2,\cdots x_n,\cdots$，对应的概率为

$$P(X=x_i)=p_i, i=1,2,\cdots. \tag{6-3-1}$$

则称式(6-3-1)为离散型随机变量 X 的概率分布或分布律.

分布律可以用表格的形式来表示.

X	$x_1 \quad x_2 \quad \cdots \quad x_n \quad \cdots$
$P(X=x_i)$	$p_1 \quad p_2 \quad \cdots \quad p_n \quad \cdots$

分布律也可记成

$$X\sim\begin{pmatrix} x_1 & x_2 & \cdots & x_i & \cdots \\ p_1 & p_2 & \cdots & p_i & \cdots \end{pmatrix}.$$

关于 $p_i(i=1,2,\cdots)$ 有下面两个性质：

(1) $p_i \geqslant 0(i=1,2,\cdots)$；

(2) $\sum_i p_i = 1$.

例 6.3.4 袋中有 5 只球，分别编号 1,2,…,5，从中同时取出 3 只球，以 X 表示取出的球的最小号码，求 X 的分布律.

解：X 的所有可能取值为 1,2,3，由古典概率知

$$P(X=1)=\frac{C_4^2}{C_5^3}=0.6, P(X=2)=\frac{C_3^2}{C_5^3}=0.3, P(X=3)=\frac{C_2^2}{C_5^3}=0.1.$$

因此，所求的分布律为

$$X \sim \begin{pmatrix} 1 & 2 & 3 \\ 0.6 & 0.3 & 0.1 \end{pmatrix}.$$

6.3.2.2 几种常见离散型随机变量的分布律

(1)两点分布.设随机变量 X 的分布律为

$$P(X=1)=p, P(X=0)=1-p \ (0<p<1),$$

则称 X 服从参数为 p 的两点分布，两点分布又称伯努利分布，记为 $X \sim B(1,p)$.

随机试验 E 只有两种可能结果时，都可用两点分布来描述.例如，射击一次是否命中目标；检验一件产品是否合格等都服从两点分布.

(2)二项分布.设随机变量 X 的分布律为

$$P(X=k)=C_n^k p^k (1-p)^{n-k} (k=0,1,\cdots,n; 0<p<1),$$

则称 X 服从参数为 n,p 的二项分布，记为 $X \sim B(n,p)$.

当 $n=1$ 时，二项分布就是参数为 p 的两点分布，由定义可知服从二项分布的随机变量是 n 个独立同为两点分布的随机变量之和.

一般来说，在 n 重伯努利实验中，若用 X 表示 n 重伯努利实验中事件 A 出现的次数，则事件 A 恰好发生 $k(0\leqslant k\leqslant n)$ 次的概率为

$$P(X=k)=C_n^k p^k (1-p)^{n-k} (k=0,1,\cdots,n),$$

即 $X \sim B(n,p)$.

例 6.3.5 某特效药的临床有效率为 0.95，今有 10 人服用，问至少有 8 人治愈的概率是多少？

解：记 A 为事件“服用特效药的人被治愈”，由题意知 $P(A)=0.95$，$n=10$，记 X 为 10 人中被治愈的人数，则 $X \sim B(10,0.95)$，故所求概

率为

$$P(X\geqslant 8)=P(X=8)+P(X=9)+P(X=10)$$
$$=C_{10}^{8}0.95^{8}0.05^{2}+C_{10}^{9}0.95^{9}0.05+0.95^{10}$$
$$=0.0746+0.3151+0.5988=0.9885.$$

(3)泊松分布　设随机变量 X 的分布律为

$$P(X=k)=\frac{\lambda^{k}}{k!}e^{-\lambda}(k=0,1,\cdots,n,\cdots),$$

其中 $\lambda>0$,则称 X 服从参数为 λ 的泊松分布,记为 $X\sim P(\lambda)$.

泊松分布是一种常用的离散分布,它常与单位时间(或单位面积、单位产品等)上的计数过程相联系.例如,某交通道口一分钟内的汽车流量;显微镜下某个区域内的细菌的个数;某地区一年内发生地震的次数;书中每页出现的错字数等都可用泊松分布来描述.

例 6.3.6　一铸件的砂眼(缺陷)数服从参数为 $\lambda=0.5$ 的泊松分布,试求此铸件上只有 1 个砂眼的概率和至少有 2 个砂眼的概率.

解:记 X 为此铸件的砂眼数,由题意知 $X\sim P(0.5)$,则此铸件上只有 1 个砂眼的概率为

$$P(X=1)=\frac{0.5^{1}}{1!}e^{-0.5}=0.3.$$

至少有 2 个砂眼的概率为

$$P(X\geqslant 2)=1-P(X\leqslant 1)=1-P(X=1)-P(X=0)$$
$$=1-\frac{0.5^{1}}{1!}e^{-0.5}-\frac{0.5^{0}}{1!}e^{-0.5}=0.09.$$

泊松分布还有一个非常实用的特性,即可以用泊松分布作为二项分布的一种近似.在二项分布中,当 n 很大,p 很小时,计算量是很大的,此时可取 $\lambda=np$,有

$$C_{n}^{k}p^{k}(1-p)^{n-k}\approx\frac{\lambda^{k}}{k!}e^{-\lambda}.$$

泊松分布有专门的数值表可供查用,计算十分方便.

例 6.3.7　有 10 000 名同年龄段且同社会阶层的人参加了某保险公司的一项人寿保险,每个投保人在每年初需交纳 200 元保费,而在这一年中若投保人死亡,则受益人可从保险公司获得 100 000 元的赔偿费.据生命表知这类人的年死亡率为 0.001.试求保险公司在这项业务上:

(1)亏本的概率;

(2)至少获利 500 000 元的概率.

解:设 X 为 10 000 名投保人在一年中死亡的人数,则 $X \sim B(10\ 000, 0.001)$.保险公司在这项业务上一年的总收入为 $200 \times 10\ 000 = 2\ 000\ 000$(元).因为 $n = 10\ 000$ 很大,$p = 0.001$ 很小,所以用 $\lambda = np = 10$ 的泊松分布进行近似计算.

(1)保险公司在这项业务上"亏本"相当于事件$(X > 20)$发生,因此所求概率为

$$P(X > 20) = 1 - P(X \leqslant 20) \approx 1 - \sum_{k=0}^{20} \frac{10^k}{k!} e^{-10}$$

$$= 1 - 0.998 = 0.002.$$

(2)保险公司在这项业务上"至少获利 500 000 元"就相当于事件$(X \leqslant 15)$发生,因此所求概率为

$$P(X \leqslant 15) \approx \sum_{k=0}^{15} \frac{10^k}{k!} e^{-10} = 0.951.$$

6.3.3 随机变量的分布函数

不论是离散型还是连续型随机变量 X,研究 X 落在某一区间内的概率 $P(x_1 < X \leqslant x_2)$都很重要,由于

$$P(x_1 < X \leqslant x_2) = P(X \leqslant x_2) - P(X \leqslant x_1).$$

所以,只要知道 $P(X \leqslant x_1)$就可以了,这就是我们下面要引入的分布函数.

定义 6.3.4 设 X 是一个随机变量,x 是任意实数,令

$$F(x) = P(X \leqslant x),$$

则称 $F(x)$为 X 的分布函数.

$F(x)$表示随机变量 X 落在区间$(-\infty, x]$内的概率,具有下列性质:

(1)$F(x)$是一个不减函数;

(2)对任意实数 $x_1, x_2 (x_1 < x_2)$,有

$$F(x_2) - F(x_1) = P(x_1 < X \leqslant x_2) > 0;$$

(3)$0 \leqslant F(x) \leqslant 1$,且

$$F(-\infty) = \lim_{x \to -\infty} F(x) = 0, F(+\infty) = \lim_{x \to +\infty} F(x) = 1;$$

(4)$F(x)$是右连续的,即对任意实数 x_0,有 $\lim\limits_{x \to x_0^+} F(x)=F(x_0)$.

分布函数的概念既适用于连续型随机变量,也适用于离散型随机变量.对于离散型随机变量 X,如果 X 的分布律为

$$P(X=x_i)=p_i, i=1,2,\cdots$$

由概率的可列可加性得 X 的分布函数为

$$F(x)=P(X \leqslant x)=\sum_{x_i \leqslant x} P(X=x_i)=\sum_{x_i \leqslant x} p_i.$$

其中,$\sum\limits_{x_i \leqslant x}$ 表示对所有满足 $x_i \leqslant x$ 的整数 i 求和.

例 6.3.8 设随机变量 X 的分布列为

$$X \sim \begin{pmatrix} -1 & 2 & 3 \\ 0.2 & 0.5 & 0.3 \end{pmatrix}.$$

试求

(1)X 的分布函数;

(2)$P(X\leqslant 1)$,$P\left(\frac{1}{2}<X\leqslant 3\right)$,$P(2\leqslant X\leqslant 3)$.

解:(1)当 $x<-1$ 时,$F(x)=0$;

当$-1\leqslant x<2$ 时,$F(x)=P(X\leqslant x)=P(X=-1)=0.2$;

当 $2\leqslant x<3$ 时,$F(x)=P(X\leqslant x)=P(X=-1)+P(X=2)=0.7$;

当 $x\geqslant 3$ 时,$F(x)=P(X\leqslant x)=P(X=-1)+P(X=2)+P(X=3)=1$.

故 X 的分布函数为

$$F(x)=\begin{cases} 0, & x<-1, \\ 0.2, & -1\leqslant x<2, \\ 0.7, & 2\leqslant x<3, \\ 1, & x\geqslant 3. \end{cases}$$

$F(x)$的图形如图 6-3-1 所示,呈阶梯状,在 $x=1,2,3$ 处有跳跃.

(2)$P(X\leqslant 1)=F(1)=0.2$,

$P\left(\frac{1}{2}<X\leqslant 3\right)=F(3)-F\left(\frac{1}{2}\right)=1-0.8=0.2$,

$P(2\leqslant X\leqslant 3)=F(3)-F(2)+P(X=2)=1-0.7+0.5=0.8$.

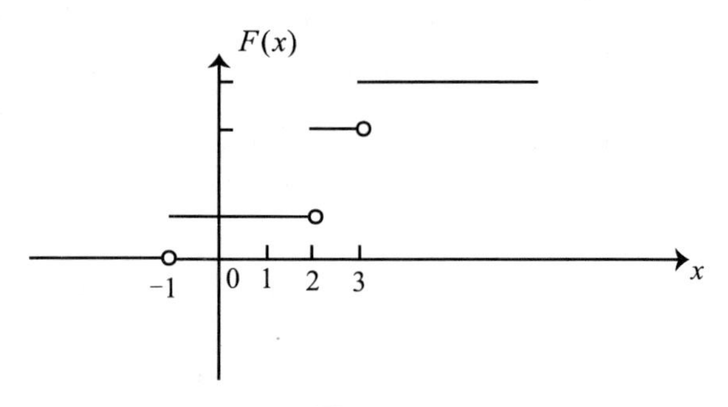

图 6-3-1

例 6.3.9 在区间$[a,b]$上任意投掷一个质点,以 X 表示这个质点的坐标,设这个质点落在$[a,b]$中任意小区间内的概率与这个小区间的长度成正比例,试求 X 的分布函数.

解:由题意知,此试验为几何概率.

$x<a$ 时,$(X\leqslant x)$是不可能事件,故 $F(x)=P(X\leqslant x)=0$;

$a\leqslant x<b$ 时,$F(x)=P(X\leqslant x)=\dfrac{x-a}{b-a}$;

$x\geqslant b$ 时,$(X\leqslant x)$是必然事件,$F(x)=P(X\leqslant x)=1$.

综合上述,X 的分布函数为

$$F(x)=\begin{cases}0, & x<a,\\ \dfrac{x-a}{b-a}, & a\leqslant x<b,\\ 1, & x\geqslant b.\end{cases}$$

$F(x)$的图形如图 6-3-2 所示,是一条连续的曲线.

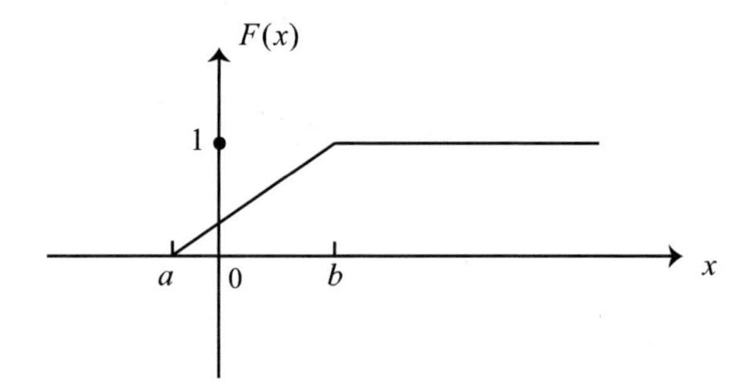

图 6-3-2

6.3.4 连续型随机变量及其概率密度

6.3.4.1 概率密度函数及其性质

连续型随机变量 X 的一切可能取值充满某个区间,不能一一列举出来,因此描述连续型随机变量概率分布不能再用分布律形式表示,而要用概率密度函数来表示.

定义 6.3.5 设随机变量 X 的分布函数为 $F(x)$,如果存在一个非负可积函数 $f(x)$,$x\in(-\infty,+\infty)$,使得 X 的分布函数 $F(x)$ 可以表示为

$$F(x)=\int_{-\infty}^{x} f(t)\,\mathrm{d}t,$$

则称 X 为连续型随机变量,称 $f(x)$ 为 X 的概率密度函数,简称密度函数.

密度函数 $f(x)$ 有下列性质:

(1) $f(x)\geqslant 0, x\in(-\infty,+\infty)$;

(2) $\int_{-\infty}^{+\infty} f(x)\,\mathrm{d}x=1$;

(3) $P(a<X\leqslant b)=\int_{-\infty}^{b} f(x)\,\mathrm{d}x-\int_{-\infty}^{a} f(x)\,\mathrm{d}x=\int_{a}^{b} f(x)\,\mathrm{d}x=F(b)-F(a)$;

(4)如果 $f(x)$ 在点 x 处连续,则有 $F'(x)=f(x)$;

(5)对任意两个常数 a,b,$-\infty<a<b<+\infty$,有

$$P=(a<X<b)=P(a\leqslant X<b)=P(a\leqslant X\leqslant b)=\int_{a}^{b} f(x)\,\mathrm{d}x.$$

例 6.3.10 X 是连续型随机变量,其密度函数为

$$f(x)=\begin{cases} cx^2, & 0<x<2, \\ 0, & \text{其他}. \end{cases}$$

求(1) c 的值;(2) $P(-1<X<1)$.

解:(1)因为 $f(x)$ 是密度函数,所以有 $\int_{-\infty}^{+\infty} f(x)\,\mathrm{d}x=1$ 成立,故

$$c\int_{0}^{2} x^2\,\mathrm{d}x=\frac{c}{3}x^3\Big|_{0}^{2}=1,$$

解得

$$c=\frac{3}{8}.$$

(2) $P(-1<X<1)=\int_{-1}^{1}f(x)\,\mathrm{d}x=\int_{0}^{1}\frac{3}{8}x^2\,\mathrm{d}x=\frac{1}{8}.$

6.3.4.2 常见连续型分布

(1)均匀分布.若随机变量 X 的密度函数(图 6-3-3)为

$$f(x)=\begin{cases}\dfrac{1}{b-a}, & a<x<b,\\ 0, & x<a \text{ 或 } x>b.\end{cases}$$

则称 X 服从区间 (a,b) 上的均匀分布,记为 $X\sim U(a,b)$.

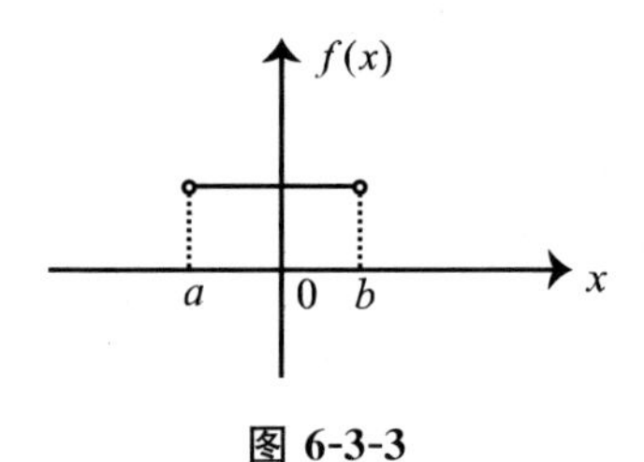

图 6-3-3

均匀分布的分布函数(图 6-3-4)

$$F(x)=\begin{cases}0, & x<a,\\ \dfrac{x-a}{b-a}, & a\leqslant x\leqslant b,\\ 1, & x\geqslant b.\end{cases}$$

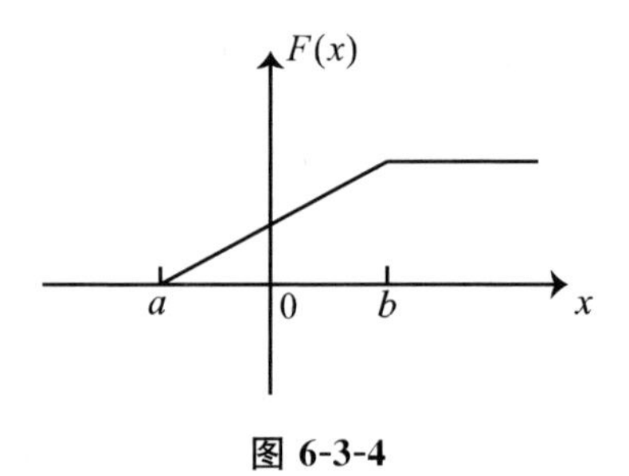

图 6-3-4

对于均匀分布,如果在(a,b)内取一长度为l的子区间$(c,c+d)$,其中$a\leqslant c<c+l\leqslant b$,有

$$P(c<X\leqslant c+d)=\int_{c}^{c+l}f(x)\,\mathrm{d}x=\int_{c}^{c+l}\frac{1}{b-a}\mathrm{d}x=\frac{l}{b-a}.$$

这就表明X落在子区间内的概率只与子区间的长度有关,而与子区间的具体位置无关,即X落在等长的子区间内的概率相同.

例 6.3.11 设某公交车站从早上 6:00 起,每隔 15min 来一辆汽车,某乘客在 6:00 到 6:30 之间随机到这该车站,求他在 5min 之内能上车的概率.

解:记 6:00 为零时刻,X为此乘客到达车站的时刻,因为乘客在 6:00 到 6:30 的某一时刻到达车站的机会均等,故$X\sim U(0,30)$,密度函数为

$$f(x)=\begin{cases}\dfrac{1}{30}, & 0<x<30,\\ 0, & \text{其他}.\end{cases}$$

事件“乘客在 5min 之内上车”即是$(10<X\leqslant 15)\cup(25<X\leqslant 30)$,故所求概率为

$$\begin{aligned}p&=P\{(10<X\leqslant 15)\cup(25<X\leqslant 30)\}\\&=P(10<X\leqslant 15)+P(25<X\leqslant 30)\\&=\frac{15-10}{30}+\frac{30-25}{30}=\frac{1}{3}.\end{aligned}$$

(2)指数分布.设随机变量X的密度函数(图 6-3-5)为

$$f(x)=\begin{cases}\lambda\mathrm{e}^{-\lambda x}, & x\geqslant 0,\\ 0, & x<0.\end{cases}$$

其中$\lambda>0$为常数,则称X服从参数为λ的指数分布,记作$X\sim \mathrm{e}(\lambda)$.

指数分布的分布函数为 $F(x)=\begin{cases}1-\mathrm{e}^{-\lambda x}, & x\geqslant 0,\\ 0, & x<0.\end{cases}$

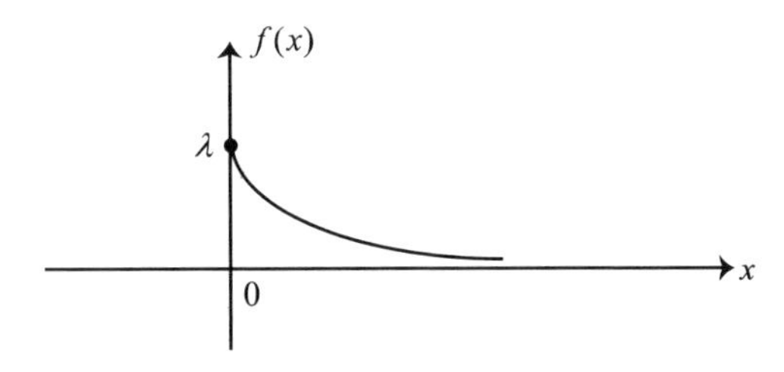

图 6-3-5

例 6.3.12 设打一次电话所用的时间 X(单位:min)服从参数为 0.2 的指数分布,如果有人刚好在你前面走进公用电话间并开始打电话(假定公用电话间只有一部电话可供通话),试求你将等待(1)超过 5 分钟的概率;(2)5 分钟到 10 分钟之间的概率.

解: $X \sim e(0.2)$,密度函数为

$$f(x)=\begin{cases}0.2e^{-0.2x}, & x \geqslant 0,\\ 0, & x<0.\end{cases}$$

(1)所求概率为

$$P(X>5)=\int_{5}^{+\infty} f(x)\,dx=\int_{5}^{+\infty} 0.2e^{-0.2x}\,dx=-e^{-0.2x}\Big|_{5}^{+\infty}=e^{-1}.$$

(2)所求概率为

$$P(5<X<10)=\int_{5}^{10} f(x)\,dx=\int_{5}^{10} 0.2e^{-0.2x}\,dx$$

$$=-e^{-0.2x}\Big|_{5}^{10}=e^{-1}-e^{-2}.$$

(3)正态分布.设随机变量 X 的密度函数(图 6-3-6)为

$$f(x)=\frac{1}{\sqrt{2\pi}\sigma}e^{-\frac{(x-\mu)2}{2\sigma2}},-\infty<x<+\infty,$$

其中,μ、σ 为参数,且 $\sigma>0$,则称 X 服从参数为 μ、σ 的正态分布,记作 $X \sim N(\mu,\sigma^2)$.

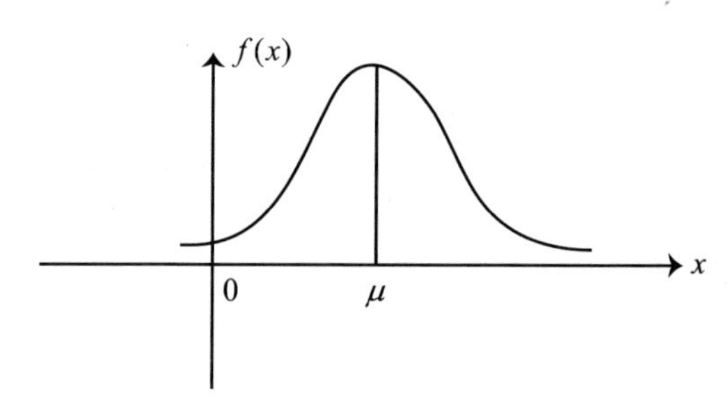

图 6-3-6

正态分布的密度函数 $f(x)$ 的图形是钟形,曲线关于直线 $x=\mu$ 对称;在 $x=\mu \pm \sigma$ 处有拐点;当 $x \to \pm\infty$ 时,$f(x) \to 0$;曲线以 x 轴为渐近线;当 σ 较大时,曲线平缓;当 σ 较小时,曲线陡峭;曲线在 $x=\mu$ 处达到最大值,如图 6-3-7 所示.称 μ 为位置参数,σ 为形状参数.

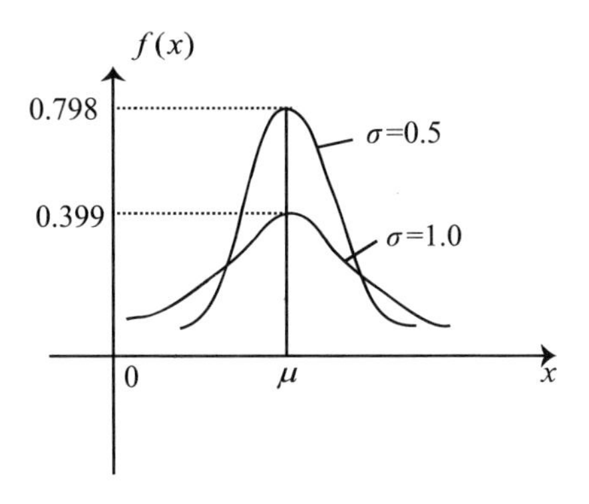

图 6-3-7

特别的，当 $\mu=0,\sigma^2=1$ 时，称随机变量 X 服从标准正态分布，记作 $X\sim N(0,1)$，其密度函数(图 6-3-8)为

$$\varphi(x)=\frac{1}{\sqrt{2\pi}}e^{-\frac{x^2}{2}},-\infty<x<+\infty.$$

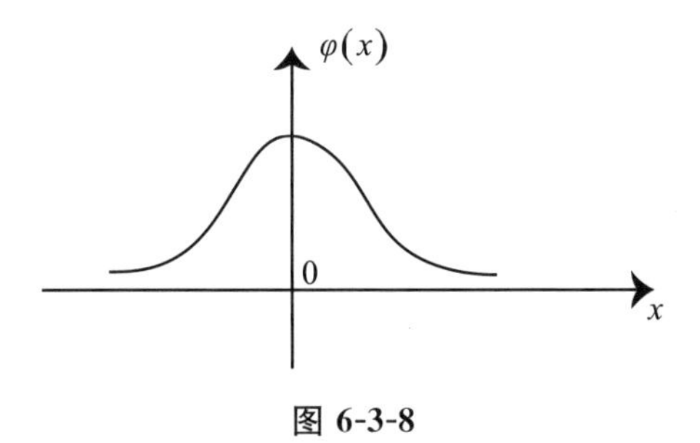

图 6-3-8

分布函数为

$$\Phi(x)=\frac{1}{\sqrt{2\pi}}\int_{-\infty}^{x}e^{-\frac{x^2}{2}}dt,-\infty<x<+\infty.$$

由对称性知

$$\Phi(-x)=1-\Phi(x).$$

若 $X\sim N(\mu,\sigma^2)$，只要通过一个线性变换就能将它化成线性正态分布.

引理 6.3.1 若 $X\sim N(\mu,\sigma^2)$，则 $X=\dfrac{X-\mu}{\sigma}\sim N(0,1)$.

例 6.3.13 设 $X\sim N(0,1)$，借助于标准正态分布的分布函数表计算：

(1)$P(X\leqslant 2.35)$；(2)$P(X\leqslant -1.24)$；(3)$P(|X|\leqslant 1.54)$.

解：(1)$P(X\leqslant 2.35)=\Phi(2.35)$，查表得 $\Phi(2.35)=0.9906$，所以

$$P(X\leqslant 2.35)=0.9906.$$

(2)$P(X\leqslant -1.24)=\Phi(-1.24)=1-\Phi(1.24)$，查表得 $\Phi(1.24)=0.8925$，所以

$$P(X\leqslant -1.24)=1-0.8925=0.1075.$$

$$\begin{aligned}(3)P(|X|\leqslant 1.54)&=P(-1.54\leqslant X\leqslant 1.54)=\Phi(1.54)-\Phi(-1.54)\\&=\Phi(1.54)-[1-\Phi(1.54)]=2\Phi(1.54)-1\\&=2\times 0.9382-1=0.8764.\end{aligned}$$

例 6.3.14 设 $X\sim N(108,3^2)$，试求 $P(102<X<117)$.

解：
$$\begin{aligned}P(102<X<117)&=\Phi\left(\frac{117-108}{3}\right)-\Phi\left(\frac{102-108}{3}\right)\\&=\Phi(3)-\Phi(-2)=\Phi(3)+\Phi(2)-1\\&=0.9987+0.9772-1=0.9759.\end{aligned}$$

为了便于在数理统计中的应用，对于标准正态随机变量，我们引入上 α 分位点与 α 的双侧分位点的定义.

定义 6.3.6 设 $X\sim N(0,1)$，若 Z_α 满足条件

$$P(X>Z_\alpha)=\alpha,0<\alpha<1,$$

则称点 Z_α 为标准正态分布的上 α 分位点(图 6-3-9).

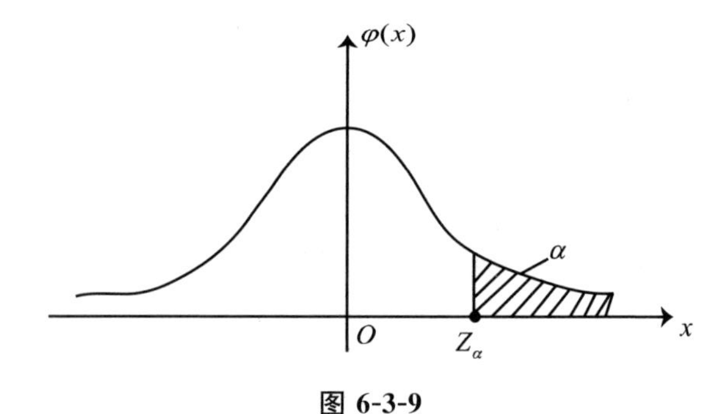

图 6-3-9

下面列出几个常用的 Z_α 的值(表 6-3-1).

表 6-3-1

α	0.001	0.005	0.01	0.025	0.05	0.10
Z_α	3.090	2.576	2.362	1.960	1.645	1.282

由 $\phi(x)$图形的对称性知道 $Z_{1-\alpha}=-Z_\alpha$,且有

$$P(|Z|>Z_{\frac{\alpha}{2}})=\alpha,$$

这时称点 $Z_{\frac{\alpha}{2}}$为标准正态分布的 α 的双侧分位点(图 6-3-10).

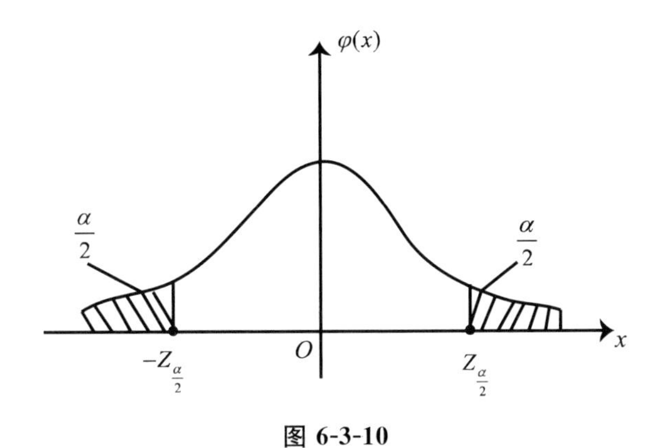

图 6-3-10

例 6.3.15 设 $\alpha=0.05$,求标准正态分布的上 α 分位点和双侧分位点.

解:$\Phi(Z_\alpha)=\Phi(Z_{0.05})=1-P(Z>Z_{0.05})=1-0.05=0.95$,查表可得

$$Z_{0.05}=1.645.$$

同理

$$\Phi(Z_{\frac{\alpha}{2}})=\Phi(Z_{0.025})=1-0.025=0.975,$$

查表可得

$$Z_{0.025}=1.960.$$

6.4 数学期望与方差

6.4.1 数学期望

6.4.1.1 数学期望

定义 6.4.1 设离散型随机变量 X 的分布律为

$$P(X=x_i)=p_i, i=1,2,\cdots$$

若级数 $\sum_{i=1}^{\infty}x_ip_i$ 绝对收敛(即 $\sum_{i=1}^{\infty}|x_i|p_i<+\infty$),则称级数 $\sum_{i=1}^{\infty}x_ip_i$ 的和为随机变量 X 的数学期望,记作 $E(X)$,即

$$E(X)=\sum_{i=1}^{\infty}x_ip_i.$$

设连续性随机变量 X 的密度函数为 $f(x)$,若积分 $\int_{-\infty}^{+\infty}xf(x)\mathrm{d}x$ 绝对收敛(即 $\int_{-\infty}^{+\infty}|x|f(x)\mathrm{d}x<+\infty$),则称积分 $\int_{-\infty}^{+\infty}xf(x)\mathrm{d}x$ 的值为随机变量 X 的数学期望,记为 $E(X)$,即

$$E(X)=\int_{-\infty}^{+\infty}xf(x)\mathrm{d}x.$$

数学期望简称期望,又称为均值.

例 6.4.1 某医院当新生儿诞生时,医生要根据婴儿的皮肤颜色、肌肉弹性、反应的灵敏性、心脏的搏动等方面的情况进行评分,新生儿的得分 X 是一个随机变量.根据以往的资料,X 的分布律为

$$X\sim\begin{pmatrix}0 & 1 & 2 & 3 & 4 & 5 & 6 & 7 & 8 & 9 & 10\\ 0.002 & 0.001 & 0.002 & 0.005 & 0.02 & 0.04 & 0.18 & 0.37 & 0.25 & 0.12 & 0.01\end{pmatrix}$$

求 X 的数学期望 $E(X)$.

解:

$$\begin{aligned}E(X)&=0\times0.002+1\times0.001+2\times0.002+3\times0.005+4\times0.02\\&+5\times0.04+6\times0.18+7\times0.37+8\times0.25+9\times0.12\\&+10\times0.01=7.15(\text{分})\end{aligned}$$

这意味着，若考察医院出生的很多新生儿，例如 1000 个，每一个新生儿的平均得分均 7.15 分.

例 6.4.2 甲、乙两人在同样条件下进行射击，命中环数分别记为 X、Y，他们的分布律分别为

$$X \sim \begin{pmatrix} 8 & 9 & 10 \\ 0.1 & 0.4 & 0.5 \end{pmatrix}, Y \sim \begin{pmatrix} 8 & 9 & 10 \\ 0.2 & 0.1 & 0.7 \end{pmatrix},$$

试评定他们的射击水平.

解：X、Y 的数学期望即反映了两人各自的总体射击水平.

$$E(X)=8\times 0.1+9\times 0.4+10\times 0.5=9.4,$$

$$E(Y)=8\times 0.2+9\times 0.1+10\times 0.7=9.5,$$

$E(Y)>E(X)$，这说明乙的射击水平略高于甲的.

例 6.4.3 设 $X\sim U(a,b)$，求 $E(X)$.

解：X 的密度函数为

$$f(x)=\begin{cases} \dfrac{1}{b-a}, & a<x<b, \\ 0, & x<a \text{ 或 } x>b. \end{cases}$$

所以

$$E(X)=\int_{-\infty}^{+\infty} xf(x)\mathrm{d}x=\int_a^b x\frac{1}{b-a}\mathrm{d}x=\frac{1}{b-a}\frac{x^2}{2}\Bigg|_a^b=\frac{a+b}{2}.$$

6.4.1.2 数学期望的性质

利用数学期望的定义说明数学期望有下列性质：

(1)设 c 是常数，则有 $E(c)=c$；

(2)设 X 是一个随机变量，c 是常数，则有 $E(cX)=cE(X)$；

(3)若随机变量 $X_i(i=1,2,\cdots n)$存在数学期望 $E(X_i)(i=1,2,\cdots n)$，则有

$$E\left(\sum_{i=1}^{n} X_i\right)=\sum_{i=1}^{n} E(X_i);$$

(4)对于两个相互独立的随机变量 X,Y，有 $E(XY)=E(X)E(Y)$.

例 6.4.4 设 $X\sim B(n,p)$，求 $E(X)$.

解：设随机变量 $X_i\sim B(1,p)(i=1,2,\cdots,n)$，由二项分布 $B(n,p)$与两点分布 $B(1,p)$之间的联系，即服从二项分布的随机变量 X 是 n 个相互独立且都为两点分布的随机变量之和，知

$$X=X_1+X_2+\cdots+X_n,$$

又 $E(X_i)=1\times p+0\times(1-p)=p(i=1,2,\cdots,n)$,由数学期望的性质知

$$E(X)=\sum_{i=1}^{n}E(X_i)=np.$$

6.4.1.3 常见随机变量的数学期望

(1)两点分布.设 $X\sim\begin{pmatrix}0 & 1\\ 1-p & p\end{pmatrix}$,$0<p<1$,则 $E(X)=p$.

(2)二项分布.设 $X\sim B(n,p)$,则 $E(X)=np$.

(3)泊松分布.设 $X\sim P(\lambda)$,则 $E(X)=\lambda$.

事实上,X 的分布律为

$$P(X=k)=\frac{\lambda^k}{k!}e^{-\lambda}(k=0,1,\cdots,n,\cdots),$$

所以 X 的数学期望为

$$E(X)=\sum_{k=0}^{+\infty}k\frac{\lambda^k e^{-\lambda}}{k!}=\lambda^k e^{-\lambda}\sum_{k=0}^{+\infty}\frac{\lambda^{k-1}}{(k-1)!}=\lambda,$$

即 $E(X)=\lambda$.

(4)均匀分布.设 $X\sim U(a,b)$,则 $E(X)=\frac{a+b}{2}$.

(5)指数分布.设 $X\sim e(\lambda)$,则 $E(X)=\frac{1}{\lambda}$.

X 的密度函数为

$$f(x)=\begin{cases}\lambda e^{-\lambda x}, & x\geqslant 0,\\ 0, & x<0.\end{cases}$$

所以

$$E(X)=\int_{-\infty}^{+\infty}xf(x)dx=\int_0^{+\infty}x\lambda e^{-\lambda x}dx=\int_0^{+\infty}e^{-\lambda x}dx=\frac{1}{\lambda}.$$

(6)正态分布.设 $X\sim N(\mu,\sigma^2)$,则 $E(X)=\mu$.

6.4.2 方差

6.4.2.1 方差

定义 6.4.2 设 X 为随机变量，若 $E[X-E(X)]^2$ 存在，则称其为 X 的方差，记作 $D(X)$，即

$$D(X)=E[X-E(X)]^2,$$

则称 $\sigma(X)=\sqrt{D(X)}$ 为 X 的标准差或均方差.

随机变量 X 的方差 $D(X)$ 表达了 X 的取值与其数学期望 $E(X)$ 的偏离程度.若 $D(X)$ 较小意味着 X 的取值比较集中在 $E(X)$ 的附近；反之，若 $D(X)$ 较大，则表明 X 的取值较分散.因此，$D(X)$ 是刻画 X 取值分散程度的一个量，它是衡量 X 取值分散程度的一个尺度.

对于离散型随机变量，有

$$D(X)=\sum_{i=1}^{\infty}\{[x_i-E(X)]^2 p_i\}$$

其中，$P(X=x_i)=p_i(i=1,2,\cdots)$ 是 X 的分布律.

对于连续型随机变量，有

$$D(X)=\int_{-\infty}^{+\infty}[x-E(X)]^2 f(x)\mathrm{d}x,$$

其中，$f(x)$ 是 X 的密度函数.

随机变量的方差可按下列公式计算：

$$D(X)=E(X^2)-[E(X)]^2,$$

事实上，由方差的定义及 $E(X)$ 的性质得

$$\begin{aligned}D(X)&=E[X-E(X)]^2=E\{X^2-2XE(X)+[E(X)]^2\}\\&=E(X^2)-[E(X)]^2.\end{aligned}$$

对于离散型随机变量 X，其分布律为 $P(X=x_i)=p_i(i=1,2,\cdots)$，则有

$$E(X^2)=\sum_{i=1}^{+\infty}x_i^2 p_i.$$

对于连续型随机变量 X，其密度函数为 $f(x)$，则

$$E(X^2)=\int_{-\infty}^{+\infty}x^2 f(x)\mathrm{d}x.$$

例 6.4.5 试评定例 6.4.2 中甲、乙两人成绩的稳定性.

解： $E(X^2)=8^2\times0.1+9^2\times0.4+10^2\times0.5=88.8$,

$E(Y^2)=8^2\times0.2+9^2\times0.1+10^2\times0.7=90.9$,

由方差的计算公式得

$$D(X)=E(X^2)-[E(X)]^2=88.8-(9.4)^2=0.44,$$

$$D(Y)=E(Y^2)-[E(Y)]^2=90.9-(9.5)^2=0.65,$$

所以 $D(X)<D(Y)$，这说明甲射手的成绩较乙的稳定.

6.4.2.2 方差的性质

方差具有下列性质：

(1)设 c 为常数，则 $D(c)=0$；

(2)设 c 为常数，则 $D(cX)=c^2D(X)$，$D(c+X)=D(X)$；

(3)设 X,Y 相互独立，则 $D(X+Y)=D(X)+D(Y)$.

例 6.4.6 设随机变量 X_1,X_2,X_3 相互独立，且有 $D(X_i)=5-i(i=1,2,3)$，设 $Y=2X_1-X_2+3X_3$，求 $D(Y)$.

解：$D(X_1)=4,D(X_2)=3,D(X_3)=2$，由方差的性质知

$$\begin{aligned}D(Y)&=D(2X_1-X_2+3X_3)\\&=2^2D(X_1)+(-1)^2D(X_2)+3^2D(X_3)\\&=4\times4+1\times3+9\times2=37.\end{aligned}$$

6.4.2.3 常见随机变量的方差

(1)两点分布.$X\sim\begin{pmatrix}0 & 1\\1-p & p\end{pmatrix}$，$0<p<1$，$E(X)=p$，则 $D(X)=p(1-p)$.

(2)二项分布.$X\sim B(n,p)$，$E(X)=np$，则 $D(X)=np(1-p)$.

事实上，由二项分布的随机变量 X 是 n 个相互独立且同为两点分布的随机变量之和，再由方差的性质得 $D(X)=np(1-p)$.

(3)泊松分布.$X\sim P(\lambda)$，$E(X)=\lambda$，则 $D(X)=\lambda$.

(4)均匀分布.$X\sim U(a,b)$，$E(X)=\dfrac{a+b}{2}$，则 $D(X)=\dfrac{1}{12}(b-a)^2$.

证明：X 的密度函数为

$$f(x)=\begin{cases}\dfrac{1}{b-a}, & a<x<b,\\0, & x<a \text{ 或 } x>b.\end{cases}$$

所以

$$E(X^2)=\int_{-\infty}^{+\infty}x^2 f(x)\mathrm{d}x=\int_a^b \frac{x^2}{b-a}\mathrm{d}x=\frac{a^2+ab+b^2}{3},$$

由方差的计算公式得

$$D(X)=E(X^2)-[E(X)]^2=\frac{a^2+ab+b^2}{3}-\frac{a^2+2ab+b^2}{4}$$

$$=\frac{1}{12}(b-a)^2.$$

(5)指数分布.$X\sim \mathrm{e}(\lambda)$,$E(X)=\frac{1}{\lambda}$,则 $D(X)=\frac{1}{\lambda^2}$.

(6)正态分布.$X\sim N(\mu,\sigma^2)$,$E(X)=\mu$,则 $D(X)=\sigma^2$.

6.5 随机样本

6.5.1 总体与样本

在数理统计中,我们往往研究有关对象的某一项数量指标,如研究某种型号电子元件的寿命这一数量指标.为此,对这一数量指标进行试验或观察,将试验的全部可能观察值称为总体.这些值不一定都不相同,数目上也不一定是有限的.每一个可能观察值称为个体,总体中所包含的个体的个数称为总体的容量.若容量为有限的则称为有限总体;若容量为无限的则称为无限总体.当有限的总体所含个体数目很大时,通常也将其视为无限总体.例如,某地区成年男性有 20 000 人,考察此地区成年男性的身高,每个成年男性的身高是一个可能观察值,所形成的总体共含有 20 000 个可能观察值,是一个有限总体.又如考察全国正在使用的某种型号灯泡的寿命所形成的总体,由于可能观察值的个数很多,就可以认为是无限总体.

不考虑研究对象的实际背景,总体就是一些有大有小的数,可将这些数看成某一随机变量 X 的值,这样一个总体对应一个随机变量 X,可将总体记为 X,X 的分布即为总体的分布.

一般情况下,总体的分布是未知的,为了了解总体的分布,可以从总体中随机地抽取个体 $X_1,X_2,\cdots,X_n$,其观察值分别为 $x_1,x_2,\cdots,x_n$,

则称 $X_1,X_2,\cdots,X_n$ 为从分布函数 F(或总体 X)得到的容量为 n 的简单随机样本,简称样本,它们的观察值 $x_1,x_2,\cdots,x_n$ 称为样本值,又称为 X 的 n 个独立的观察值.

对于无限总体,采用不放回抽样就得到一个简单随机样本;对于有限总体,采用放回抽样得到简单随机样本.但当个体的总数 N 比样本的容量大得多时,可用不放回抽样.

6.5.2 直方图

为了研究总体分布的性质,人们通过试验得到许多观察值,为了利用它们进行统计分析,须将这些数据加以整理,整理数据的最常用方法之一是给出其频数表或频率表,更直观的方式就是直方图.

例 6.5.1 为了研究某厂的工人生产某种产品的能力,随机调查了 20 位工人某天生产该种产品的数量,数据如下:

160 196 164 148 170 175 178 166 181 162

156 170 166 154 162 161 168 162 172 157

对这 20 个数据进行整理,步骤如下:

(1)对样本进行分组.首先确定组数 k,组数通常在 5~20 个.容量较小的样本,通常分为 5 组或 6 组;容量为 100 左右的样本,可分 7~10 组;容量为 200 左右的样本,可分 9~13 组;容量为 300 左右及以上的样本,可分 12~20 组,目的是使用足够的组来表示数据的变异.

本例共 20 个数据,分为 5 组,即 $k=5$.

(2)确定每组组距.每组区间长度可以相同也可以不同,实用中常选用长度相同的区间,以便于进行比较.此时各组区间的长度称为组距,其近似公式为

$$\text{组距 } d=\frac{\text{样本最大观测值}-\text{样本最小观测值}}{\text{组数}}$$

本例组距为 $d=\dfrac{196-148}{5}=9.6$,为方便起见,组距取为 10.

(3)确定每组组限.各组区间端点为 $a_0,a_0+d=a_1,a_0+2d=a_2,\cdots,a_0+kd=a_k$,形成如下的分组区间:

$$(a_0,a_1],(a_1,a_2],\cdots,(a_{k-1},a_k],$$

其中，a_0 略小于最小观测值，a_k 略大于最大观测值，本例中可取 $a_0=147$，$a_5=197$，于是本例的分组区间为

$$(147,157],(157,167],(167,177],(177,187],(187,197].$$

通常可用每组的组中值来代表该组的变量取值，组中值$=\dfrac{\text{组上限}+\text{组下限}}{2}$.

(4)计算频数、频率、频率密度.每个区间内包含样本值的个数称为频数，记为 $f_i(i=1,2,\cdots k)$，频率与样本容量之比即$\dfrac{f_i}{n}$为频率；把第 1 组至第 i 组的频数、频率分布累加，称为第 i 组的累计频数、累计频率；频率与组距 d 之比称为频率密度.

(5)列出频数和频率表(表 6-5-1).

表 6-5-1

组序	分组区间	组中值	频数	频率	频率密度	累计频数	累计频率
1	(147,157]	152	4	0.20	0.020	4	0.20
2	(157,167]	162	8	0.40	0.040	12	0.60
3	(167,177]	172	5	0.25	0.025	17	0.85
4	(177,187]	182	2	0.10	0.010	19	0.95
5	(187,197]	192	1	0.05	0.005	20	1.00
合计			20	1	0.1		

(6)作直方图.在平面直角坐标系中，以横坐标表示随机变量的取值，纵坐标表示频率密度.以分组小区间为底，该区间上的频率密度为高，作出竖直的小长方形，这样的图形称为频率直方图，简称直方图.直方图中所有小长方形的面积和为 1(图 6-5-1).

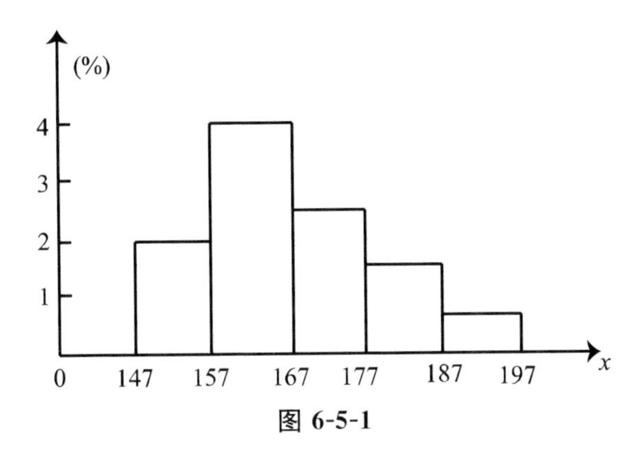

图 6-5-1

直方图直观地反映了随机变量的概率分布情况.

6.5.3 样本均值与样本方差

定义 6.5.2 设 $X_1, X_2, \cdots, X_n$ 是来自总体 X 的一个样本, $g(X_1, X_2, \cdots, X_n)$ 是 $X_1, X_2, \cdots, X_n$ 的函数, 若 g 中不含未知参数, 则称 $g(X_1, X_2, \cdots, X_n)$ 是一个统计量.

最重要的、常用的统计量是样本均值、样本方差及样本标准差, 设 $X_1, X_2, \cdots, X_n$ 是来自总体 X 的一个样本, $x_1, x_2, \cdots, x_n$ 是这一样本的观察值, 定义

样本均值:

$$\overline{X} = \frac{1}{n}\sum_{i=1}^{n} X_i;$$

样本方差:

$$S^2 = \frac{1}{n-1}\sum_{i=1}^{n}(X_i - \overline{X})^2;$$

样本标准差:

$$S = \sqrt{S^2} = \sqrt{\frac{1}{n-1}\sum_{i=1}^{n}(X_i - \overline{X})^2}.$$

它们的观察值分别为

$$\overline{x} = \frac{1}{n}\sum_{i=1}^{n} x_i;$$

$$s^2 = \frac{1}{n-1}\sum_{i=1}^{n}(x_i - \overline{x})^2;$$

$$s = \sqrt{\frac{1}{n-1}\sum_{i=1}^{n}(x_i - \overline{x})^2}.$$

样本均值计算简单, 但作为数据中心位置的指标还是有其缺陷的. 例如对于居民年收入数据, 当使用年人均收入作为贫富指标时, 就有可能掩盖贫富的差异, 因为少数人的暴富有可能大大提高一个地区的人均收入. 对于这一类社会经济数据, 通常使用样本中位数来描述数据的中心位量. 所谓的样本中位数即是把一组数据按大小顺序排列, 当数据为奇数个时, 位于中间的那个数; 或当数据为偶数个时, 位于中间的两个数的平均.

6.5.4 两个重要的分布

统计量的分布称为抽样分布，为了讨论正态总体下的抽样分布，先给出由正态分布导出的统计中的两个重要分布，即 χ^2 分布，t 分布.

(1)χ^2 分布.设 $X_1,X_2,\cdots,X_n$ 是来自总体 $N(0,1)$ 的样本，则称统计量

$$\chi^2=X_1^2+X_2^2+\cdots+X_n^2 \tag{6-5-1}$$

服从自由度为 n 的 χ^2 分布，记为 $\chi^2\sim\chi^2(n)$.自由度是指(6-5-1)式右端包含的独立变量的个数.

χ^2 分布的数学期望和方差.若 $\chi^2\sim\chi^2(n)$，则有

$$E(\chi^2)=n,D(\chi^2)=2n.$$

χ^2 分布的分位点.对于给定的正数 α，$0<\alpha<1$，称满足条件

$$P(\chi^2>\chi_\alpha^2(n))=\int_{\chi_\alpha^2(n)}^{\infty}f(x)\,\mathrm{d}x=\alpha$$

的点 $\chi_\alpha^2(n)$ 为 $\chi^2(n)$ 分布的上 α 分位点，如图 6-5-2 所示，其中 $f(x)$ 为统计量 χ^2 的密度函数.不同的 α、n 上 α 分位点的值可以查用相应表格.例如，$\alpha=0.1$，$n=25$，查表得 $\chi_{0.1}^2(25)=34.4$.

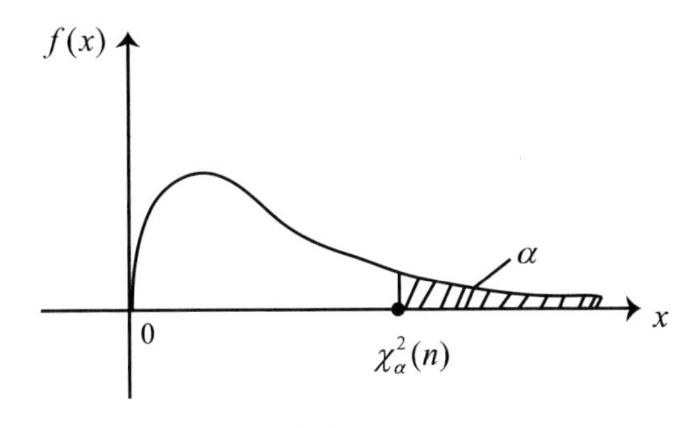

图 6-5-2

(2)t 分布.设 $X\sim N(0,1)$，$Y\sim\chi^2(n)$，且 X,Y 相互独立，则称随机变量

$$t=\frac{X}{\sqrt{Y/n}}$$

服从自由度为 n 的 t 分布，记为 $t\sim t(n)$.

当 n 足够大时,t 分布近似于 $N(0,1)$ 分布.

t 分布的分位点.对于给定的 α,$0<\alpha<1$,称满足条件

$$P(t>t_\alpha(n))=\int_{t_\alpha(n)}^{\infty}h(t)\,\mathrm{d}t=\alpha \tag{6-5-2}$$

的点 $t_\alpha(n)$ 为 $t(n)$ 分布的上 α 分位点(图 6-5-3),其中 $h(t)$ 为随机变量 t 的密度函数.

由 t 分布上 α 分位点的定义及 $h(t)$ 图形的对称性知 $t_{1-\alpha}(n)=-t_\alpha(n)$.

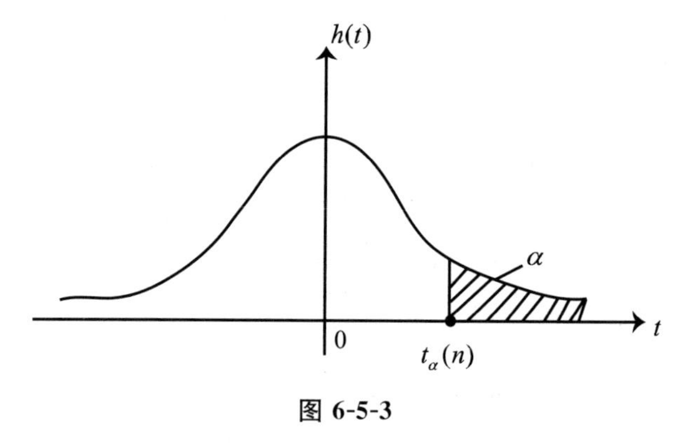

图 6-5-3

不同的 α,n,t 分布上 α 分位点的值可以查用相应表格.

6.5.5 正态总体的抽样分布

设总体 X(不管服从什么分布,只要均值和方差存在)的均值为 μ,方差为 σ^2,$X_1,X_2,\cdots,X_n$ 是来自 X 的一个样本,$\overline{X}$,S^2 分别是样本均值和样本方差,则有

$$E(\overline{X})=\mu,D(\overline{X})=\frac{\sigma^2}{n},E(S^2)=\sigma^2.$$

而且,正态分布有一个重要结果:若 $X_i\sim N(\mu_i,\sigma_i^2)$,$i=1,2,\cdots,n$,且 $X_1,X_2,\cdots,X_n$ 相互独立,则它们的线性组合:$c_1X_1+c_2X_2+\cdots+c_nX_n$($c_1,c_2,\cdots,c_n$ 是不全为零的常数)仍然服从正态分布,即

$$c_1X_1+c_2X_2+\cdots+c_nX_n\sim N\left(\sum_{i=1}^{n}c_i\mu_i,\sum_{i=1}^{n}c_i^2\sigma_i^2\right).$$

对于正态总体 $N(\mu,\sigma^2)$ 的样本均值 $\overline{X}$ 和样本方差 S^2 有以下重要

定理.

定理 6.5.1　设 $X_1,X_2,\cdots,X_n$ 是来自总体 $N(\mu,\sigma^2)$ 的样本，$\overline{X}$，S^2 分别是样本均值和样本方差，则有

(1) $\overline{X}\sim N\left(\mu,\dfrac{\sigma^2}{n}\right)$；

(2) $\dfrac{(n-1)S^2}{\sigma^2}\sim\chi^2(n-1)$；

(3) $\overline{X}$ 与 S^2 相互独立；

(4) $\dfrac{\overline{X}-\mu}{S/\sqrt{n}}\sim t(n-1)$.

6.6　参数估计

在数理统计中，我们研究的随机变量的分布往往是未知的，或者是不完全知道的，人们要利用试验所得数据对随机变量的分布做出种种推断.统计推断的基本问题可分为两大类，一类是估计问题，另一类是假设检验问题.本节讨论总体参数的点估计和区间估计.

6.6.1　点估计

定义 6.6.1　设总体 X 的分布函数 $F(x;\theta)$ 的形式为已知，$\theta\in\Theta$ 是待估参数.$X_1,X_2,\cdots,X_n$ 是 X 的一个样本，$x_1,x_2,\cdots,x_n$ 是相应的样本值，构造一个适当的统计量 $\hat{\theta}(X_1,X_2,\cdots,X_n)$，用它的观察值 $\hat{\theta}(x_1,x_2,\cdots,x_n)$ 作为未知参数 θ 的近似值，称 $\hat{\theta}(X_1,X_2,\cdots,X_n)$ 为 θ 的点估计或估计量，称 $\hat{\theta}(x_1,x_2,\cdots,x_n)$ 为 θ 的估计值.

定义 6.6.2　设 $X_1,X_2,\cdots,X_n$ 是总体 X 的样本，$\overline{X}$，S^2 分别是样本均值与样本方差，用样本均值 $\overline{X}$ 来估计总体均值 $\mu=E(X)$，记为 $\hat{\mu}=\overline{X}$；用样本方差 S^2 来估计总体方差 $\sigma^2=D(X)$，记为 $\hat{\sigma}^2=S^2$；用样本标准差 S 来估计总体标准差 $\sigma=\sqrt{D(X)}$，记为 $\hat{\sigma}=S$.上述估计总体参数的方法通常称为矩估计法，所得估计称为矩估计量.矩估计量的观察值

称为矩估计值.

例 6.6.1 设有一批同型号灯管,其寿命 X(单位:h)服从参数为 λ 的指数分布,今随机抽取 11 只,测其寿命数据如下:

110,184,145,122,165,143,78,? 129,62,130,168

用矩估计法估计 λ 的值.

解:$X \sim e(\lambda)$,则 $E(X)=\dfrac{1}{\lambda}$,用样本均值估计总体均值,即

$$\overline{X}=\frac{1}{\lambda},$$

解得 $\hat{\lambda}=\dfrac{1}{\overline{X}}$即为 λ 的矩估计量.

将观察值及 $n=11$ 代入$\overline{x}=\dfrac{1}{n}\sum\limits_{i=1}^{n}x_i$,得 λ 的矩估计值:

$$\hat{\lambda}=\frac{1}{\frac{1}{11}\sum\limits_{i=1}^{n}x_i}=\frac{1}{130.55}\approx 0.0077.$$

例 6.6.2 设总体 $X \sim N(\mu,\sigma^2)$,有 6 个随机样本的观察值:

$-1.20,0.82,0.12,0.45,-0.85,-0.30$

求 μ,σ^2 的矩估计.

解:$X \sim N(\mu,\sigma^2)$,则 $E(X)=\mu,D(X)=\sigma^2$,用样本均值$\overline{X}$估计 μ,用样本方差 S^2 估计 σ^2,即

$$\overline{X}=\mu,S^2=\sigma^2.$$

所得的 $\hat{\mu}=\overline{X},\hat{\sigma}^2=S^2$ 即为所求的矩估计量,将观察值及 $n=6$ 代入 $\hat{\mu}$、$\hat{\sigma}^2$ 可得矩估计值:

$$\hat{\mu}=\frac{1}{n}\sum_{i=1}^{n}x_i=\frac{1}{6}[(-1.20)+0.82+0.12+0.45+(-0.85)+(-0.30)]$$
$$=-0.16,$$

$$\hat{\sigma}^2=\frac{1}{n-1}\sum_{i=1}^{n}(x_i-\overline{x})^2=\frac{1}{5}[(-1.20+0.16)^2+(0.82+0.16)^2$$
$$+(0.12+0.16)^2+(0.45+0.16)^2+(-0.85+0.16)^2$$
$$+(-0.30+0.16)^2]\approx 0.60.$$

6.6.2 区间估计

6.6.2.1 置信区间

定义 6.6.3 设总体 X 的分布函数 $F(x;\theta)$ 含有一个未知参数 θ，$\theta\in\Theta$，对于给定值 $\alpha(0<\alpha<1)$，若由来自 X 的样本 $X_1,X_2,\cdots,X_n$ 确定的两个统计量 $\underline{\theta}=\underline{\theta}(X_1,X_2,\cdots,X_n)$ 和 $\overline{\theta}=\overline{\theta}(X_1,X_2,\cdots,X_n)$ $(\underline{\theta}<\overline{\theta})$，对于任意的 $\theta\in\Theta$ 满足

$$P\{\underline{\theta}(X_1,X_2,\cdots,X_n)<\theta<\overline{\theta}(X_1,X_2,\cdots,X_n)\}\geqslant 1-\alpha, \tag{6-6-1}$$

则称随机区间 $(\underline{\theta},\overline{\theta})$ 是 θ 的置信水平为 $1-\alpha$ 的置信区间，$\underline{\theta}$ 和 $\overline{\theta}$ 分别称为置信水平为 $1-\alpha$ 的置信区间的置信下限和置信上限，$1-\alpha$ 称为置信水平.

式(6-6-1)的含义如下：由于总体的样本是随机抽取的，因此由之确定的区间 $(\underline{\theta},\overline{\theta})$ 是随机的.置信水平 $1-\alpha$ 给出的区间 $(\underline{\theta},\overline{\theta})$ 包含 θ 的真值的可靠程度.一般来说，若样本容量固定，提高置信度，就需增加置信区间长度，从而估计的精度就会下降.

6.6.2.2 正态分布总体均值 μ 的区间估计

设已给定的置信水平为 $1-\alpha$，$X_1,X_2,\cdots,X_n$ 为总体 $N(\mu,\sigma^2)$ 的样本，$\overline{X}$，S^2 分别是样本均值和样本方差.

(1) σ^2 为已知，求 μ 的置信区间.

由定理 6.6.1 知，样本均值：

$$\overline{X}\sim N\left(\mu,\frac{\sigma^2}{n}\right),$$

对 $\overline{X}$ 标准化，得

$$\frac{\overline{X}-\mu}{\sigma/\sqrt{n}}\sim N(0,1), \tag{6-6-2}$$

按标准正态分布的 α 的双侧分位点的定义，有

$$P\left(\left|\frac{\overline{X}-\mu}{\sigma/\sqrt{n}}\right|<Z_{\frac{\alpha}{2}}\right)=1-\alpha,$$

即

$$P\left(\overline{X}-\frac{\sigma}{\sqrt{n}}Z_{\frac{\alpha}{2}}<\mu<\overline{X}+\frac{\sigma}{\sqrt{n}}Z_{\frac{\alpha}{2}}\right)=1-\alpha,$$

所以 μ 的 $1-\alpha$ 置信区间为

$$\left(\overline{X}-\frac{\sigma}{\sqrt{n}}Z_{\frac{\alpha}{2}},\overline{X}+\frac{\sigma}{\sqrt{n}}Z_{\frac{\alpha}{2}}\right).\tag{6-6-3}$$

置信区间的长度表示估计的精度，对于固定的 α，置信水平为 $1-\alpha$ 的置信区间并不是唯一的.为了提高精度，应使置信区间长度尽可能短.在实际应用中，常这样选择 c,d，使得两个尾部概率各为 $\frac{\alpha}{2}$，即

$$P(G\leqslant c)=P(G\geqslant d)=\frac{\alpha}{2},$$

这样就有

$$P(c<G<d)=1-\alpha.$$

其中，G 为含一个待估参数且分布已知的样本函数.

特别的，在正态分布中，由标准正态分布的对称性可知，$c=-d$，取 $d=Z_{\frac{\alpha}{2}}$ 即可.

例 6.6.3 总体 $X\sim N(\mu,\sigma^2)$，μ 未知，$\sigma=4.5$，现取得容量为 36 的一个样本，样本均值为 $\overline{x}=54.40$，试求 μ 的 95%的置信区间.

解：$\alpha=1-95\%=0.05$，$\Phi(Z_{\frac{\alpha}{2}})=\Phi(Z_{0.025})=1-0.025=0.975$，查表得

$Z_{0.025}=1.96$，$\overline{x}=54.40$，$\sigma=4.5$，$n=36$，代入 μ 的置信区间公式：

$$\left(\overline{X}-\frac{\sigma}{\sqrt{n}}Z_{\frac{\alpha}{2}},\overline{X}+\frac{\sigma}{\sqrt{n}}Z_{\frac{\alpha}{2}}\right)=\left(54.40-\frac{4.5}{\sqrt{36}}\times1.96,54.40+\frac{4.5}{\sqrt{36}}\times1.96\right)$$

$$=(52.93,55.87).$$

所以 μ 的 95%的置信区间为(52.93,55.87).

(2)σ^2 未知，求 μ 的置信区间.

将式(6-6-3)中的 σ 换成 $S=\sqrt{S^2}$，由定理 6.6.1 中的(4)知

$$\frac{\overline{X}-\mu}{S/\sqrt{n}}\sim t(n-1).\tag{6-6-4}$$

对于给定的置信水平 $1-\alpha$，有

$$P\left(-t_{\frac{\alpha}{2}}(n-1)<\frac{\overline{X}-\mu}{S/\sqrt{n}}<t_{\frac{\alpha}{2}}(n-1)\right)=1-\alpha,$$

即

$$P\left(\overline{X}-\frac{s}{\sqrt{n}}t_{\frac{\alpha}{2}}(n-1)<\mu<\overline{X}+\frac{s}{\sqrt{n}}t_{\frac{\alpha}{2}}(n-1)\right)=1-\alpha.$$

所以 μ 的 $1-\alpha$ 的置信区间为

$$\left(\overline{X}-\frac{s}{\sqrt{n}}t_{\frac{\alpha}{2}}(n-1),\overline{X}+\frac{s}{\sqrt{n}}t_{\frac{\alpha}{2}}(n-1)\right). \tag{6-6-5}$$

例 6.6.4 某旅行社随机访问了 25 名旅游者,得知平均消费额 $\overline{x}=80$ 元,样本标准差 $s=12$ 元.已知旅游者消费额服从正态分布,求旅游者平均消费额 μ 的 95%的置信区间.

解: $n=25$,$\alpha=1-95\%=0.05$,查表得 $t_{\frac{\alpha}{2}}(n-1)=t_{0.025}(24)=2.06$,将 $\overline{x}=80$,$s=12$,$n=25$,$t_{0.025}(24)=2.06$ 代入式(6-6-5),则 μ 的 95%的置信区间为(75.06,84.94),即在 σ^2 未知的情况下,估计每个旅游者的平均消费额在 75.06 元到 84.94 之间,这个估计的可靠度是 95%.

6.6.2.3 正态分布总体方差 σ^2 的区间估计

设已给定的置信水平为 $1-\alpha$,$X_1,X_2,\cdots,X_n$ 为总体 $N(\mu,\sigma^2)$ 的样本,其中 σ^2 未知,求 σ^2 的置信水平为 $1-\alpha$ 的置信区间.

由定理 6.6.1 可知

$$\frac{(n-1)S^2}{\sigma^2}\sim\chi^2(n-1). \tag{6-6-6}$$

对给定的置信水平 $1-\alpha$,有

$$P\left(\chi^2_{1-\frac{\alpha}{2}}(n-1)<\frac{(n-1)S^2}{\sigma^2}<\chi^2_{\frac{\alpha}{2}}(n-1)\right)=1-\alpha,$$

即

$$P\left(\frac{(n-1)S^2}{\chi^2_{\frac{\alpha}{2}}(n-1)}<\sigma^2<\frac{(n-1)S^2}{\chi^2_{1-\frac{\alpha}{2}}(n-1)}\right)=1-\alpha,$$

所以 σ^2 的 $1-\alpha$ 的置信区间为

$$\left(\frac{(n-1)S^2}{\chi^2_{\frac{\alpha}{2}}(n-1)},\frac{(n-1)S^2}{\chi^2_{1-\frac{\alpha}{2}}(n-1)}\right), \tag{6-6-7}$$

标准差 σ 的 $1-\alpha$ 的置信区间为

$$\left(\sqrt{\frac{(n-1)S^2}{\chi^2_{\frac{\alpha}{2}}(n-1)}},\sqrt{\frac{(n-1)S^2}{\chi^2_{1-\frac{\alpha}{2}}(n-1)}}\right). \tag{6-6-8}$$

例 6.6.5 某厂生产的零件重量服从正态分布 $N(\mu,\sigma^2)$，现从该厂生产的零件中抽取 9 个，测得其质量(单位：g)为

$$45.3,45.4,45.1,45.3,45.5,45.7,45.4,45.3,45.6$$

试求总体标准差 σ 的 0.95 置信区间.

解：计算得 $s^2=0.0325$，$(n-1)s^2=8\times0.0325=0.26$，$\alpha=1-0.95=0.05$，查表得 $\chi^2_{\frac{\alpha}{2}}(n-1)=\chi^2_{0.025}(8)=17.5$，$\chi^2_{1-\frac{\alpha}{2}}(n-1)=\chi^2_{0.975}(8)=2.18$，代入式(6-6-7)式得 σ^2 的 0.95 的置信区间：

$$\left(\frac{0.26}{17.5},\frac{0.26}{2.18}\right)=(0.0149,0.1193),$$

从而 σ 的 0.95 置信区间为(0.1221,0.3454).

6.7 参数的假设检验

一般来说，在假设检验问题中，先要对问题做出一个假设，记这个假设为 H_0，称为原假设(零假设或基本假设)，把原假设 H_0 的对立面称为备择假设(对立假设)，记为 H_1.为了检验提出的假设，通常需先给出一个小概率事件的概率值 $\alpha(0<\alpha<1)$，称 α 为检验的显著性水平，一般 α 取为 0.1、0.05 或 0.01 等.再构造需要的检验统计量 U，要求 U 的分布已知.若当检验统计量取某个区域 W 中的值时，我们拒绝原假设 H_0，则称区域 W 为拒绝域.拒绝域的边界点称为临界点.

6.7.1 正态总体均值的假设检验

6.7.1.1 σ^2 已知，关于 μ 的检验(Z 检验)

设总体 $X\sim N(\mu,\sigma^2)$，其中 μ 未知，σ^2 已知，我们来求检验问题

$$H_0:\mu=\mu_0;H_1:\mu\neq\mu_0$$

的拒绝域(显著性水平为 α)

设 $X_1,X_2,\cdots,X_n$ 是来自总体 X 的样本，$\overline{X}$为样本方差，用

$$Z=\frac{\overline{X}-\mu_0}{\sigma/\sqrt{n}}$$

作为检验统计量来确定拒绝域，当观察值 $|z|=\left|\frac{\overline{x}-\mu_0}{\sigma/\sqrt{n}}\right|$ 过分大时就拒绝 H_0，拒绝域的形式为

$$|z|=\left|\frac{\overline{x}-\mu_0}{\sigma/\sqrt{n}}\right|\geqslant k.$$

由定理 6.6.1 知，当 H_0 为真时，$\frac{\overline{X}-\mu_0}{\sigma/\sqrt{n}}\sim N(0,1)$，故由

$$P(\text{当 } H_0 \text{ 为真拒绝 } H_0)=P_{\mu_0}\left(\left|\frac{\overline{X}-\mu_0}{\sigma/\sqrt{n}}\right|\geqslant k\right)=\alpha$$

得 $k=Z_{\frac{\alpha}{2}}$，即拒绝域为

$$|z|=\left|\frac{\overline{x}-\mu_0}{\sigma/\sqrt{n}}\right|\geqslant Z_{\frac{\alpha}{2}},$$

如果

$$|z|=\left|\frac{\overline{x}-\mu_0}{\sigma/\sqrt{n}}\right|< Z_{\frac{\alpha}{2}},$$

则接受 H_0.

上述检验法常称为 Z 检验法.

例 6.7.1 某化学日用品有限责任公司用包装洗衣粉工作.洗衣粉包装机在正常工作时，装包量为 $X\sim N(500,2^2)$（单位:g），每天开工后，需先检验包装机工作是否正常.某天开工后，在装好的洗衣粉中任取 9 袋，其重量如下：

505，499，502，506，498，498，497，510，503.

假设总体标准差 σ 不变，即 $\sigma=2$，试问这天包装机工作是否正常（$\alpha=0.05$）？

解:(1)提出假设检验

$$H_0:\mu=500,H_1:\mu\neq 500.$$

(2)以 H_0 成立为前提，确定检验 H_0 的统计量及其分布：

$$Z=\frac{\overline{X}-\mu_0}{\sigma/\sqrt{n}}=\frac{\overline{X}-500}{2/3}\sim N(0,1).$$

(3)对给定的显著性水平 $\alpha=0.05$，确定 H_0 的接受域或拒绝域，查表得临界点 $Z_{\frac{\alpha}{2}}=Z_{0.025}=1.96$，使 $P(|Z|>Z_{\frac{\alpha}{2}})=\alpha$，故 H_0 的接受域与

拒绝域分别为

$$(-1.96,1.96),(-\infty,-1.96]\cup[1.96,+\infty).$$

(4)由样本值计算统计量 Z 的值：$Z=\frac{\overline{x}-500}{2/3}=\frac{502-500}{2/3}=3.$

(5)对假设 H_0 做出推断.

因为 $Z=3>1.96$，故 Z 的取值落在了拒绝域中，所以拒绝原假设 H_0，认为这天洗衣粉包装机工作不正常.

6.7.1.2 σ^2 未知，关于 μ 的检验（t 检验）

设总体 $X\sim N(\mu,\sigma^2)$，其中 μ,σ^2 未知，$X_1,X_2,\cdots,X_n$ 是来自总体 X 的样本，$\overline{X}$ 与 S^2 分别为样本均值与样本方差，用

$$T=\frac{\overline{X}-\mu_0}{S/\sqrt{n}}\sim t(n-1)$$

作为检验统计量，记其观察值为 t，相应的检验法称为 t 检验法，过程类似于 Z 检验法，检验问题的拒绝域由表 6-7-1 给出.

表 6-7-1

H_0	H_1	条件	检验统计量及分布	拒绝域
$\mu=\mu_0$	$\mu\neq\mu_0$	方差 σ^2 未知	$T=\frac{\overline{X}-\mu_0}{S/\sqrt{n}}\sim t(n-1)$	$\lvert t\rvert>t_{\frac{\alpha}{2}}(n-1)$
$\mu\leqslant\mu_0$	$\mu>\mu_0$			$t>t_\alpha(n-1)$
$\mu\geqslant\mu_0$	$\mu<\mu_0$			$t<-t_\alpha(n-1)$

例 6.7.2 某种元件的寿命 X（以 h 记）服从正态分布 $N(\mu,\sigma^2)$，μ,σ^2 均未知，观测得 16 只元件的寿命如下：

159,280,101,212,224,379,179,264,222,362,168,250,149,260,485,170.

问是否有理由认为元件的平均寿命大于 225h?

解：(1)建立假设

$$H_0:\mu\leqslant\mu_0=225,H_1:\mu>225.$$

(2)选择统计量

$$T=\frac{\overline{X}-\mu_0}{S/\sqrt{n}}\sim t(n-1).$$

(3)对于给定的显著性水平 $\alpha=0.05$,由正态总体均值的假设检验表知检验问题的拒绝域为

$$t=\frac{\overline{x}-\mu_0}{S/\sqrt{n}}\geqslant t_\alpha(n-1).$$

查 t 分布表得 $t_\alpha(n-1)=t_{0.05}(15)=1.753$,从而拒绝域为$[1.753,+\infty)$.

(4)由$\overline{x}=241.5$,$s=98.7259$,$n=16$ 得

$$t=\frac{\overline{x}-\mu_0}{S/\sqrt{n}}=0.6685<1.753.$$

(5)因为 $t=0.6685$ 没有落在拒绝域中,故接受 H_0,即认为元件的平均寿命不大于 225h.

6.7.2 正态总体方差的假设检验

设 $X\sim N(\mu,\sigma^2)$,$X_1,X_2,\cdots,X_n$ 是来自总体 X 的样本,$\overline{X}$,S^2 分别为样本均值与样本方差,用

$$\chi^2=\frac{(n-1)S^2}{\sigma_0^2}\sim\chi^2(n-1)$$

作为检验统计量,相应的检验法称为 χ^2 检验法,检验问题的拒绝域由表 6-7-2 给出.

表 6-7-2

H_0	H_1	条件	检验统计量及分布	拒绝域
$\sigma^2=\sigma_0^2$	$\sigma^2\neq\sigma_0^2$	均值 μ 未知	$\chi^2=\frac{(n-1)S^2}{\sigma_0^2}\sim\chi^2(n-1)$	$\chi^2<\chi^2_{1-\frac{\alpha}{2}}(n-1)$ 或 $\chi^2>\chi^2_{\frac{\alpha}{2}}(n-1)$
$\sigma^2\leqslant\sigma_0^2$	$\sigma^2>\sigma_0^2$			$\chi^2>\chi^2_\alpha(n-1)$
$\sigma^2\geqslant\sigma_0^2$	$\sigma^2<\sigma_0^2$			$\chi^2<\chi^2_{1-\alpha}(n-1)$

例 6.7.3 某炼铁厂的铁水含碳量为 $X \sim N(\mu, 0.108^2)$，采用新工艺后抽测了 5 炉铁水，得 $s^2 = 0.228^2$，由此是否可以认为新工艺炼出的铁水含量的方差 $\sigma^2 = 0.108^2 (\alpha = 0.05)$？

解：(1)建立假设

$$H_0: \sigma^2 = \sigma_0^2 = 0.108^2, H_1: \sigma^2 \neq \sigma_0^2.$$

(2)选择估计量

$$\chi^2 = \frac{(n-1)S^2}{\sigma_0^2} \sim \chi^2(n-1).$$

(3)对于给定的显著性水平 $\alpha = 0.05$，由表 6-7-2 知检验问题的拒绝域为

$$\chi^2 = \frac{(n-1)S^2}{\sigma_0^2} < \chi^2_{1-\frac{\alpha}{2}}(n-1) \text{ 或 } \chi^2 > \chi^2_{\frac{\alpha}{2}}(n-1).$$

$n=5$ 时，查 χ^2 分布表得 $\chi^2_{1-\frac{\alpha}{2}}(4) = 0.484$，$\chi^2_{\frac{\alpha}{2}}(4) = 11.1$，从而拒绝域为

$$\chi^2 < 0.484 \text{ 或 } \chi^2 > 11.1.$$

(4)由 $n=5, s^2 = 0.228^2$ 得

$$\chi^2 = \frac{(n-1)S^2}{\sigma_0^2} = \frac{4 \times 0.228^2}{0.108^2} = 17.827 > 11.1.$$

(5)因为 $\chi^2 = 17.827$ 落在了拒绝域中，故应拒绝 H_0，即新工艺生产不理想.

6.8 概率论与数理统计在实际问题中的应用

6.8.1 概率统计在工业生产中的应用

工厂中往往有多条生产线，不论哪一项环节出现问题，工厂的生产都会受到影响，使工厂蒙受损失，为了尽可能避免问题，减少损失，我们可以利用概率统计中的知识计算出每条生产线的产品合格率，或者在已知故障发生率的情况下，追究不同生产线应承担的责任.在此基础上，我们合理全面地解决问题.

设某厂有四个生产车间生产同一种产品，其产量分别占总产量的

0.15、0.2、0.3、0.35，各车间的次品率分别为0.05、0.04、0.03、0.02. 有一户买了该厂一件产品，经检查是次品，用户按规定进行了索赔.厂长要追究生产车间的责任，但是该产品是哪个车间生产的标志已经脱落，那么厂长该如何追究生产车间的责任呢？

因为不能确定该产品是由哪个车间生产的，因此每个车间都应该负有责任.且各生产车间应负的责任与该产品是各个车间生产的概率成正比.设以下事件分别表示：

A_j＝“该产品是j车间生产的”，$j=1,2,3,4$，

B＝“从该厂的产品任取一件恰好是次品”，

则第j个车间所负责任的大小表示为条件概率：

$$P(A_j|B),j=1,2,3,4.$$

由贝叶斯公式可得

$$P(A_j \mid B)=\frac{P(A_j)P(B \mid A_j)}{\sum_{i=1}^{4} P(A_j)P(B \mid A_j)},j=1,2,3,4.$$

代入数据可得

$$P(A_1)=0.15,P(A_2)=0.2,P(A_3)=0.3,P(A_4)=0.35;$$

$$P(B|A_1)=0.05,P(B|A_2)=0.04;$$

$$P(B|A_3)=0.03,P(B|A_4)=0.02.$$

所以

$$P(A_1|B)=0.15\times 0.05/0.031\,5=0.238,$$

$$P(A_2|B)=0.15\times 0.04/0.0315=0.254,$$

$$P(A_3|B)=0.3\times 0.03/0.0315=0.286,$$

$$P(A_4|B)=0.35\times 0.02/0.0315=0.222.$$

根据以上计算可得出：1、2、3、4车间所负责任的比例分别为0.238、0.254、0.286、0.222.

6.8.2 概率统计在生产线产品控制中的应用

自动生产线是由工件传送系统和控制系统，将一组自动机床和辅助设备按照工艺顺序联结起来，自动完成产品全部或部分制造过程的生产系统，简称自动线.采用自动线进行生产的产品应有足够大的产量；产品设计和工艺应先进、稳定可靠，并在较长时间内保持基本不变.在大批、

大量生产中采用自动线能提高劳动生产率，稳定和提高产品质量，改善劳动条件，缩减生产占地面积，降低生产成本，缩短生产周期，保证生产均衡性，有显著的经济效益.

设某厂利用两条自动化流水线罐装番茄酱，现分别从两条流水线上抽取了容量分别为 13 与 17 的两个相互独立的样本 $X_1,X_2,\cdots,X_{13}$ 与 $Y_1,Y_2,\cdots,Y_{17}$，已知 $\bar{x}=10.6\mathrm{g},\bar{y}=9.5\mathrm{g},s_1^2=2.4\mathrm{g}^2,s_2^2=4.7\mathrm{g}^2$.

假设两条流水线上罐装的番茄酱的重量都服从正态分布，其均值分别为 μ_1 与 μ_2.

(1)若它们的方差相同，$\sigma_1^2=\sigma_2^2=\sigma^2$，求均值差 $\mu_1-\mu_2$ 的置信度为 0.95 的置信区间；

(2)若不知它们的方差是否相同，求它们的方差比的置信度为 0.95 的置信区间.

解：(1)取统计量

$$\frac{(\bar{X}-\bar{Y})-(\mu_1-\mu_2)}{\sqrt{\frac{1}{n}+\frac{1}{m}}\sqrt{\frac{(n-1)S_1^2+(m-1)S_2^2}{n+m-2}}}\sim t(n+m-2).$$

查表得

$$t_{0.025}<(28)=2.048\ 4.$$

由公式知 $\mu_1-\mu_2$ 的置信区间为

$$(\bar{X}-\bar{Y})\pm t_{\frac{\alpha}{2}}\sqrt{\frac{1}{n}+\frac{1}{m}}\sqrt{\frac{(n-1)S_1^2+(m-1)S_2^2}{n+m-2}}=(-0.354\ 5,2.554\ 5).$$

(2)统计量为

$$F=\frac{S_1^2/\sigma_1^2}{S_2^2/\sigma_2^2}=\frac{\frac{S_1^2}{S_2^2}}{\frac{\sigma_1^2}{\sigma_2^2}}\sim F(12,16).$$

查表得

$$F_{0.025}(12,16)=2.89,F_{0.975}(12,16)=\frac{1}{F_{0.025}(16,12)}\approx\frac{1}{3.16}.$$

由公式得方差比$\frac{\sigma_1^2}{\sigma_2^2}$的置信区间为

$$\left(\frac{S_1^2}{S_2^2}\frac{1}{F_{0.025}(n-1,m-1)},\frac{S_1^2}{S_2^2}\frac{1}{F_{0.975}(n-1,m-1)}\right)=(0.176\ 7,1.613\ 6).$$

自动生产线是在无人干预的情况下按规定的程序或指令自动进行操作或控制的过程,其目标是“稳,准,快”.自动化技术广泛用于工业、农业、军事、科学研究、交通运输、商业、医疗、服务和家庭等方面.采用自动生产线不仅可以把人从繁重的体力劳动、部分脑力劳动以及恶劣、危险的工作环境中解放出来,而且能扩展人的器官功能,极大地提高劳动生产率,增强人类认识世界和改造世界的能力.

6.8.3 小概率事件原理在车间停车状态

小概率事件原理是概率论中具有实际应用意义的基本理论.在概率论中将概率很小(小于 0.05)的事件叫作小概率事件.小概率事件的原理又称为似然推理,即如果一个事件发生的概率很小,那么在一次试验中,可以把它看成是不可能事件.设某试验中出现事件 A 的概率为 ε,不管 $\varepsilon>0$ 如何小,如果把试验不断独立地重复下去,那么 A 迟早必然会出现一次,从而也必然会出现任意多次.因为第一次试验中 A 不出现的概率为 $1-\varepsilon$,前 n 次 A 都不出现的概率为 $(1-\varepsilon)^n$,因此前 n 次试验中 A 至少出现一次的概率为 $1-(1-\varepsilon)^n$,当 $n\to\infty$ 时,概率趋近于 1,这表示 A 迟早出现一次的概率为 1.出现 A 以后,把下次试验当作第一次,重复上述推理,可见 A 必然再次出现.小概率事件原理是统计假设检验中拒绝还是接受原假设的依据,也是人们在实践中总结出来而被广泛应用的一个原理.

设某车间有 12 台车床,由于种种原因,每台车床有时需要开,有时需要停.设每台车床的开或停是相互独立的,若每台车床停车的概率是 1/3,问车间里恰好有 k 台车床处于停车状态的概率是多少?

解:将观察 12 台车床的开停情况看作是进行 12 次试验.因各台车床的开与停是相互独立的,故可看作是 12 次独立试验.每次试验只有“停”或“开”两种可能的结果,故所求的概率为

$$p_{12}(k)=C_{12}^{k}\left(\frac{1}{3}\right)^{k}\left(\frac{2}{3}\right)^{12-k},k=0,1,2,\cdots,12.$$

对于不同的 k,计算结果见表 6-8-1 所列(精确到小数点后 6 位).

表 6-8-1

k	$p_{12}(k)$	k	$p_{12}(k)$
0	0.007 707	7	0.047 689
1	0.046 244	8	0.014 903
2	0.127 171	9	0.003 312
3	0.211 952	10	0.000 497
4	0.238 466	11	0.000 045
5	0.190 757	12	0.000 002
6	0.111 275		

从上表可以计算出停车台数不超过 1 的概率为

$$\sum_{k=0}^{1} p_{12}(k)=p_{12}(0)+p_{12}(1)\approx 0.053\ 951$$

停车台数超过 7 的概率为

$$\sum_{k=8}^{12} p_{12}(k)= p_{12}(8)+p_{12}(9)+p_{12}(10)+p_{12}(11)+p_{12}(12)\approx 0.018\ 759$$

由此可见,“停车台数不超过 1”和“停车台数超过 7”都是小概率事件.这个结论是在停车概率假定等于 1/3 的前提下得到的,利用这一推断在实地观察中可以反过来检验停车概率为 1/3 的假设是否正确.如果在一次观察中小概率事件“停车台数不超过 1”或“停车台数超过 7”竟出现了,这是反常的,因此可以认为原来假定停车概率为 1/3 是不对的.

参考文献

[1]陈水林. 工程应用数学[M]. 武汉:湖北科学技术出版社,2007.

[2]程克玲. 高等数学核心理论剖析与解题方法研究[M]. 成都:电子科技大学出版社,2018.

[3]杜吉佩. 工程类应用数学基础教程编写组编. 应用数学基础教程 工程类[M]. 北京:高等教育出版社,2004.

[4]何良材. 高等应用数学 下 工程部分[M]. 重庆:重庆大学出版社,2000.

[5]焦光利. 应用数学 下 工程类[M]. 上海:复旦大学出版社,2011.

[6]孔亚仙,徐仁旭,张其. 应用高等数学建设类[M]. 杭州:浙江科学技术出版社,2012.

[7]赖展翅,王娟. 工程应用数学[M]. 西安:西北工业大学出版社,2018.

[8]李浩,孙建东. 高等代数习题与解析[M]. 北京:兵器工业出版社,2008.

[9]李向荣,王辉,金天坤. 高等数学基础理论与实验分析[M]. 北京:中国水利水电出版社,2015.

[10]李以渝. 工程应用数学[M]. 北京:北京理工大学出版社,2011.

[11]马菊侠,程红英,翟岁兵. 高等数学、题型归类、方法点拨、考研辅导[M]. 3 版. 北京:国防工业出版社,2013.

[12]马菊侠,吴云天. 高等数学题型归类 方法点拨 考研辅导[M]. 北京:国防工业出版社,2010.

[13]朱长青,王红. 大学数学教学与改革丛书 微积分[M]. 北京:科学出版社,2018.

[14]马菊侠. 微积分:题型归类方法点拨考研辅导[M]. 北京:国防工业出版社,2006.

[15]茆诗松，程依明，濮晓龙．概率论与数理统计教程[M]．北京：高等教育出版社，2004.

[16]齐小军，田荣，张慧萍．高等数学基础理论解析及其应用研究[M]．北京：中国水利水电出版社，2016.

[17]丘昌涛．现代工程数学及应用[M]．北京：中国电力出版社，2001.

[18]盛骤，谢式干，潘承毅．概率论与数理统计简明本[M]．4版．北京：高等教育出版社，2009.

[19]盛骤．概率论与数理统计[M]．北京：高等教育出版社，2001.

[20]汪国强，彭如海．应用高等数学：微分方程与工程数学 下[M]．广州：广东高等教育出版社，2007.

[21]王红，杨策平．高等数学 上[M]．北京：科学出版社，2018.

[22]王书营．工程应用数学基础[M]．南京：南京大学出版社，2007.

[23]王智秋．解析几何[M]．北京：人民教育出版社，2008.

[24]魏振军．概率论与数理统计三十三讲[M]．2版．北京：中国统计出版社，2005.

[25]魏振军．概率论与数理统计三十三讲[M]．3版．北京：中国统计出版社，2013.

[26]吴红星，李永明．微积分 上[M]．上海：复旦大学出版社，2019.

[27]徐秀艳，郭鑫．土木工程应用数学[M]．北京：中国铁道出版社，2013.

[28]徐仲，陆全，张凯院，等．高等代数考研教案 北大[M]．3版．西安：西北工业大学出版社，2009.

[29]徐仲，张凯院，陆全．线性代数课程学习及考研辅导[M]．天津：天津大学出版社，2003.

[30]徐仲，张凯院．线性代数辅导讲案[M]．西安：西北工业大学出版社，2007.

[31]徐仲．高等代数考研教案[M]．西安：西北工业大学出版社，2020.

[32]许子道，殷剑兴．空间解析几何[M]．南京：南京大学出版社，2000

[33]研究生入学考试试题研究组．研究生入学考试考点解析与真题详解 高等代数[M]．北京：电子工业出版社，2008.

[34]杨策平，王红．大学数学基础[M]．北京：科学出版社，2019.

[35]杨策平，郑列，张凯凡．高等数学 上[M]．上海：同济大学出版

社,2015.

[36]张甜,陈勤,刘磊. 高等数学经管类 下[M]. 南京:南京大学出版社,2017.

[37]赵开斌. 工程应用数学[M]. 合肥:安徽大学出版社,2019.

[38]郑列,杨策平,王红. 高等数学 上[M]. 上海:同济大学出版社,2014.

[39]周玉英,周庆欣,张瑜. 概率论与数理统计[M]. 北京:中国商业出版社,2017.

[40]朱泰英,刘三明,郭鹏. 应用工程数学[M]. 北京:中国铁道出版社,2019.

[41]朱长青,王红,朱玲. 微积分[M]. 上海:同济大学出版社,2014.